中华传世藏书 【图文珍藏版】

孝经

[春秋] 孔子等⊙原著

王书利⊙主编

诠解

第六册

线装书局

八、家有家风

中国历史上有很多大家族，比如魏、晋时期的王家、谢家。他们依靠政治地位，拥有了显赫的名声。但时过境迁，这些家族很快就衰败下去了。有一首诗说"旧时王谢堂前燕，飞入寻常百姓家"，正是这些家族兴衰历史的写照。但历史上还有一些家族，他们遵守《孝经》的准则，以孝义传家，历经岁月的变迁，依然繁荣昌盛。比如历史上的江南郑氏家族，历经宋、元、明、清，依然绵延不绝。那么，这样的家族，他们是怎样遵守孝道的传统，他们又是怎样培养良好家风的呢？而时代发展到今天，这些传统的家庭教育，还有价值吗？

（一）遵守孝道的最高理想

一个人是否遵守孝道，其实不只是个人的事情，而是整个家族的事情。

针对这个问题，孔夫子继续对曾子说："立身行道，扬名于后世，以显父母，孝之终也。"（《孝经·开宗明义》）我把这句话翻译一下：孔子讲，一个人为人处事、恪守道义、留清名于后世、彰显父母的美名，这才是遵守孝道的最高理想啊。

讲到这儿我们有个疑问，我们要彰显父母什么？是显示父母的财富吗？是要让人家知道我家里多么多么有钱呢？还是我们家里多么多么有权？是这些吗？孔夫子接下来给出了答案，孔夫子引用了《诗经》中的一句话，叫作"无念尔祖，聿修厥德"（《孝经·开宗明义》）。什么意思？就是你要经常地想起你的祖先，要继承他们的品质、他们的德行。孔子还有一句带有告诫意味的话，孔子说了，"修身慎行"（《孝经·感应》），就是说要注意修身，注意你的言行。为什么这样做呢？"恐辱先也"（《孝经·感应》），意思是不要因为你的言、行玷污了祖先，玷污了家族的荣誉。孔夫子的这番教导，在我国历史上，对很多的家庭影响巨大，很多家庭传承家风，不是靠财富，也不是靠政治地位，靠什么？就靠这个孝义传家。传多长时间？有的一传传十几代人，十几代人大家住在一起，一传几百年过去了。

这样的家族了不起，这样的家族在我国历史上也不少。这样的家族，我们中国人给他起了一个名，两个字——"义门"。"义"是孝义的意思，"门"呢？是指整个家族。义门，是说这个家族有孝义的门风，或者说这是一个讲求孝义的家族。历史上有些家族的影响非常大，比如说，浙江浦江的郑氏家族，也叫义门郑家。说起这个大家族，我们要知道它是什么时候开始团聚成一个大家族的、要求家族成员要聚在一起、每一个家族成员要致力于家族的发展、发扬光大门风的呢？时针指向南宋初年。这时，郑氏家族出了一个人物叫郑绮。郑绮这个人自己文化程度也不是太高，也没有什么社会地位，可是这个人很孝顺，他对母亲很好。有一年大旱，赤地千里，母亲正好还赶上生病。为了调养身体，郑绮的母亲想要喝溪水。望着龟裂的大地，上哪儿找溪水去呢？郑绮很孝顺，不知道拿什么工具开始不顾一切地到处去刨溪水，去找水源。刨了很深也是没有水，最后，精疲力尽的他绝望了：水大概是不会有了，母亲的病也好不了，想到这里，他嚎啕大哭。正哭的时候，据说水忽然间就来了。当然，这是一个传说。这个传说说明了什么？说明郑绮是一个孝子，他的孝心感动了天地。至于怎么解释郑绮哭了之后就有水这个问题，我想，一是这个结果本身就是虚构的，二是可能是各种偶然的原因又有水了。但仅因为一个人痛哭流涕就引来了溪水，显然是不可能的。传说归传说，事实是这个孝子郑绮后来把整个家族都拢到了一起，一代一代传承孝义的家风。这个家族内的人，认为郑绮带了个好头，他就是孝顺的人，这个家族内部从此很注意培养道德风气。郑家传到了第四代有哥俩，一个叫郑德珪，一个叫郑德璋，郑德璋是弟弟，郑德珪是哥哥。哥哥被人家诬陷，告到官府去，有死罪，弟弟要跟哥哥争着入狱，他想把哥哥替出来。在他采取行动还没有效果的时候，他哥哥就死了。然后呢，他决定不论付出多大代价，也要把哥哥的后代抚养好。他对待这些侄子、侄女，真正做到了视如己出（当作自己的亲生孩子一样）。此后，这个家族更注意成员之间的相互团结了，一代一代又一代，郑氏家族就这样延续下来了。传到什么时候？传到了明朝洪武年间。

（二）朱元璋的孝道

朱元璋一直都很注重孝道，这方面大概另有理由。朱元璋从小的时候就孤苦伶仃，他的父母去世很早，家里很穷，连安葬父母的墓地都没有，也买不起棺材。朱元璋非常羡慕那些充满温情的大家族，这几乎成了他一个难解的情结，而江南郑家大概此时在他耳朵里早就灌满了。他称帝以后，把统治区域内的孝义之家（义门）都请到京城来了，还特意吩咐要江南郑家来说话。郑家的家长叫郑濂，由他来接受朱元璋的接见。朱元璋对郑濂说，天下的孝义之家，尤其是江南一带的，你们家居首。后来因为朱元璋这句话，人们遂称郑氏为江南第一家。不仅赞扬，朱元璋还要给郑家题字。他想题个"孝"字，"孝"字怎么写？上面一个"土"字，朱元璋把笔拿起来，先写了这个"土"字，写完，朱元璋发现这个字写得很淡，原来是毛笔上的墨汁蘸得少了，再往下写不好看。于是就把笔往墨里蘸浓了一些，又写了一撇和下面的"子"字。这个"一撇"和"子"字，可是笔醮墨浓，显得格外厚实。在整个写字的过程中，朱元璋还吟出了两句诗。朱元璋不是出身贫寒、没受过多少教育吗？他真的会作诗吗？当然会。朱元璋虽然早年失学，但自从他举义旗反元以来，战事之余，他就抓紧时间，虚心向身边的儒者、谋士请教。他的身边可是名人荟萃啊，像宋濂、刘基等人都是学问广博、才华横溢的顶级学者。由于个性勤奋、好强，不长时间，朱元璋已经算是粗通文墨了，而作诗也成了他的业余爱好，时不时自己就写一首。大概也是诗如其人吧，他的诗不拘一格，比一般酸腐的文人作品格调高多了。此时，朱元璋发现他随手在写这个"孝"字，上边的"土"字写得很淡，下面的"子"字是蘸浓墨写的，显得很厚重，他作诗的灵感一下子就来了，随口吟道："江南风土薄，唯愿子孙贤。"第一句因淡墨的"土"字而起，一语双关，既是在说江南的土壤，也是在说民俗风气。此时是乱世，天下动荡不安，江南一带更是盗贼蜂起、民不聊生。第二句因重墨的"子"字而发，寄希望于百姓的家族建设，希望他们能够恪守孝道，教育好后代，改变当地的社会风气。这句诗是针对郑家，其实也是朱元璋对皇室的祝愿和期望。

我这个猜想大概是有道理的，因为此时朱元璋已经开始给自己的皇太孙朱允炆物色老师了。为了物色到最优秀的老师，朱元璋让天下24家义门（孝义之家），每一家选出一个人来，共选出了24人，最终再由这24人中选出一人为皇太孙的老师，真可谓优中选优了。选来选去，朱元璋对江南郑家还是情有独钟，最终选中了郑家的代表，这个人叫郑济。朱元璋特意召见他，特意嘱咐他：我请你教我的孙子，可不是要你教他什么法律知识。秦朝的时候，秦二世胡亥的老师赵高就是专教他法律的。学这个东西，不外乎怎么治人，怎么管人，怎么整人吧，朱元璋可不愿意他的孙子学这些。他明确地告诉郑济，你要给我孙子讲你们郑家作为几百年的大家族，你们家族为什么过得那么好，你们为什么能够其乐融融，你们家族人和人之间、长辈和晚辈之间为什么会有那样一种亲情和温暖，你一定把这个给我讲出来，这是我选你为皇太孙老师的主要目的。还特意叮嘱郑济，如果有重要的内容要讲，你不要考虑时间是否合适，你可以不分白天黑夜，想什么时候讲就什么时候讲，也可以日夜不停地讲。就讲你们家怎么怎么达到今天的地步，让皇太孙就跟你学这个。朱元璋的这些话，反映了他此时最殷切、最真实的心情：他是多么迫切地希望子孙后代能够重视人伦亲情、和睦相处，大明皇族能够根深叶茂地长久发展下去！

（三）江南郑氏家族的孝道

不是有那么一句"福兮祸之所倚"的话吗？荣耀的郑氏家族，灾祸也马上随之而来了。什么祸事呢？郑家牵扯到了当朝的天字第一号大案。这可不是一般的案件，什么案件？谋反！谋反的主要人物是胡惟庸。胡惟庸案是明朝初年的大案，朱元璋处理这个案子可是绝不手软，前后三万多人为之人头落地。被处死的人群中光是高官就杀了一个公爵、二十一个侯爵，其中包括太子朱标的老师宋濂的儿子。宋濂本人本也在死刑名单里面，幸亏贤德的马皇后出来为宋濂说话，说人家老百姓家请个家庭教师，都对老师那么尊敬，都能做到善始善终，为什么咱们皇家对老师要这么刻薄，动不动就杀头呢，我们难道还不如一般的百姓人家懂得礼数吗？朱元璋最能听得进去马皇后的话，这才算是压住了火，没杀宋濂。整个胡惟庸案是朱元璋亲自抓的，他用的可以说是异常严厉的霹雳手段。有人这样讲，只要你跟胡惟庸案件沾上边儿，就别想活了，朱元璋不问青红皂白将这些人一律斩首，连诉冤的机会都没有。案件的调查证据表明，江南郑家确实被牵扯进了胡惟庸的造反案。证据如下：胡惟庸与郑家曾有经济往来，并有三千贯钱放在了郑家。这三千贯到底是多少钱？我算了一下，大概相当于当时的三千两银子。这个案件报上去后，牵扯进这个案件的人基本上都是家破人亡，很多人认为这次郑家的好运到头了。此时此刻，郑家知不知道自家卷入了胡惟庸案？当然知道了。郑家现在的负责人就是那位接受朱元璋题字的郑濂，他还有一个弟弟，叫郑湜。郑湜和郑濂这兄弟两个人发扬他们郑家的传统——郑家第四代祖先不是争死吗？现在这哥俩儿感觉大祸临头了，为了保全兄弟，也开始争着代表家族被皇帝砍头了，希望此举能够使家族得以保全。这个消息很快传到了朱元璋的耳朵里，一贯主张刚猛治国的他，竟然一反常态，宣布赦免郑氏家族。这究竟是什么原因呢？原因就是因为郑氏兄弟在争相赴死吗？或许有这个因素，但这不是最主要的，朱元璋可不是婆婆妈妈的人，真正打动朱元璋的另有原因。这次朱元璋特意叫人把郑濂带来了，朱元璋当面跟他讲，你们家族被赦免了，为什么呢？因为你们家是受害者！不仅没参加谋反，相反，还是受害者。从谋反者到受害者，这个弯子一般人是转不过来的。朱元璋自有他的道理。朱元璋说了，胡惟庸在你们家放了三千贯钱，你知道胡惟庸是什么目的吗？你看，朱元璋已经给他设计目的了，一般来说，办案人员办到这儿，需要当事人自己来解释清楚，可是作为主审官，朱元璋已经替当事人考虑好怎么回答了。朱元璋说，这背后有原因，什么原因啊？一般人想不到，只有朱元璋能想到，那就是胡惟庸要让这三千贯钱生利息。动机是胡惟庸早就垂涎你们这个大家族了，通过利滚利，最终把你们家族财产据为己有。胡惟庸要霸占你们家的一切，连你们家用的生火工具最后都要被他抢过来！朱元璋的这个案情分析可够离奇的。胡惟庸作为丞相，按朱元璋的说法还志在谋反，人家怎么会看上郑氏家族的财产？就算是看上了，也没必要采用这种拙劣的办法——往郑家放高利

胡惟庸案

贷啊！但是朱元璋大概觉得这个郑氏家族是值得霸占的，他心里对郑氏家族真是当回事啊，所以他以为胡惟庸大概也是这么想的——这是一个阴谋啊，朕看出来了。你们看，他把钱放到你那儿，你觉得没说什么，实际上就是要

生高利贷。我及时发现了这个问题，制止了你们家被骗，你们家不仅仅没有参与谋反，而且还是受害者，当然要宣布无罪。不仅如此，朱元璋话题一转说，你们郑氏家族能人挺多，你再给朕推荐几个，朕还要重用他们。介入了谋反这种大案，没有被追究，已经是破天荒的奇遇了。朱元璋什么性格？性格暴戾，以猛治国，但是对郑家真是和风细雨，郑氏家族不仅没有得祸，反而得福，家族立马列了一个名单，又推荐几位家族成员，报给了朱元璋。果然，推荐出来的这些人都被朱元璋委以重任，那个要跟郑濂争死的兄弟郑湜，就直接给派到福建当布政司（福建最高的民政长官）去了。

朱元璋去世了，太孙朱允炆继位，发生了"靖难之役"，朱元璋的四皇子燕王朱棣篡权，最后打进来了，杀了很多忠于建文帝的大臣，一时间气氛恐怖、血腥。这次朱棣打进来，也面临一个问题，怎么处理这个江南郑家。为什么？因为江南郑家参与了对他的抵抗——别忘了，江南郑家是皇太孙的老师。郑家家里据说有 10 个大柜，非常大，其中 5 个柜里面全都是兵器，随时准备拿来保卫建文皇帝，跟燕王朱棣拼命地。朱棣打下天下之后，对那些反对他的人可以说是赶尽杀绝，用的手段非常残酷，历史上都罕见。江南郑家也在涉嫌的名单里，据传郑家还有一人跟建文帝一起逃跑了。江南郑家涉入政治如此之深，可是在处理的结果上，又让大家感觉出乎意料。燕王朱棣，也就是后来的明成祖，直接颁布命令，赦江南郑家无罪，郑家又一次从死神手里挣脱了出来。郑家之所以能够被明朝的两代皇帝特殊照顾，大概主要是因为这个家族的道德地位。对于这种地位，皇权是要格外关照的。从朱元璋角度来说，对郑家一直非常羡慕，明成祖朱棣也是这样。这种关照的原因，主要是出于政治上维护伦理道德的考虑，而他们自身对这种兴旺繁盛的大家族的向往，恐怕也是一个非常重要的原因。虽然皇帝掌握着至高无上的生杀予夺权力，但皇族能延续多长时间？有的几十年，短的十几年，像秦朝，统一之后才 14 年，就灭亡了，有的长一点上百年。皇室成员之间总是充满着刀光剑影的争斗，能享受天伦之乐的皇室根本没有！可见，你掌握了最高权力又怎么样呢？权力保证不了你家族的和睦平安！所以，明朝的皇帝对江南第一家郑氏家族是非常羡慕的，这是一种补偿心理在起作用。因此，表面上看是皇帝法外开恩、超越常理地保护郑氏家族，实际上他们是在延续他们心中的一个可望而不可即的梦，有郑家存在，他们就感觉还有希望。

郑家的确也有卓越、独到的家族文化值得重视。这个家族留下了一个文献叫作《郑氏规范》。《郑氏规范》一共有168条，是郑氏家族的家规汇编。这168条，当然不是一时间由一个人在那里苦思冥想写出来的，它是经历过多少代人，大家一条条往上凑，最后形成的这样一个家规。几百年，大家做人处事都遵守这个家规，维护了家族的荣誉，《郑氏规范》才是真正保障郑氏家族源远流长、健康发展的一个根本原因。

这168条《郑氏规范》，我们因时间的关系不能条条都讲，只能择要地看一看里面对我们今天的读者、观众仍然有启发的内容。

《郑氏规范》中有一条，规定郑家的男女青年，无论是找婆家还是找媳妇，一定要看对方的道德人品，不能光看对方的经济实力。这样的大家族，如果要是外来成员的操守有问题的话，势必造成骨肉之间的不和，矛盾冲突不断，最终这个大家族离四分五裂就不远了。要保持郑氏家族一贯的孝义家风，除了坚持不懈地教育本族成员以外，如何同化外来的成员也是个难题。郑家这种择偶不求门当户对、但求道德人品可靠的做法，体现了他们富有深度和远见的婚姻观。恪守这个婚姻观，是家族和睦的关键，是保证郑家能够绵延几百年，最后形成了三千多人聚族生活的重要原因。

除了婚姻观以外，这个家族还规定，对待所有的家族成员要一视同仁。庞大的家族有主干也有支系，家族里有的支系由于种种原因，经济条件、生活境况不如其他的支系，那么在过节的时候，包括婚丧嫁娶的时候，就要由整个家族给他们以经济的援助。所有的家族成员，都有义务帮助相对贫困的其他成员，不能允许家族内部哪一支因为经济的原因日子过不下去。这个规定，增强了家族的亲和力和对家族的认同感。

还有呢，就是这个家族规定所有的人，都要奉公守法，尤其是那些出去做官的人。如果发现有哪个成员贪赃枉法，家族一定要做除名的处理：开除此人。因为家族不再承认此人为家族成员，此人死后就没有资格埋进郑氏的祖坟。在传统社会里，这种开除，虽然不是法律角度的强硬制裁，而是从亲情的角度表明的态度，但对一个人确有特殊的威慑力。这一条看来郑家执行的比较认真彻底，有人统计，经过宋、元、明、清四代，郑氏家族一共出了173位高官，没有一个是贪官。

我们对于这个家族说了这么多，都是纸上的规定，实际生活中，这个家族是什么样子呢？我们可以通过文献资料的记载，仿佛进入时间隧道一样，看一看几百年前江南第一家的生活。

黎明之时，这个家族敲四声钟，四声钟响过，全家族的人都要起床，不允许有偷懒的。然后就是梳洗打扮。响八声钟的时候，所有的人都要聚集到祠堂里面来，宣告一天的开始。由家族的族长，也就是家长，来宣读家族的《家训》。这个族长对全族的人会说，"爱子孙者，遗之以善；不爱子孙者，遗之以恶"（《郑氏规范》）。意思是说如果真的爱惜我们的后代，就要把善良的品质传下去。反过来，如果你不爱我们的后代，就把不良的习气传给他们，我们这个家族就没有希望了。每天都把大家聚到一起讲这个，对这个家族影响很大。这个家族平时到处可以感受到尊老爱幼的风气。家族的成员都要辛勤劳动，没有人享有特权可以不做事。但是，对待老人另有规定：60岁以上的家族成员就不劳动了，什么也不用干了，一切事都让青壮年的晚辈们去做。

这个家族的存续和发展，对当时的社会风气影响非常大，在一定程度上起到了移风易俗的作用。

我在讲这类家族事迹的时候，有些朋友包括一些学生的家长，也跟我探讨这个问题。有的人说，这个家族很好，这样的风气我也很羡慕，但是毕竟已经历史久远了，如果现在我要是这样做的话，会不会有副作用？比如说我这样培养出来的孩子，是不是不太适应某些比较恶劣的现实环境？这孩子会不会吃亏？经常会遇到这样的问题。要不要学这样的家族？

（四）曾国藩的孝道

举一个例子，这个例子也是一个大家族，这个家族当然没有郑氏家族那么历史源远流长，似乎影响也没有那么大。但是这个家族对我们近代的中国人来说却是很熟悉的，这个家族就是湖南湘乡的曾氏家族。这个家族著名的人物曾国藩，是晚清的重臣。曾氏家族阖族而居，可不是从曾国藩这一代开始的。按他的回忆，是从祖上几代延续下来的。他爷爷少年失学，但人很勤奋。他父亲是读书人，但没有什么显赫的功名。到他这一代，才开始发达了。可是，就在他即将进北京做官的时候，他的爷爷告诉整个家族，说宽一（这是他的小名）要到北京去做官了，可是我们曾家不能因他做官而改变，曾家的家风不能改，还是要朴实，还要跟以前一样。所以，后来曾国藩做了大官，开始影响家族的时候，他特意强调，家族里成员，尤其是青少年那些孩子们，不要给他们那么多钱，不要衣服左一套右一套那么多，这些都可能助长孩子的奢侈之风。这说明，在培养孩子生活习惯这方面，曾国藩是认真严格的，所以尽管他位居高官，子女做人都很低调，不搞铺张。曾国藩本人是学问渊博的人，又特别重视对子女的教育。

曾国藩有两个儿子，大儿子叫曾纪泽。曾纪泽小的时候就很聪明，曾国藩一看这个孩子玲珑剔透、聪明过人，什么事情一点就明白，他不但没有欣喜，反而有点忧虑了。不像有些家长一看孩子这么聪明就非常高兴，他不是。他觉得，这个孩子气质中，缺乏一种做人的更根本的内容。什么内容呢？就是敦厚。一个男子，要有一种敦厚之气，如果只是聪明过人，缺乏一种更健壮的精神，他感觉这个孩子将来不能自立。所以他一再跟这个孩子讲，你要注意，包括你的说话、举止，要注意养成一种厚重的风格。这个孩子呢，后来果然遵照父亲的教诲长大了，也成才了，成了中国历史上著名的外交家。晚清的时候，由于国力贫弱，中国外交方面是乏善可陈，很多不平等条约都在这个时候签订的，而曾纪泽在新疆签的《伊犁条约》，尽了最大的力量维护了国家的合法权益，真是难能可贵。曾纪泽后来持重、坚毅的作风以及事业上的贡献，应该说是跟曾国藩早期的培养是密不可分的。

曾纪泽的弟弟叫曾纪鸿，性格又不一样，他喜欢数学。曾国藩就鼓励他，喜欢数学也很好，不一定非要去做官，就做你喜欢的事情好了。当看到曾纪鸿对数学异常投入，曾国藩提示他，你也不要用功太苦，好像是要殚精竭虑，要把自己所有的力量都使出来的意思。曾国藩说，不必这样。那要怎样呢？曾国藩告诉他要劳逸结合才能持久。这种说法非常符合现代教育学的原理。所以，曾国藩培养孩子，培养有厚重的精神，厚重的品质。还有就是要按照自己的兴趣去做事。生活上仍然继承了他祖父树立的朴实家风。可以说曾氏家族，经历了中国近现代史上的好多社会转型：由清朝到民国，再到新中国成立，一直到我们今天的改革开放。但并不像有些家族，靠一些外在的力量，一旦情况有变，这个家族就成了过眼云烟，烟消云散了，曾氏家族，是在各种转型时期始终都能做到人才辈出。

这个家族的家族文化的影响力，今天仍然为我们所称道，《曾国藩家书》在书店里一直长销不衰，一版再版。不同时代的人，都能在里面获得一种家庭教育的启发。

（五）子女的孝道

如何培养一个良好的家风，这实际上是我们学习《孝经》，学习家族文化最关心的问题了。现代社会的很多人在探讨这个问题，孔子当年也注意到了这个问题。孔子特别谈到在一个家庭，父母二人在教育子女上要有分工。怎样分工呢？就是父亲要像父亲，母亲要像母亲。我们往往知道母爱的价值，这种伟大的感情一直为人所称道，但对于父爱，父亲该在家庭里面扮演什么角色？往往语焉不详，不太清楚。孔子认为，家庭里父亲的角色非常重要。孔子的意思是这样，父亲要在家庭里面多承担一些责任，按孔子的原话是"资于事父以事君，而敬同。故母取其爱，而君取其敬，兼之者父也"（《孝经·士》）。什么意思？具体说，父教——父亲的教诲有两个内容：一个内容与母教相同，就是主要体现为慈爱：另一个内容实际上讲的是"敬"，这更多的是一种社会责任。一个父亲要给孩子讲他面对社会该怎么做。所以，在我们中国古代社会里面，家庭内部父母是有分工的，比如管母亲叫家慈，讲爱啊。父亲呢，叫家严，父亲会严肃一点，会给你讲社会上的一些行为处事常识。在这不同的称呼里，实际上就表明了父母角色的分工。

也许有些人会说了，那时代变化了，应该怎么办？那没有问题，现在社会跟古代社会不一样，古代社会基本上是女主内、男主外的模式，而现代社会很多女士她有社会身份——女企业家、女政治家，这都是很普遍的，那就是母亲也同样可以给孩子讲社会教育这一部分。所以，在这里面强调的所谓的父教，还不完全是只有父亲能说，实际上强调的是一种社会教育的内容，只不过是一般的家庭，父亲在这一方面应当承担得多一些。

还有单亲家庭呢？那更是一样了。实际上，在中国历史上有很多单亲家庭在这方面做得也很好，比如说儒家的孔子、孟子。孔子、孟子两个人早年

都是孤儿，父亲都去世得很早，两位伟大的母亲同样培养出了儒家的宗师，那么她们一定也给孩子讲了很多社会责任。就拿大家都很熟悉的"孟母三迁"的故事来说，家境窘迫的孟母，开始时把家安在了一个坟地的边上。孩子模仿力很强，在这个环境里，小孟子天天学人家怎么哭丧、怎么出殡，就学这些。孟母发现这种居住环境很不好，要搬家。这回搬到一个市场边上去了，市场吆喝的、做买卖的，干什么的都有，这回孩子又学会了吆喝，这也不好。最后又搬家，搬到学校附近。孟子在学校附近看到师生之间彬彬有礼，就学这些东西，这回孟母放心了。这个故事表明，社会教育的内容非常重要。过去批评一个孩子说"有所养无所教"，这个话说得很严厉，指的就是家庭教育的缺失。这告诫我们，家庭教育不是一味地爱而已。

讲到这儿，有的观众会产生这样的疑问，就是父教、母教固然重要，可是作为子女的就应当完全听父母的吗？父母做得就一定对吗？这个问题不仅我们有，曾子也有，曾子当时就要把这个尖锐的问题给孔夫子提出来。我们下一讲，要看看孔夫子是怎么回答这个问题的。

九、孝之情深

今天，身为人子的我们都免不了会扮演这两种身份：即为人子女及做人父母。俗话说："手抱孩儿想起娘。"常言道："养儿方知父母恩。"哪一个孩子不是沐浴在父恩母爱的庇护下成长起来的呢?!

早在最古老的《诗经》中就曾这样赞美过双亲："父兮生我，母兮鞠我。拊我畜我，长我育我，顾我复我，出入腹我。欲报之德，昊天罔极!"意思是父亲生了我，母亲哺育我，父母细心地照看我，慈爱地拥抱着我，时刻保护着我，辛劳地培养我。父母的恩德比天还大，我们一生一世也报答不完!

山东曲阜孔庙有一篇《劝孝良言》，把父母对儿女的爱描写得十分生动感人：

十月怀胎娘遭难，坐不稳来睡不安。

儿在娘腹未分娩，肚内疼痛实可怜。

一时临盆将儿产，娘命如到鬼门关。

儿落地时娘落胆，好似钢刀刺心肝。

把屎把尿勤洗换，脚不停来手不闲。

每夜五更难合眼，娘睡湿处儿睡干。

倘若疾病请医看，情愿替儿把病担。

三年哺乳苦受遍，又愁疾病痘麻关。

七岁八岁送学馆，教儿发愤读圣贤。

衣帽鞋袜父母办，冬穿棉衣夏穿单。

倘若逃学不发愤，先生打儿娘心酸。

十七八岁订亲眷，四处挑选结姻缘。

养儿养女一样看，女儿出嫁要妆奁。

为儿为女把账欠，力出尽来汗流干。

倘若出门娘挂念，梦魂都在儿身边。

千辛万苦都受遍，你看养儿难不难。

德国俗语云："母亲之爱是最上等的爱，上帝之爱是最高等的爱。"上与高没有多少区别，母亲之爱就是上帝之爱。你不一定能感受到上帝怎么爱你，但人生最大最多最专一的爱却来自母亲。

犹太俗语云："最甜美的声音，从母亲及天堂那里听到。"世上没有任何爱可以与母爱相比。她只是无私的给予，母亲可以想到孩子的一切，唯独忘了自己。

现在请回忆一下自己的生命历程，不妨先让时光倒流，回到襁褓中的时代。当母亲有呕吐反应的时候，我们已成为母亲生命中最珍贵的一部分。

母亲十月怀胎，战战兢兢地守护着胎儿。往往是热的不敢吃，冷的不敢碰，睡觉不敢翻身，走路小心翼翼。母亲的肚子一天天大了起来，由乒乓球大小的胎儿，生长成铅球、足球那么大。母亲的体态浮肿，由于妊娠反应，有的母亲面容生出了很多斑点，一贯爱美的母亲无暇顾及这身体的变化，全心全意地关爱着小生命的成长，不敢有半点闪失。有时候，病了也不敢吃药，生怕药物对孩子产生不良后果，直至临产前都是那样呵护备至。

世上最惨痛的叫声，莫过于女人分娩时的呐喊。那种撕心裂肺的疼痛，叫人无法忍受，遇到顺产还好，若是难产则会有生命危险，但母亲为了保全孩子，宁可牺牲自己的生命。所以古人将生产比喻为过鬼门关，这话是很有道理的。当聆听到婴儿响亮的啼哭声，望着健康的宝宝，那几乎虚脱的母亲，脸上就会露出一丝欣慰的笑容，早已经忘记了刚才的痛苦，这是母爱力量的展示啊！

母亲用甘甜的乳汁将我们养大，按照每天吸取一公斤计算，哺乳三年至少也要喝一千多公斤，这些乳汁都是母亲的气血化成的。

山东卫视在《天下父母心》栏目中曾播放了一则感人至深的事迹。一位大导演在女儿的婚礼上送给她一份珍贵的礼物，女儿打开时惊呆了，原来是一小瓶血水，但这瓶血水是母亲30年的乳汁变成的。这充分证明了母亲甘甜的乳汁是血化育而成的。母亲把自己最精华的部分，都无私地奉献给了我们，这是何等的伟大！

怀孕6个月的熊丽与丈夫唐红刚等剧团成员在外演出。次日演出结束后，熊丽搭乘客车返家，途中中巴与一辆装载烧碱的货车相撞，满车烧碱倾洒进中巴。熊丽脸部、胸部和背部、四肢严重烧伤，属深度烧伤，面积达40%，但她的双手却始终下意识地紧贴在隆起的腹部，保护肚子里的孩子。

要想保住性命，必须用抗生素控制伤口感染。然而，使用抗菌药物同时也意味着熊丽腹中的胎儿难保。熊丽的家属决定放弃孩子，然而熊丽却强烈要求"什么药也不用，一定要保住孩子！"医生用手术刀一点点地剥离熊丽身上那层腐肉，疼痛程度可想而知。熊丽却告诉主刀医生"不用麻醉药"。鲜血染红了床单，汗水代替了本应撕心裂肺的哭叫。她自愿接受无副作用却疼痛难忍的保守治疗。由于没有用药物控制，在等待新生命的过程中，熊丽大大小小的伤口一再溃烂、恶化，大腿上的创口竟已深达骨骼。

随着一声嘹亮的哭声，她顺利产下一名男婴。但熊丽脸部的创伤却因感染没能控制住，溃烂蔓延开了。由于孩子出生后才开始用药，脸部留下了无法弥补的伤痕，也意味着她将失去美丽的容貌和重返舞台的机会。

怀孕6个月，突遭车祸全身大面积重度烧伤，熊丽为保腹中胎儿毅然拒绝药物治疗，强忍剧痛37天，终于换来新生命的第一声啼哭。她虽然毁容了，却成为人们心目中最美丽的母亲。

孩子上学时，不论刮风下雨，总能在学校门前见到父母的身影，他们透过校门栏杆朝里张望，焦急迫切的心情真实地写在脸上。尤其在孩子考试期间，父母一方面变着法给孩子加强营养，另一方面想方设法给孩子减轻精神压力：有的陪孩子散步，有的陪孩子玩耍，有的讲笑话给孩子听，诸如此类，不胜枚举。

甚而，当户外烈日炎炎之时，父母毅然等候在校门口，身体受苦、心里煎熬，真是可怜天下父母心啊！可是又有谁来给父母减轻精神负担呢？我们做孩子的，是否能了解父母那份心呢？

有一位大姐，实在受不了了，就跑到庙里，孩子考多长时间，她就在佛前跪多长时间，不断地在那里为孩子祈福、磕头，有时还喃喃自语："佛祖在上，保佑我孩子考上大学，你让我做什么都行，我也像你一样终身吃素，请你答应我。"她抬头看到弥勒佛对着她笑，就说："你笑了就算答应了。"

又看到文殊菩萨，她又叩头祈祷："文殊菩萨慈悲，您的智慧最高，求您给孩子加持加持，让孩子榜上有名，我也向你学习，讲经说法，度化众生。"最后，她忽然又想到了至圣先师孔子，心里便说："孔老夫子，您的学问做得最好，我的孩子也是学文科的，正好跟您一样，求您帮帮忙，也让他中个状元，我会感激您一辈子的。"

父母心，海底针。父母为了孩子，什么苦也能吃，什么罪也可以受。母爱的力量之伟大，有时会让人不可思议。

记得在电视上曾看过一则报道，一个农村孩子考上了某名牌大学，妈妈为了给他筹集学费，四处向人借钱，并下跪了十多次。最后一次，向他的表叔借钱，表叔在当地也算个小老板。可当母亲提出借钱时，表叔却回答："我手头没有现钱，都是人家给我打的欠条，你去跟别人借吧。"母亲又哀求道："眼看孩子就要开学了，没有钱孩子就没法上学，求求你，行行好！"表叔说："别求我，没有钱就是没有钱，你就是跪下，也没用。"这位母亲真的跪下了："孩子他叔，抓起灰总比土热，毕竟我们沾亲带故，你就发发慈悲吧。我以后就是变卖家产也一定会还你的。"

表叔还是没有理睬，在旁边的孩子看不下去了，上去将母亲扶起来说："妈，我们不求他，我宁愿不上这个学，也不能让您低三下四地求别人。"说着将录取通知书撕成了两半。母亲见状上去将通知书夺了过来，心痛地打了儿子两记耳光："你这个没出息的东西，我辛辛苦苦地把你培养成人，全家都指望着你出人头地，没想到你这么不争气，妈就是卖血、卖肾也要供你把书念完。"

这是母亲第一次打他，他也从未见过母亲这样生气过，他意识到自己不理智的行为，深深刺伤了母亲的心。于是，他便哭着向母亲认错："妈，您别生气了，都是儿子不孝，妈妈请原谅孩儿的无知吧！我一定继续读下去。"说罢，母子便抱头痛哭。这时候，表叔的小女儿从屋里跑了出来，把一个存

钱罐放在哥哥的手上："这是我攒的压岁钱，你拿去吧！"

只要儿女有出息，父母就是做牛做马也心甘情愿。可以说，父母对我们是百依百川页，即使能力达不到，也会想尽办法来满足我们的心愿。每当孩子遇到困难甚至是生命危险之时，第一个挺身而出的往往就是父母。

镇上有位丑娘，总是在垃圾堆里翻翻拣拣，她住在一间阴暗潮湿的简陋棚屋里。丑娘并不凶恶，可是模样却煞是骇人。脸上像蒙了一层人皮，却拉扯得不成样子，你甚至看不到这脸上有无鼻子和嘴唇、耳朵。黑黑的皮肤，怪异的模样，让你联想到《聊斋志异》里的女鬼。

年纪小的孩子猛地看见丑娘，总是吓得大哭，大人们更大声呵斥丑娘走远点。再大一点的孩子看见丑娘，就从地上捡起石子砸她，把她打跑。一次，一个男孩砸破了她的头。母亲说丑娘到卫生院来，是她给丑娘上的药，绑上绷带的。二十多年过去了，我继承母业，医专毕业后成了一名镇卫生院的乡医，也渐渐淡忘了镇上的丑娘，她不过是镇上一道丑陋的风景。

一个冬天的深夜，下着小雪，山寨上的一户人家生孩子，请我出诊，接生安顿好后，已是凌晨。在回家的路上，突然一个黑影从身后猛地抱住了我，一只粗裂干硬的大手，像钳子捂住了我的口鼻。在我软绵绵倒下时，恍惚看见歹徒身后另一个矮瘦的黑影，抡起一个棍子似的东西朝歹徒头上劈去……

之后我迷迷糊糊地被黑衣人背起来，在她背上我感到很温暖，很安全。她踉跄着背我回到了家，到家门口时，借着路灯，我分明看见她蒙着黑纱的脸上闪烁着慈爱的光。

第二天，听说镇上派出所抓到一名男子，是通缉令上追查多年的强奸杀人犯，不知被什么人用铁棍打昏的。之后我再也不敢深夜独自出诊。医院又来了一名男医生，我们志同道合，不久相爱了。

在我们结婚的那一天，正在兴致勃勃之时，却来了一位面貌奇丑的老婆婆，活像万圣节戴着面具的女鬼。我有些不知所措，丈夫也面露不悦。孩子们反应快，纷纷用石子砸她，但她并无退意，并注视着我。

这时，母亲制止了孩子们的行为，并告诉了大家一个故事："24年前，山脚下住着一对年轻的夫妇，妻子快要分娩时，茅屋着火了，等人们扑灭了火，却发现丈夫死了，妻子被木方压住，蜷缩成一团，唯独腹部前的皮肤完好无损。毫无疑问，是这位母亲拼命保住了腹中的胎儿。等孩子出生后，因为大面积烧伤所以无法哺育，也无力抚养，更怕吓到孩子，所以只好将孩子送给了产科大夫，那个当年的大夫便是我。"母亲指着丑娘对我说："孩子，她就是你亲娘，一个可怜的女人，一个可敬的母亲。"

这竟然就是我的亲娘！我白发的丑娘！我愧悔交集，望着衣衫单薄的丑娘失声痛哭。丑娘颤巍巍地走来，从兜里掏出一个红绸子包的橡木盒子，并说："孩子，这是我捡破烂多年攒下的钱，今天是你大喜的日子，我给你买了一份礼物。"说着，打开盒子是一个白金戒指，上面镶嵌着一把小小的雨伞，母亲就像这雨伞一样，时时守护着我啊！

忽然想起那个救我的黑衣人，是母亲，一定是母亲！我百感交集，跪在母亲面前说："娘，您的心比这白金更为珍贵，原谅女儿以前的不恭，从今天起，让女儿照顾您吧！"可是我娘的不幸还没有结束，常年孤苦伶仃，恶劣的居住条件，节衣缩食的生活，都损害了她的健康。她搬来与我同住时，我为她做了全身检查，发现是肝癌晚期，且扩散全身。我强忍着没有告诉她实情，精心照料着我的丑娘，我们幸福地生活了三个年头，丑娘在我生下女儿的第二年去世。

在临终前，她说："孩子，你很出色，我很欣慰。这么多年，你是我全部的寄托，没有你我撑不到今天。现在我要去陪你父亲了，我会告诉他，你生活得很幸福，他一定会很高兴的……"

也许我们是一个身体不健全的孩子，但母亲从没有放弃过我们：如果我们腿有问题，母亲就是我们的拐杖；如果我们眼睛有问题，母亲就是我们的眼睛；甚至我们只能终生躺在床上时，母亲也会像照顾一个永远长不大的孩子一样，任劳任怨绝不后悔。

网络上有这样一则消息：河北的赵金艳被医院确诊为肾衰竭，等待肾源进行移植是她唯一生存的希望。随着时间一天天过去，死神一步步逼近，用以维持赵金艳生命的透析从每周一次缩短到每天一次。

"不能再等了，把我的肾给闺女！"从丰润老家赶来的老母亲刘桂荣此言一出，一家人全都呆住了。年近 60 岁的老母亲无暇顾及自己的安危，只想着能让女儿好好地活下去，哪怕用自己的生命做代价，也在所不惜。

后来，手术成功了，孩子看着憔悴不堪的母亲躺在病床上，她悲泣道："妈生了我，已经给了我一次生命，现在妈又给了我第二次生命。我不知道该如何才能报答您的恩情。"

山高海深可以测量，然而父母的爱无法测度，为了孩子受贫困、历艰险、忍屈辱，一步步踏入死亡连眉头也不皱一下。

一辆长途汽车突发火灾，母亲为了救怀中的婴儿被烧成焦炭；一对父子上山采药，途中遇到饥饿的老虎，父亲为了保护儿子，与饿虎顽强搏斗献出了生命；约翰一家在海拔 4000 米的雪域高山迷了路，妻子不听丈夫的劝止，坚持要给怀中啼哭饥饿的孩子喂奶，因皮肤在如此恶劣的环境中外露，不幸冻僵，成为雪域高山上一个永久的冰雕……

在唐山大地震中，一对母子一同坠入废墟和黑暗中，万幸的是，母子都没有受伤，母亲把孩子紧紧抱在怀中，等待援救。一天过去了。孩子吃尽了母亲双乳里的最后两滴奶，哭声渐渐衰弱，再不获救，孩子将被渴死、饿死先于母亲而去。绝望中的母亲两手乱扒，企图从钢筋水泥中获取食物。突然，她的手触到了织衣针，心中一阵狂喜：孩子有救了。一周之后，母子俩终于重见天日，孩子安然无恙，母亲却永远闭上了双眼，脸色苍白得很。人们惊奇地发现，母亲每个手指都扎了一个小孔，孩子正是靠吸吮母亲的鲜血才生存下来。然而类似这样的情景又一次发生在 2008 年 5 月 12 日中国四川汶川的特大地震中。

灾难突然降临，地震使山体垮塌，建筑物夷为平地，几分钟前的繁华闹市，顷刻间变成废墟一片。地震中一位年轻的妈妈双手怀抱着一个三四个月大的婴儿蜷缩在废墟中，她低着头，双膝跪着，身体匍匐，两手撑着身体，上衣向上掀起，已经失去了呼吸。

母亲虽已死去，却依然在用乳汁喂养着自己的女儿！正如在现场参与救援的志愿者、妇产科医生龚晋所推测："从母亲抱孩子的姿势可以看出，她是很刻意地在保护自己的孩子，或许就是在临死前，她把乳头放进了女儿的嘴里。"

这位母亲或许意识到自己的生存机会可能很渺茫，但是她一定具有一个无比坚定的信念，就是一定要保护好自己的孩子，让她获得继续生存直至长大成人的一线生机，也正是在这种强大信念的支撑下，她才拼尽全力，将自己仅剩的生存能量输送给自己的至亲骨肉。

经过一番努力，人们小心翼翼地把挡在这位年轻母亲身上的石块清理开，在她的身体下面躺着她的孩子，包在一个红色带小黄花的被子里，这个三四个月大的婴儿，因为有母亲身体的庇护，她毫发未伤，抱出来的时候，她还在安静地睡着，她熟睡的脸让所有在场的人都感到很温暖。

随行的医生过来解开孩子的包被，准备给孩子做检查，发现有一部手机塞在被子里，医生下意识地看了下手机屏幕，发现屏幕上有一条已经写好的短信："亲爱的宝贝，如果你能活着，一定要记住：我爱你！"看惯了生离死别的医生却在这一刻落泪了，手机在人与人之间传递着，每个看到短信的人都落泪了。

父母的劬劳养育之恩，令人终生难忘。父母为孩子无私牺牲奉献，从不索取回报，只知耕耘不问收获，就像一支蜡烛，燃烧自己，照亮别人。

《父母恩重难报经》中记载，释迦牟尼佛在给弟子讲述父恩母爱的伟大时说："我们左肩挑着父亲，右肩挑着母亲，绕着须弥山走啊走啊，走得皮开肉绽，走得血流成河，也报答不了父母的恩德啊！"

从咿呀学语到蹒跚走路，伴随在我们身边的人大多是我们的父母，他们是我们的启蒙老师，父母的恩情像山一样的高，像海一样的深，我们没有理由不去孝顺对我们恩重如山的双亲！

十、长大成人

在现代社会，一个人成年的标志，是达到了 18 岁的法定年龄。但很多人是在进入社会、独立生活以后，才开始真正成熟，才感觉到自己是一个成年人。而在中国古代社会，一个孩子长大以后，他的成年标志又是什么呢？古代人的成年标志，在当今这个时代，对于一个人的成长，又有什么意义呢？

（一）礼仪之邦才有孝

礼仪对传统中国人来说，有特殊的意义。在历史上，一个时代内如果发展得好，我们有一个名词来形容它，叫作"礼仪之邦"。外国人说中国是"礼仪之邦"，那是对我们的一种赞美，我们也感到很自豪。历史上出现了战乱或重大变故，社会整体的道德风尚出现问题了，我们也有一个词来形容这个现象，叫"礼崩乐坏"。意思是这时候社会没有伦理底线，道德沦丧，风俗凋敝。因此，在社会上如果要想把道德风尚、民俗调整好，一定要用"礼"。

孝道在生活中要逐渐地推广，它不能没有形式。在《孝经》中，孔子特意点出了它的形式——这就是礼，一定要用礼的形式来表现你对长辈的孝顺、对晚辈的爱护。讲究礼，也是咱们中国文化的一个非常突出的特点。

孔子在《孝经》中就这样告诉我们："移风易俗，莫善于乐。安上治民，莫善于礼。"（《孝经·广要道》）前面一个字"乐"，后面一个字"礼"，两字连起来的意思就是礼乐文明。孔子对此是非常重视的，他认为移风易俗、安上治民最好的方法是用礼、乐。

中国人非常注重礼。最早的礼，比如说弟子礼，我们现在社会上很多小朋友在学《弟子规》，甚至一些成年人也在学，这是好事，这个跟孝道也有很大的关系。其实，《弟子规》就出于孔子在《论语》中的一句话："弟子入则孝，出则弟，谨而信，泛爱众，而亲仁。行有余力，则以学文。"（《论语·学而》）这句"弟子入则孝"，讲的就是孝道，逐渐推广开，才形成了《弟子规》这部书。《弟子规》，把我们对孝道的这种认同落到了实处。

（二）长大成人的礼仪

当然，中国历史上的礼，博大精深，包罗万象，方方面面都有，我们今天再讲一个很重要的礼，就是冠礼。冠礼是古代成年男子到 20 岁的时候举行的一个仪式——加冠礼，行过了加冠礼，就代表你成人了。其实，女孩子到一定年龄，也要有一个仪式，那叫笄礼，所以冠礼跟笄礼加起来，我们可以统称为成人礼。

为什么一定要有成人礼呢？成人和不成人有什么不同吗？当然有不同。一个人成人了，表示他要承担家族兴衰的重要责任了，家族的繁衍他也要承担责任。他面向社会的时候，作为一个成年人，是有责任感的。所以，一个经过成人礼的青年人，社会是对他另眼相待的，他是有荣誉感在身上的。因此不是说过了某个年龄，比如过了 20 岁生日，自然就成人了，不是这样简单的。

具体说，成年礼有这么几个比较重要的细节，本身有很深的含义。就拿青年男孩子来讲，在做成人礼的时候，要给他加三道冠，三道冠就是有三个帽子要给他戴上，不是说帽子戴一起，而是戴完这个，拿下去，把第二个再给他戴上，这是一个仪式。第一次戴的冠，叫作"布冠"——布做的"冠"——什么意思，有什么用意？意在表明这个人在生活这方面，已经完全能够自己为自己负责任了，已经有这个能力了，因此带上这个冠。随后给他带上一个叫"皮冠"，皮做的，有人说是鹿皮做的，戴上这个表示什么？表示这个男孩子有"勇武之心"，是刚健有力的。最后，再给他戴上"爵冠"，爵冠戴上，就表示他是知书达礼的一个人，是有文明修养的一个人。在这个过程中，他的父亲还会从台阶上走下来。从台阶上走下来说明，这一个家族出现了一个新的男子汉，代表这个家族的传承，这是有寓意的，所以这里有很神圣的氛围。一个人如果经过了成人礼，他就会有一种自豪感，在社会上就会受人尊重。

这个成人礼如此重要，古人相当看重它，孔子也是一样。有一个故事就发生在孔子那个时代。当时是鲁哀公十一年，齐国大举进犯，都已经打进鲁国境内来了。鲁国国力很弱，没办法，只能全民动员抗击外敌。这次全民动员，其中有一个小孩子姓汪，叫汪踦，为什么说小孩子，因为他不是成年人，没有行过成人礼，才十几岁，他也跟着成年人去打仗了。按说打仗都是成年人的责任，但他也去了。后来，这孩子在这次战争中牺牲了，尸体运回来了，当事者感觉很为难，不知道该按什么规格来为他下葬。一般的战士回来之后，鲁国都是按照成人的标准，给他做一个很隆重的为国捐躯的战士的葬礼。可他不是成年人，还是个孩子，孩子在未成年的时候死了，当时有一个特殊的礼叫殇礼，他不是成人，也不是战士，只是一个小孩子，按照殇礼来做，当事者又觉得表达不了人们对孩子的感念、对他的表彰，所以纷纷感到很为难。最后，大家就找到了孔子，孔子听到这个消息之后，说，这个孩子现在能够"执干戈以卫社稷"（《礼记·檀弓》），拿着武器保卫国家，就不要把他当孩子来对待了，这已经是成年人了，已经担负起这神圣的责任了。所以孔子讲，"可以不用殇礼，可以用成人礼"。孔夫子这话一锤定音，这汪踦，少年英雄，就享有了战士的葬礼。

（三）儒家对待婚礼的态度

婚礼对于一个家族来讲也是至关重要的，合两姓之好，会有新一代家族成员出现，这个跟孝道关系也是极为密切的。在孔子晚年的时候，鲁国的国君是鲁哀公。鲁哀公有一次把孔子请过来，跟孔子聊天，说自己的一个感想：他最近一直在关注婚礼，但是他觉得传统婚礼的有些细节规定不合理。比如说，结婚的时候要求男方去接女方。新郎一定要去接新娘吗？不能新娘自己来吗？他说我是鲁国的国君，我去接新娘？这个不合适吧？这个有必要吗？小题大做了吧？他把这个想法跟孔夫子探讨，因为万一孔夫子说是小题大做，新郎没必要去接新娘，那他就有了权威的支持，就可以进行礼仪改革了。但是孔子没顺着他的思路讲。孔子说，新郎一定要去接新娘的，因为妻子对你来讲是非常重要的。孔子说，"三代明王之政，必敬其妻子（也有道）"（《礼记·哀公问》）。"三代明王之政"，就是历史上贤明的圣王，他们统治天下的时候，留下了一个好的传统，就是对自己的妻子要好，一定要尊敬她们。为什么呢？孔夫子是从家族的神圣祭祀这方面来讲的。妻子，她将来是要参与你家族祭祀的，而祭祀是面对列祖列宗的。你知道她在这里面起了多重要的作用啊！所以你要对她非常郑重地表达你的那种感情。

婚礼是儒家一直重视的。儒者主张作为男人要尊重自己的妻子；也有很多贤惠的妻子，对自己的丈夫给了充分的支持，尤其是丈夫处在摇摆的状态中——什么事情拿不准了，立场有点不坚定了，有些贤惠的妻子在这个时候能够表现出她坚定的态度，让丈夫把自己的道德修养一以贯之地表现出来，不会中途转型。

讲一个故事，说汉朝有一位隐士姓王，叫王霸。王霸这个人品德很高，不愿意去伺候那些达官贵人，年纪轻轻就归隐了，就不到繁华的地方去，也不给人家做事，靠读书、耕作过日子。他的妻子看到他这样，打心眼里佩服他，有这样贤惠的妻子，就很认同自己丈夫有这种高洁的情操。两个人一直是相敬如宾，日子过得很好，虽然说他是社会的边缘人物，跟当时主流社会的达官贵人保持相当的距离，他的妻子也没有什么怨言，不仅没有怨言，而且很自豪。两个人也有一个孩子，这个孩子跟他们住在一起，经常到田里一起去干农活。

这一家不是过得很平静吗？

有一天，王霸的一位好朋友打破了他们一家的平静生活。王霸年轻的时候，有一个好朋友，这个好朋友叫令狐子伯，复姓令狐，他在选择人生方向的时候，跟王霸不一样，令狐子伯就选择了做官，当年的王霸视功名如粪土——无所谓，我就不去做官，两个青年人分道扬镳了。多少年过去，这个王霸不是有孩子了吗？人家令狐子伯也有孩子了——令狐公子，这个孩子也是做官，年纪不大，也做官。这个令狐还很念旧，告诉他的孩子，你去看一看王霸，他是我当年的好朋友，令狐公子就来了。这令狐公子穿着华丽，举止潇洒，见过大世面，什么层次的人都见过，到王霸这儿来。王霸的儿子不是在田里干活吗？听说家里来客人就跑回来看，这个一对比，就看他这儿子蓬头垢面，你看这令狐公子那是一表人才，风流倜傥，而他这个儿子倒是朴实得不得了。王霸心里有点不是滋味，做父亲的有点心里不舒服了。这么多年，我儿子这样，这不比较我天天觉得我们这家几口人还好一点，这一比较，差距这么大呢？令狐公子侃侃而谈，然后人家扬长而去了。这孩子怎么样咱不说了，王霸的夫人就见王霸不说话了，沉默了——平时话挺多的，也不说话了，自己回到屋里往床上一躺，也不说话，沉默了。妻子知道他有心事，她说你干吗，这什么意思，你心情不好？他说，你看看咱们儿子，跟人家比得了吗？是我给了孩子这样一个结局。这个时候，就得说说他这位非常贤惠的妻子了。他妻子说，夫君啊，当年你选择的这条路是对的，我就支持你，我觉得你是了不起的人。今天呢，我还是觉得你是了不起的，咱们日子过得很自在，咱们不受那些外在的束缚，这挺好的，孩子也没有什么不好的，你不应该这样。这一说，王霸一下子又想通了，马上就坐了起来，非常感谢妻子。试想一下，这时候他妻子要说别的——说你看你这么多年怎么怎么不如别人，估计王霸就可能有另外地选择了，人生的方向就有可能发生变化。所以他最后在历史上有那样的名声，在某种程度上是他的妻子成就了他。

（四）拒娶光武帝姐姐的宋弘

我们再给大家举一个例子：丈夫帮助妻子的，不是一般的帮助。这个丈夫呢，姓宋，叫宋弘，是东汉初年人，官做得挺大的。他有妻子，自己的仕途也很顺利，当时的皇帝，也就是汉光武帝刘秀对他也很器重，这不都挺好吗？这时候，有人看上他了。咱们先交代一下宋弘这个人，他长得是一表人才，而且很有正气。谁看上他了呢？是长公主湖阳公主。长公主跟公主不一样，长公主是皇帝的姐妹，公主是指皇帝的女儿。这个湖阳公主，就是光武帝刘秀的姐姐。这个时候，光武帝的这个姐姐刚刚丧偶，此时她已经开始物色下一任丈夫了。物色来物色去，她就盯上宋弘了。她挑宋弘是有原因的，宋弘有两件事情给她印象非常深。这两件事都是大家传开的。一件事情，宋弘曾经给刘秀推荐了一个高级的参谋人员，这个人是智囊型的人物，让他到光武帝刘秀那儿给刘秀出谋划策，这个人叫桓谭。光武帝刘秀跟桓谭一谈，就发现这个桓谭不仅仅能考虑大政方针，还多才多艺，会弹琴。一来二去，光武帝刘秀也不太愿意总谈什么国家大事，干脆经常给我弹个曲子得了。桓谭心想，干什么都是干，只要跟皇上在一起，皇上器重就可以了，弹琴就弹琴吧。由于他琴弹得好，皇上非常欣赏。可是宋弘知道以后，就不乐意了——我当初把你推荐给皇上，是让你弹琴的吗？现在你辜负我了。他就把桓谭给叫来了，告诉桓谭说：你以后不能弹琴，你必须得在政治上提出你的主张，让国家在政治方向上越发展越好，你不能弄这些吃喝玩乐的东西，你再这样的话，我就不客气了。由于宋弘当时官拜侯爵，因此桓谭听了心里压力很大。

这一天呢，刘秀又把大臣叫到一起，还是议事，然后也是想放松一下，就让桓谭再弹琴——你不是弹得挺好嘛，再来。他还不知道桓谭曾经被宋弘叫过去训斥过一顿。桓谭也不敢不弹，此时宋弘也在场，在弹琴的过程中他总拿眼睛瞟宋弘，宋弘就拿眼睛瞪他。光武帝一听这个琴音，怎么走调了呢？不对，你这琴怎么弹的，从来没有这样过啊！桓谭就紧张得不得了。宋弘说，是我盯着他，我斥责过

刘秀

他，所以他现在弹不好了，他就不应该弹这东西。这样一说，后来皇帝没办法了，那你以后就别弹琴了，还是在给我提意见、给我当参谋这方面发挥你的才智吧。这件事情很快传开了，大家都认为宋弘这个人很耿直。

还有一件事，就是光武帝不是喜欢弹琴、听琴吗？他还喜欢绘画，那天

他弄了一套新屏风，画的全是美女，这让他感觉心花怒放，画得太好了，艺术水平也高，反正怎么看怎么舒服。当天，跟大臣们在一起议事的时候，总是魂不守舍，总拿眼睛看自己的屏风，越看越舒服——心思溜号了。这时候宋弘来了一句话，说皇帝，"吾未见好德如好色者也"（《论语·子罕》）。他把孔子在《论语》中的一句话搬了出来。一般的人都是好色，皇帝也是这样，好德却远远不够。他引用孔子的话直接讽喻皇上——你这个人，就是好色不好德。皇上一听，不就是因为我看这个屏风吗？把屏风撤了吧！然后皇上说，你看我改正错误还挺快吧？跟他开了个玩笑，自嘲了一下。

大概这两件事情，尤其是后来这件事情——宋弘讨厌好色，传到了长公主的耳朵里，湖阳公主就决定：非他不嫁。但是，你嫁人家也要考虑人家的实际情况，人家是有妻子的，怎么办？虽然那个时候不排斥一夫多妻制，可是如果宋弘不能把她当作唯一的妻子，她心里也不能接受。所以她就跟汉武帝说，你得给我想办法，无论如何要让他休妻！然后让他娶我。光武帝对这个姐姐挺好，感情挺深，可这个事情是真难办啊！难办也要办啊，于是就把宋弘叫来商量。宋弘来了，这事怎么说呢？不能说我姐姐看上你了，这很难张口啊。光武帝刘秀还是很有智慧的，他就想了一个迂回的策略。他跟宋弘说，听说现在这个社会上流行了一句谚语——这社会是什么社会呢？东汉初年，刚刚打下来天下，所以很多有战功的人富贵之后，就把自己的妻子换了。那时候，这种事情司空见惯。光武帝刘秀说，有那么一句俗语，叫"富易交，贵易妻"，我觉得这句话说得还有点道理。什么意思呢？"富易交"，就是富贵了——我现在不像原来了，我现在有钱了，那我的朋友就得换了，原来你是我的朋友，现在你就不是我的朋友了，因为你的经济实力跟我不在一个层面上。这叫作富易交，交就是朋友。"贵易妻"呢？我的社会地位变了，那原来的妻子就配不上我了，就得换。当时就流行这样的一个谚语，或者是这样的一个口头语。所以，他跟宋弘说，现在流行这句话，挺有道理，实际想试探试探他。如果宋弘说，是有道理，那他马上就端出来了——那你看我姐姐早就看上你了，你就按这个谚语来吧，就行了。他这是在试探宋弘的态度。可是宋弘听了之后，断然地、表情非常严肃地说了一通话，这通话说得是掷地有声，他说"贫贱之知不可忘"。贫贱之知就是知音、知交，贫贱的时候交的朋友我们不能够把他抛弃了；下面这句话是"糟糠之妻不下堂"，患难与共的妻子，即使长相不好，地位也不行，但也"不下堂"，即绝不能随意抛弃。这个话一说，光武帝刘秀他事先打了个埋伏——跟他谈话的时候让他姐姐在屏风后面听着呢，现在他一下子觉得这码事完了，情急之下脱口而出："这事完喽！"他都忘了这个事情是背着人家宋弘干的。他姐姐在后面一听，也很失望，但是同时也非常佩服宋弘，认为这个人道德修养很了不起。

所以这个成人礼、婚礼都是一个人成长过程中的重要的大礼，要非常慎重、非常隆重地来对待。

（五）庄严赴死的子路

孔子接着在《孝经》中讲，"言思可道，行思可乐，德义可尊，作事可法，容止可观，进退可度"（《孝经·圣治》）。其中的"容止"，是指人的容貌、举止。"进退"呢，也是指人的行为要进退可据，一定要有自己的理由。不能做事情不知道自己要做什么，没有道义的力量在背后作为支持，这样是不行的。

举一个例子，拿谁来说呢？拿孔门的著名弟子子路来说吧。子路这个人，孔子说他是野人，是说他从前没有受过什么教育，做事情粗枝大叶，却有好勇的精神。孔子教他要有礼，做事要从礼入手。说这个话，就是子路从拜孔夫子为师开始，一直经过中年，直到老年，都要求子路这样做。

子路六十多岁时，做了卫国大夫孔悝的家臣，共同为卫君出公辄服务。出公辄的父亲叫蒯聩，早年间逃亡在晋国，此时带着从晋国借来的兵回了卫国，发生了政变。这个时候，其他的一些贵族都已经被人抓起来了，出公辄大势已去。很多人就从城里往外跑，因为城内已经被叛军控制了。子路听了这个消息之后，却是从城外往城里跑，他想进城去解救孔悝，其实孔悝那些人已经被人家绑架了，他偏要去解救。仓促之间，他只拿了宝剑，没有带长兵器。当时兵器的长短是有说道的，他带着宝剑，因为是短兵刃——这也是他遭遇杀身之祸的一个重要原因。等他冲进去后，发现包括他的一些好朋友都在拼命地往城外逃跑，大家都觉得他这个人很傻。他顾不上许多了，硬是冲了进去。进城后就遇到了作乱的兵卒，他一个人面对那么多人。当时乱军也被他吓住了，因为子路这个人勇冠三军，乱军对他心有忌惮。但是，定睛一看，却发现子路没拿长兵器，只带着佩剑，他们心里踏实了。最终在搏斗中，子路孤军奋战，被这些人包围了。此时的子路已经六十多岁了，跟叛军搏斗了不长时间，他已经遍体鳞伤了。最终由蒯聩指派的一个武士挥戈弄断了子路的冠缨，帽子一下子就歪了。这时已经是到绝境了，可能就是他在这个世界上逗留的最后一段时间了，这段时间干吗？他要把自己的帽子扶正了，把自己的帽缨重新系上。他边系边说：我听我的老师孔夫子讲，君子没有特殊情况，帽子是不能够掉的，因为这代表一个人的尊严。所以他就把帽子扶正了。不长时间，那也就是刹那间的事情，这些人的兵刃——什么兵刃都有，就向他身上刺来，他被叛军乱刃砍死了。

子路就是这样一个勇敢的人，他在生命的最后一刻还在讲究"礼"。

当年，他拜孔子为师的时候，很多人诽谤孔子，他都出来捍卫师门，最后死得如此惨烈，临死他还要把自己的帽子扶正了。这叫什么？我们说，就是礼。这种礼的精神一直贯穿他生命的最后一刻。人不能没有尊严，礼与人的尊严有直接的关系。他把帽子扶正，是为了尊重敌人吗？不是，这样做是为尊重自己。

（六）"临终扶冠"的朱熹

子路的故事过去了，历史慢慢地发展到了南宋，也发生了一个关于帽子的故事。故事的主角是南宋的一位大儒、大理学家，这个人叫朱熹，在中国历史上被尊称为朱子。他的思想，对中国后来几百年影响很大。可是他活着的时候，却是饱受朝廷的迫害。他的学问、主张，当时被当作伪学来对待。当时任用官员要填一个表，那个表上要写上我不是跟朱熹一伙儿的。有些人光填这个，还怕自己升迁有碍，还要在行动上跟程朱理学的这些人有区别。怎么有区别呢？信奉程朱理学的这些人物，平时对自己的要求都非常严，你要是想跟他区别，就得对自己放松点、放浪形骸一些。所以，有些人平时还不错，这时候为了升官，为了向朝廷表忠心——证明跟他们不是一伙儿的，干脆经常故意地出没于青楼之间，故意招摇引起别人的注意——你看我都到这儿来了，我能跟他们是一伙儿的吗？

朱子当时就是这样一个处境。这种情况下，他仍一直讲学没有停。有人说，你再讲学，可能就会有更大的压力了，就会有更大的祸患。但他不怕，还在讲。临死的前三天，他还在修改《大学》，他要为读他书的人负责，要把自己最后的领悟记下来。他自己知道何时要去世，事先就自己把衣服穿上了，然后就躺在床上，拿着一个板，板上有一张纸，他要在板上写些东西。但笔拿在手里，就落不下去了，因为他已经没有力气再写了。然后，这笔被弟子们拿走了，拿走的时候，稍微不注意，就把他的帽子给刮了一下，帽子就歪了，他此时已经不能动了，也不能说话了。但是，他最后一点精气神都体现在他的眼睛上，他就拿眼睛瞟自己的帽子，弟子们围着一圈——就在这儿送老师嘛，大家一看，帽子歪了不行，把帽子扶正了。帽子端正以后不长时间，朱熹就与世长辞了。他的精神力量保存到了生命最后一息，他是要把帽子戴正，带着自己的尊严离去了。

我讲了两个帽子的故事，意在说明这背后有内在的自尊精神，我们祖先非常重视这一点。

我们讲《孝经》讲到这儿应该说就要告一段落了，孝呢，最后得落到礼上，没有礼的孝是空谈。礼，按儒家讲："礼，时为大"，是说对礼的把握要根据具体的时代，采取具体、相适应的形式，不要拘泥于古代的某些形式，反对食古不化。

还有，就是认识礼的含义是最重要的。如果我们现在想表现我们的庄严，表现我们的敬意，我们没有找到恰当的古代的方法可以参照，那也没有关系，我们可以根据礼的精神自己设计、创造出来一套新礼。这些做法，都是我们祖先所认同的。所以，这次我们学习孝文化，既要继承中华孝道这种精神遗产，又要结合时代进行创造，把这种精神发扬光大，这也正是今天我们这些学习传统文化的人的责任。

十一、孝之践行

《孝经》云："孝子之事亲也，居则致其敬，养则致其乐，病则致其忧，丧则致其哀，祭则致其严，五者备矣，然后能事亲。"这五条非常重要，只有这几个方面都做到了，才算是一个合格的孝子。

（一）居则致其敬

父母健在时，当要居敬以礼，仰体亲心以承欢，得尽天伦之乐。人子尽孝的底线也要做到孝敬双亲，这只不过是小孝而已。

子游被列十哲之一，他继承了孔子文学方面的造诣，文以载道，若能将孝的真谛阐扬，最为恰当；另一方面，他个性大大咧咧，不拘小节，在侍奉父母的时候，往往有些疏忽大意，在细节上，常常有意无意当中表现出对长辈不敬之嫌。所以当子游问到"孝"的时候，孔子因材施教，巧妙地回答道："今之孝者，是谓能养。至于犬马，皆能有养；不敬，何以别乎？"

现在一般所谓的孝顺父母，只认为做到养活父母，就算是孝了。因为当今社会存在着"啃老族"，他们不出去做事，日常的开销全都依赖于父母的收入，自己不能养家糊口，使年迈的父母生活陷入贫穷。如果与这些不孝的人相比，养活父母的人是要好得多。

其实赡养双亲是很有学问的，它分为"有养""能养""善养"三个递进层次：

其一，"有养"是指家之父母、国之老人都能得到子女和国家的赡养，生活有人负责，有可靠的保障，没有后顾之忧。父母是子女生命的创造者、养育者，父母的养育之恩比天高，比海深，赡养父母是子女应尽的义务、责任和良心，是一个人的道德底线和法律底线，也是孝道最起码、最基本的内容。

《吕氏春秋》中说："民之本教曰孝，其行孝曰养。"

《竹窗随笔》说世间有三孝："一者承欢侍彩，而甘旨以养其亲；二者登科入仕，而爵禄以荣其亲；三者修德励行，而成圣成贤以显其亲。"

其二，"能养"是指子女有能力承担起赡养父母的责任。在《论语》中孔子说："今之孝者，是谓能养。"孔子在《孝经》中把孝分为天子、诸侯、卿大夫、士、庶人五个等次，素称"五等之孝"。孔子认为前"四等之孝"是以固定而丰富的俸禄赡养父母——"彼养以禄"，经济上的赡养不是他们行孝的重点，所以没有展开论述这个问题。而庶人——百姓，赡养父母则是行孝的重点。

赡养父母要竭尽全力。《论语》中说："事父母，能竭其力。"《礼记·祭义》中也说："君子反古复始，不忘其所由生也，是以致其敬，发其情，竭力从事，以报其亲，不敢弗尽也。"怎样"能竭其力"呢？

《荀子》中引用孔子的话："夙兴夜寐，耕耘树艺，手足胼胝，以养其身。"意思是，早出晚归，耕地种田，辛勤劳作，手脚都长满老茧，为的是供养父母。

孔子在《孝经》中认为应该"谨身节用"。宋朝理学家真德秀将"谨身节用"释为："念我此身父母所生，宜自爱恤，莫作罪过，莫犯刑责。得忍且忍，莫要斗殴，得休且休，莫典词讼。入孝出悌，上和下睦，此便是谨身；财物难得，常要爱惜。食足充口，不须贪味。衣足蔽体，不须奢华。莫喜饮酒，饮多失事。莫喜赌博，好赌败家。莫习魔教，莫信邪师。莫贪浪游，莫看百戏，凡人皆枉费，便生出许多祸端。既不要枉费，也不要妄求，自然安稳，无诸灾难，这便是节用。"

其三，"善养"是指子女要以充足的钱物从生活条件、生活质量等全方位赡养父母，使父母幸福地安享晚年。赡养父母的范围非常广泛，内容非常丰富。《礼记》中说："孝子之养老也，乐其心，不违其志，乐其耳目，安其寝处，以其饮食忠养之，孝子之身终。"

《礼记》还强调在赡养中要"行之以礼，修之以孝养"，在饮食中孔子强调"有酒食，先生馔"。即家中有美味佳肴，应首先尽父母享用，古代称之为"让食"或"先馈孝"。

《弟子规》也告诫儿童："或饮食，或坐走，长者先，幼者后。"聚餐时应该先让父母就座，然后子女再就座；先让父母动筷，然后子女再动筷；先让父母离席，然后子女再离席……

现在有的家庭对此不太讲究，主位坐的是"小皇帝"，父母在下跑龙套，次序颠倒；更有甚者，子女先上桌狼吞虎咽一番，剩下残渣留给父母。至于让食就更罕见了。即使"让食",第一口菜也不是加给长辈,而是加给孙子,若遇到孩子不好好吃,爷爷奶奶还追着喂。表面看是一个生活细节,但它却反映出一个人的孝心和一个家庭的家风。伦理荒废,纲常尽失,此乃家庭之一大不幸。

如此说来,做好赡养父母也非一件易事。假如是简单的赡养长辈而不以尊敬之心侍奉,那和养动物的嗟来之食又有何区别呢?人在饲养犬马等动物时,不也一样供给它们食物吗?若事亲不敬,即使吃山珍海味,穿名牌服装,住高楼别墅,物质生活再丰富,也不能让二老开心。反之,若诚心供之以粗茶淡饭,茅屋草舍,虽然清贫也必安乐,感觉上自是甘之如饴。故知奉亲不在厚薄,贵在诚敬;不重物质,重在精神。

许多养宠物的人,一回到家就问:猫吃了吗?领狗散步了吗?狗儿子、猫弟弟,一会儿亲,一会儿抱。可是,把父母扔在一边不管,不闻不问。有没有问候过母亲:"您今天有没有不舒服?血压还正常吗?"有没有关心过父亲:"您吃饭香吗?血糖高吗?"这一对照我们难道不寒心吗?难道父母还不如畜生重要吗?

《弟子规》云:"冬则温,夏则清;晨则省,昏则定。"恭敬应从父母的饮食起居开始,做到无微不至。

康先生是一位出租车司机,一天傍晚被歹徒用枪打坏了双眼。治疗无效,妻子选择了分手。

"我不能跟你走,我要给我爸夹菜呢!"5岁的小女儿选择了留下照顾爸爸。

父亲不愿拖累家庭,准备自杀,小女儿哭着救了父亲。父亲被孩子感化从此不再有轻生的念头。而懂事的女儿从未在父亲面前抛洒过热泪啊!她当起小大人儿,买菜、做饭、擦地、帮父亲洗脚,把父亲照顾得体贴入微。她父亲从此过上了正常而又幸福的生活。而这一切都是小女儿给予的,是她把父亲带出黑暗，带向光明。

通常幸福都是父母给我们的，而康先生的幸福则是女儿给的。小小年纪就有如此的孝心，真让人由衷的敬佩。这让我们想起古代另一位大孝子——黄香。

东汉时期的黄香，官居魏郡太守。在他9岁时母亲不幸去世，只有他与父亲相依为命。冬天用身体帮父亲温床，怕父亲冻着，夏天用扇子把床榻扇凉后才让父亲安睡。这么小的年纪，就有这样的孝行，由于他的这种高尚德行，被世人称之为"天下无双，江夏黄童"。

那我们今天该如何做呢？现在条件好了，冬天有暖气，夏天有空调，我们也要考虑到，家里是否干燥，需不需要加湿器？空调有没有对着父母吹？会不会得空调病？水龙头关好了吗？煤气阀门拧住了吗？生活的点点滴滴都要考虑周全，不能让父母有任何不安而睡不踏实。

孝道是我们为人的根本，不论你的年龄、身份、地位，都不能离开孝道。汉高祖刘邦当了皇帝以后，回到家中，他父亲要给他下跪，欲行君臣之礼，刘邦赶紧扶起父亲道："父亲万万使不得，不要折杀儿呀。"他的父亲说："现在你是皇帝，我是你的臣民，这君臣之礼，还是要的。"刘邦赶紧跪下来说："没有父亲，哪有我这个皇帝？"最后刘邦坚持行了父子之礼。

林则徐说过："不孝父母，拜佛无益。"有信仰的人，对待自己信仰的神明特别虔诚和尊敬。其实父母对我们的爱，就像神明般的博大、无私，有求必应。可是我们还记得这一博大而无私的爱吗？

杨黼，是安徽省太和县人。因感悟到人生的无常，立志修道。杨黼辞别双亲后，跋涉千里，到四川拜访高僧无际大师求学佛法。

当杨黼见到无际大师时，大师问他："你从哪里来，到四川来干什么？"杨黼答道："我从安徽来，参访无际大师，想跟大师学习佛法。"大师说："你见无际大师不如见真佛。"杨黼惊奇地问："我自然很想见真佛，但不知真佛究竟在哪里，请老和尚慈悲开示。"大师说："你赶紧回家，看到一位肩披棉被，倒穿鞋子的，那就是真佛。"

杨黼听后深信不疑，便昼夜兼程地往回赶，急于要见到真佛。一个月后，杨黼才赶到家，这时天色已晚，杨黼敲门唤妈妈来开。得知久别的儿子归来，妈妈欢喜得从床上跳起来，来不及穿衣服，披着棉被，倒趿着鞋子，匆匆忙忙地把门打开。当杨黼见到披衾倒屣的妈妈时，顿时醒悟，父母就是自己应该天天供养、日日礼拜的活佛呀！自此以后，杨黼竭尽全力地侍奉双亲。

弥勒佛说："堂上有佛二尊，恼恨世人不识；不用金彩装成，非是栴檀雕刻；即今现在父母，就是释迦弥勒。"人道都做不好，还想成圣成贤，那岂不是异想天开吗？只有人道成，才能达天道。

（二）养则致其乐

要让父母开怀、无忧，少为我们操心、牵挂。孩子能做到此地步也算是孝顺了，可这也只是达到了中孝的境界。

孝顺并非一味地妥协，当然父母做得对，我们要言听计从；可父母做得不对，我们身为子女有责任劝谏父母改过，并且要和颜悦色，而不是嫌弃和埋怨。如果父母依旧不听，我们只好等父母心情好的时候再劝，甚至可以哭着哀求，就算父母打骂我们也无怨无悔，真正做到了如《弟子规》所说的："谏不入，悦复谏，号泣随，挞无怨。"我们决不能陷父母于不义，假如父母犯了重大过失，甚至锒铛入狱，这多少也跟子女没有劝谏有关。

天下无不是的父母。俗云："子不言父过，臣不论君非。"孩子四处张扬父母的过失就是大不孝，臣子私下谈论国君的是非就是大不敬。不张扬不议论，并不等于不劝谏，只是谏之有方，不使父母与君面子上难堪。

楚国的叶公对孔子说："我们这里的年轻人非常正直，能够大义灭亲，父亲偷了羊，儿子就去揭发。"孔子听了摇摇头说："我们那里的正直和你们这里的不同，父亲偷了羊，儿子就会为父亲承担罪过；儿子偷了羊，父亲就会为儿子承担罪过，因为这毕竟有人伦亲情在。"

教化世道人心，非以牺牲亲情为代价，更不能用严苛刑律来治理，唯赖道德感召，须借大爱接引。只有真诚相待，真心感化，真情打动，通过真理启发，方可使其恢复良知良能。子曰："道之以政，齐之以刑，民免而无耻；道之以德，齐之以礼，有耻且格。"

如若父母德薄，子女不可轻视与忤逆，再德薄的父母，仅凭对子女的养育之恩也足够了。所以我们要用妥善的方法去劝谏，弥补父母的不足和过失，这才是真正替父母着想，也是爱的具体表现。

一个真实的故事，发生在1988年的四川重庆。

9岁的陈颖峰父母离婚了，面对残酷的现实与痛不欲生的母亲，小颖峰难过极了，但他不怨恨父母，暗下决心，一定要设法使父母重归于好，让家庭破镜重圆。

在母亲生日时，小颖峰用积攒的钱买来生日蛋糕，说是父亲送的，母亲由此忆起昔日之旧情，之后他又以母亲的名义邀父亲来吃饭，使父亲感到妻子并没有忘了自己，同时小颖峰每天放学跑很远的路去看望奶奶，星期天帮奶奶干家务、买菜等，奶奶觉得不能让这个家破裂，于是劝说儿子向媳妇认错，并亲自劝说儿媳，看在这么懂事的孩子分上，让他们和好。

年底颖峰被评为"三好学生"，父母向他祝贺，问他要什么奖品，颖峰流着泪说："我什么也不要，只要我们三口人生活在一起。答应我吧，好爸爸，好妈妈！"父母泪流满面，深深地感到对不起孩子。

次年春节，这个破了的家，终获重圆。

小颖峰并没有去指责父母，以赤子之爱，谱写了一曲感人肺腑，以子劝父母的篇章。他并没有学过《孝经》与《弟子规》，9岁年龄，其言行纯粹发自天性之本有。

我们没有了解颖峰的父母为什么离婚，特别是有了儿女之后，除了万般无奈，没有人愿意选择离婚。多少母亲饱受对方变态狂的打骂折磨，多少父母早已没有了共同的语言，为了儿女在死亡婚姻的囚笼中度过一生！这哪里是做儿女能体会到的……愿天下为人子女者，对父母说话要三思而慎言，千万不要在他们受伤的心灵上再刺伤他们，这是父母绝对承受不了的……

春秋时期的楚国有个叫老莱子的孝子，当时已经六七十岁了，为了让父母开心，竟然穿起花衣，跳起舞来；又有一次他学着孩子的模样挑水，故意摔倒，而放声哭泣，以此来逗父母开心。

这个故事被列为二十四孝之一，虽然老莱子给人以滑稽的感觉，但他告诉我们一个事实，那就是我们在父母的眼里永远都是孩子。

我们在父母面前即使做做小丑也无妨，因为这样能使双亲快乐，然而，某些人不懂得角色转变，平时老总当习惯了，回到家里也给孩子、妻子、父母当起了老总。

诗云："慈母手中线，游子身上衣。临行密密缝，意恐迟迟归。谁言寸草心，报得三春晖。"无论我们置身何处，父母时刻都在牵挂着我们。

从前有个孩子比较孝顺，每天准时下班回家，后来当了经理，应酬多了起来，回家的时间也越来越晚，由原来晚上的7点，推迟到8点、10点、12点，他心里很不安，所以劝母亲不要等他，母亲怕孩子担心，于是就每晚不再等孩子。

一天，他又凌晨才回家，刚躺下不久，想起还有一份重要的合同没有起草好，所以又起身去客厅拿自己的公文包，忽然发现有一个黑影晃动。他一下子紧张起来："难道家里进了贼？"这时，他看到，这个黑影蹑手蹑脚地走向鞋架，然后用手摸鞋，并抱起来挨个地闻了一遍。

天哪！原来这竟然是母亲。其实，母亲每天都佯装睡觉，等到半夜起来，再来通过闻儿子熟悉的脚汗味，来确定儿子是否平安回到了家。儿子心里一阵酸楚，暗暗发誓："妈，我不能再让您操心了，我再也不这么晚回来了。"

这就是几乎所有母亲的心，母亲的心会以各种方式惦念我们，无论你年龄多大，只要母亲还活着，这是一种说不清的情怀，这是一种没有理由的慈爱。

孔子说："父母在，不远游，游必有方。"在今天工商社会中，常年守在父母身边也不太现实，但我们至少也要做到及时告知。无论我们在国内还是国外，无论是旅游还是出差，下了飞机、火车，第一个任务就是打电话给父母报平安，让二老不要为你操心。尤其常年在外的人，更应该定时与父母通话，并随时牵挂父母的安危。

甚至有时候，对儿女的牵挂可能就是支撑老人活着的唯一理由。

有一个刘老汉，左邻右舍都管他叫"日本老头儿"，当面叫他，他也不恼，好像是默认了。刘老汉有两个儿子，其中一个在日本，据说要把老爷子接过去。老人每天做的最重要的一件事，就是邮递员送信的时候他等在那里，就是等信这件事每天支撑着他的生活。后来，他索性不让邮递员送信了，天天跑邮局自己去拿，跟邮局的人都混了个脸儿熟。人们都知道他在等儿子的信，也都知道儿子要带他去日本享福。

儿子曾经是个警察，后来托朋友关系去了日本。没有任何特殊技能的他只能靠打工谋生，艰难可想而知。然而即使再难，也不能让84岁的老父亲知道，每次写信只是报喜不报忧。老父亲怕影响儿子的事业也是报喜不报忧。

谁知两年后儿子突然回国，一进家门，家中的情形让他愣住了：马桶坏了，厕所里积了一周的大便；地上的尘土积了很厚；老父亲已经不能给自己做饭了，全靠邻居和居委会做一些吃的送来，有一顿没一顿的。问他为什么不打电话叫房管所来修马桶，才发现老父亲手抖得已经打不了电话了！四十多岁的汉子不禁流下了眼泪。

儿子回日本后迅速为父亲办好了探亲的一切手续，然后再次回到老人身边。谁都知道老人要走了，理了发，换上新衣服，平日落寞的脸上也有了笑容，高高兴兴与邻居们告别，随儿子去了日本。

《孝经》开宗明义章云："身体发肤，受之父母，不敢毁伤，孝之始也。"可有的人暴饮暴食，昼夜颠倒，把自己的身体搞坏了；还有的人在身体上文身打孔，拉皮割肉，把身体搞得千疮百孔，这些都让父母担心，都是不孝的表现。

孟武伯问孝，子曰："父母唯其疾之忧。"

据史书《左传》记载，孟武伯平素仗势欺人，欺压百姓，专横跋扈，负气好胜，不知惜身，打架斗殴，傲慢无礼，不可一世。所以当孟武伯问什么是孝时，孔子借机教诲：父母爱子之心，无微不至，时时唯恐儿女有疾，日夜担忧。为人子女者，当善体亲心，外防病魔，内除妄心，使神安体健，以慰亲心，是为尽孝。

换个说法，言外之意就是不要给父母惹事，少让二老牵挂操心。因为父母随时担心你在外闯祸，把别人打伤，同时也怕你纵欲损害了健康，或者被人打坏。要知道你的身体健康、平安对父母来说都很重要。

王凤仪善人16岁时在外地做小工，有人欺负他，他都不与人争论，默默忍受，旁人都看不过去了，问他为何不反抗，跟对方论个长短，难道是怕对方吗？

他很谦卑地回答："离家好几十里，好好做活，妈妈都还天天挂念着我呢！要是再和人打架，万一传到我妈耳朵里，不就更不放心了吗？我是怕妈妈惦念我，才学老实，我哪是怕他呢？"

然而有的孩子自私自利，根本不管父母的死活，对双亲的操心、担忧全然不顾，任意作为，其结果让长辈痛心疾首，甚至遗憾终身。

新西兰的一个留学生因为打架斗殴，结果被当场打死，他的母亲在国内接到噩耗，当时就昏倒了。父母辛辛苦苦送儿子出国学习，希望全部寄托在他身上，日盼夜盼，盼来的却是儿子的死讯。人家的父母去国外参加孩子的毕业典礼，捧回的是硕士、博士的文凭，而这对父母千里迢迢赶来，却是要把儿子的骨灰捧回国，这让父母怎么能够承受得了这样的悲痛呢？

《圣经》云："智慧之子，使父亲欢乐；愚昧之子，叫母亲担忧。"所以脾气暴躁、好勇斗狠的年轻人，千万不要逞一时之愤，酿成千古之憾啊！不念别的，就念在父母牵挂你的分上，也应该感到无地自容了。

孔子的弟子当中，曾子以孝闻名，可以说《孝经》就是孔子专门为他而作。曾子对孝道的体悟和践行，让我们现代人更是望尘莫及。

曾子在临终时把弟子们叫来说："你们来把我的被子掀开看，看看我的手、脚，是不是还好好的？"弟子们认真地看了他的手脚说："一切安好。""那我就放心了，我再也没有机会伤害我的身体了，总算保全了父母给我的完整之体。"圣人都是这么谨小慎微地在实践孝啊！我们又怎能不身体力行、效法学习呢？

（三）病则致其忧

父母生病时，要担忧父母的病情，并赶快求医诊治。

子曰："父母之年，不可不知也。一则以喜，一则以惧。"我们的父母年龄越来越大，一方面我们高兴父母健康、长寿，另一方面我们要时刻担心、警惕，父母可能随时会离开我们。

文王的母亲病了，他一直在母亲的病榻前侍候，三天三夜未合眼，并亲自尝药、喂药，真正做到了《弟子规》中所说的"亲有疾，药先尝，昼夜侍，不离床"。很快文王的母亲病好了，原因有两个：一个是药好，另一个就是她有这么孝顺的儿子，让她欣慰。他的孝行感动了周围的大臣和百姓，所以孝道在民间广为流传，正如《大学》所说："上老老而民兴孝。"

嘉信医药股份有限公司董事长蔡光复先生，他的父亲患了严重的胃病，须做胃镜检查。从未做过胃镜的父亲，询问儿子做胃镜的情况，儿子一时回答不上来，对父亲说："我明天告诉您。"随后自己跑到医院，给自己做了一个胃镜检查，经亲身体验，才知道这项检查是如此痛苦难耐，但老父亲又必须进行此项检查，如何向父亲陈述确实犯难。第二天，他委婉告诉父亲做胃镜的过程。让老人减少心理压力与恐惧不安。

不仅如此，老父亲的肾功能也衰竭了，当他得知后，毫不犹豫地要把自己的肾移植给父亲，经检验结果，他与父亲的肾不能匹配而作罢。

古有文王替母尝药，今有蔡光复替父试胃镜，甚至想割肾救父，充分体现古今孝心是一样的。

常言道："久病床前无孝子。"然而不久前大连的一个记者，通过她自己的一篇报道，向我们展示了另外一个答案——久病床前有孝子。

《大连晚报》在头版头条报道了这样一篇感人的故事：23岁的王希海照顾着因脑血栓而变成植物人的老父亲长达24年，并且放弃了出国的机会与成家的念头，一心一意、无微不至地照顾着久病卧床瘫痪的老父亲，使八十多岁的老父亲安然无恙而又活得非常有尊严。

孝心原本就是每个人具足的天性，此天性亘古不移，万世不衰，时至今日孝道衰落，天性蒙蔽，故重提孝道，愿人人回归至善之境，恢复良知良能，父慈子孝，家和国兴。

（四）丧则致其哀

万一父母不幸去世，办理丧事当致哀依礼，以尽悲戚之情。

中国一位著名的诗人桑恒昌，他的怀亲诗《心葬》把丧亲之情表现得淋漓尽致，到了无以复加的地步——

女儿出生的那一夜，

是我一生中最长的一夜。

母亲谢世的那一夜，

是我一生最短的一夜。

母亲就这样，

匆匆匆匆地去了。

将母亲土葬，

土太龌龊；

将母亲火葬，

火太无情；

将母亲水葬，

水太漂泊；

只有将母亲心葬了，

肋骨是墓地坚固的栅栏。

现在的葬礼有的草率了事，有的铺张浪费，有的请亲戚朋友大吃二喝，还有的邀来歌舞团助威，个别人为了招揽人气，还邀来跳脱衣舞的，做出了伤风败俗的事情，让过世的先人蒙羞，哪里还有失去父母的伤感和悲痛呢?!

父母健在时，如果我们能极尽孝顺，又何必在死后大做文章呢？古哲云："万金空樽思亲酒，一滴何曾到九泉，与其死后祭之丰，不如生前养之

孝经诠解

以孝齐家

薄也。"其实，孝顺父母不论贫富，贵在一颗真诚心。你有钱能孝顺父母，这个容易做到。俗话说："家贫方显孝子。"贫穷还能孝顺父母，这更难能可贵。

在父母心中的"天平"上，只要有了孝心，富裕子女给的 100 元钱和贫困子女给的 10 元钱，其"价值"是相等的。

一副对联写得好：

百善孝为先，原心不原迹，原迹贫家无孝子；

万恶淫为首，论迹不论心，论心世上无完人。

此联虽非圣贤之境界，但若能在迹与心上做到，将会对整个社会移风易俗起到积极的作用。

孔子的得意门生子路，性格直率勇敢，十分孝顺。早年家中十分贫寒，常常靠采野菜充饥，为了母亲能吃顿米饭，不惜从百里之外背米回家。父母死后，他做了大官，奉命到楚国去，随从的车马有百余辆。坐在垒叠的锦褥上，吃着丰盛的筵席，他忍不住悲泣说："要是父母还在世，能够吃到这些该多好啊！"孔子赞扬说："你侍奉父母，可以说是生时尽力，死后思念啊！"

孔子说："敬亲爱亲的孝子，不幸父母死了，不能再见到父母的面，也不能再尽侍奉父母的心了，心里非常哀痛，哭的声音也不能委婉了。礼貌上也乱了，礼节上的庄重也顾不及了。因哀伤忧虑，以致说话也急促不文雅了。穿上漂亮的衣服，心里也不安了。听到美妙的音乐，心中也不觉得快乐了。吃了可口美味的食物，也不觉得香甜了。这些都是悲伤忧虑的真情呀！"

（五）祭则致其严

祭祀的时候，应时时追思其德，刻骨铭心，于一定的时节依礼诚祭，以安其在天之灵，以尽为人子思慕之心，就像父母还活着那样恭敬。子曰：

"事死者，如事生。"佛有盂兰盆会，道有中原普度，儒有祭祀大典，我国也有"清明节"，这一切都标志着人们对祖先的怀念与追思。

春秋之前，父母之丧，需服丧三年，这是古人权衡人情所制定的通礼，上自天子，下至庶民，没有不遵守的。然而孔子的弟子——宰我，却不以为然。

宰我问孔子说："依礼制来说，为父母要服丧三年，我以为一年就够长了，何必定三年呢？君子在三年的丧期中不去习礼，那仪节必然会生疏、败坏；三年不去奏乐，那音律必然会生疏而荒废。一年天运一周，时令和事物都已变更，去年收成的谷子已经吃完，当年新收成的谷子也已经登场；四季钻取火种的木头，也依次取遍，重新更换。可见居丧满了周年，似乎也可以终止了。"

孔子说："父母去世，还不到三年，你就吃那稻米饭，穿那有文采的锦衣，你能心安理得吗？"

宰我回答说："安啊！"

孔子说："你既然心安，那就这样去做好了！说到君子在居丧的时候，因为心里悲伤，即使吃美味的食物，也不觉得甘美；听美好的音乐，也不觉得快乐；住华美的房屋，也不觉得安适，所以不忍心只守一年丧。现在你既然说心安，那就这样去做好了！"

宰我退身出去，孔子对门人说："宰我真是不仁啊！一个婴儿从出生以后，自孩提要有三年的时间，才能离开父母的怀抱。父母的恩情，本是儿女报答不尽的，古人所以制定三年的丧期，不过略报初生三年抚育怀抱之恩而已。为父母服丧三年，是天下通行的丧礼；宰我难道会有三年报恩之诚，来发出对父母的敬爱吗？"

春秋战国，礼崩乐坏，三年之丧，已很久不通行了。当时的诸侯，当他们的父母去世，还停尸在堂上没有举行葬礼时，就急于去参加列国的盟会，甚至亲迎他国的女子，其余卿大夫则可想而知。晏子的父母去世时，晏子睡在草垫上，当时的人都以为奇异，可见当时一般士人早已不知道这项古礼了。事实上父母恩重如山，正如寸草之报春晖，哪里能报得尽呢？只能终身孺慕而已。孔子这种基于人性所主张的孝道和居丧敬爱之礼，足以弘扬人性，敦厚人伦。

然而现今亲情渐疏，纲常紊乱。有些不孝之子，上坟祭祖时，喜笑颜开，吃喝玩乐，没有一点追思感念祖先的味道，这怎能不让九泉之下的祖先感到难过呢？更有甚者连祖宗都忘了，根本不去扫墓。苏格拉底说："不爱自己的父母，又怎能把这爱施与他人呢？"

一个人连自己的祖宗、父母都不要了，他也绝不会爱国家、爱人民，如果说爱，那背后一定有企图、有目的。

今日工业社会，三年之丧，确有不便，但报答父母祖先的方式，便在于终身孺慕，以身行道，扬名于后世，方是应机、应时之策。

中国人的观念是"树高千丈，落叶归根"。这是主张不忘本，而不忘本则能培养出仁厚的民族道德，使祖先遗德、圣贤礼教绵延不绝，这是中国人喻义"不死"的另一种解释，亦即说人死之后，已将精神传给下一代，故为不死。

孟懿子问孝，孔子对曰："无违。"孔子犹恐孟懿子不明礼制，乃借辞告诉樊迟"无违"之意："生，事之以礼；死，葬之以礼，祭之以礼。"若能依此三礼，生死葬祭得以兼顾，可谓孝道尽了。

孟懿子问孝

樊迟高兴极了。在孔子曾经说过

的有关孝的话语里面，他发现了"不违"两字；现在他可以从这里摸到线索，来表示他了解孔子对孟孙的回答。然而，当他试图把"不违"和"无违"联系在一起时，他脑子里瞬间竟是一片混乱。他发觉"不违"是人子劝谏父母的过错，必须始终不违尊敬父母的原则，很明显地是指父母还在世而言。但"无违"则似乎有不同的地方，最起码孟懿子的父母已经去世了啊。这两句表面看来相似，意义却不相同的话，反而给他带来了更大的困惑。

"想什么?"

背后的孔子，还在等他表示意见。樊迟虽然感到难以启口，但再也想不出该如何回答了。

"我一直在思索'无违'的意思，却始终不能了解。"

"连你都不懂我的话，那孟孙就更不用说了。"

樊迟只得硬着头皮又说："我想了很久，还是不懂。"

"也许我讲得太简单了。"

"到底是什么意思呢?"

"我的意思是不背礼（理）。"

"哦——"樊迟把头点了点，他觉得太平庸了，刚才不应该想得那么深入。

孔子接着说："就是说，父母在世的时候，做儿子的要依礼侍奉，父母去世了以后，做儿子的要依礼安葬，依礼祭祀。"

"既然是这个意思，那么我想不用老师再多解释，相信孟孙一定知道的。因为他学礼也有相当的功夫。"

"不！我不这样认为。"

"可是，孟孙最近将要举行一次很隆重的祭典……"

"你也听说了?"

"详细情形我是不知道，但听说这次祭典，打算要比以往的都要来得隆重呢！"

"原来的方式不可以吗？"

"当然没有不可以的道理。不过做儿子的，总希望父母的祭典能更加隆重，应……"

"樊迟！"

不等樊迟说完，孔子就打断了他的话，同时声调也提高了许多。孔子已了解后面将听到什么。

"看来你也没有彻底了解礼的意义。"

樊迟从御车座位转过头来，惊讶地望着孔子。

孔子神色依然不变，只是声音越来越沉重："礼，不能过于简略，也不能过于隆重，过犹不及，同样都是违礼的。每个人各有他们不同的身份，不落后，也不僭越，这才符合礼的真意。如果僭越自己的身份来祭祀父母，不但会使父母的神灵蒙受僭礼之咎，而且，身为百姓模范的大夫违犯礼制，也将导致天下秩序的紊乱。这样一来，父母的神灵又另外沾了紊乱天下的秩序之罪，这还能算是孝吗？"

樊迟再也不敢回头看孔子。他失神似的望着前面的路，呆呆地赶着车。

当然，在送孔子回去以后，樊迟马上拜访了孟懿子。如果孟懿子举行的这次祭典，目的不是夸耀他的权势，而是真心要安慰他父母的神灵，那么，樊迟这次的拜访，对孟懿子而言，必会给他带来重大的意义。

父母丧亡时，为人子的，要备办棺木，举行小殓、大殓，入了殓以后又在奠堂陈列祭器，举哀祭奠，以尽悲哀忧戚之情礼。捶胸顿足哭得声嘶力竭，送亲入了棺，出了殡，又占卜好风水，以好的墓地来安葬亲人。又建了祭祀祖宗的宗庙，使亲人的灵魂有享祭的地方。又在春秋两季到宗庙祭祀，追念父母，以表敬心、孝思。父母生前的侍奉是要尽到亲爱恭敬的心，若不幸父母丧亡了，要尽到悲哀忧戚的礼，心和礼都尽到了，生养（生事爱敬）死葬（死事哀戚）的大义，都齐全了，如此，孝子事亲的道理，到这时才可以说是圆满地终结了。

所以曾子云："慎终追远，民德归厚矣。"在父母寿终的时候，办理丧事，要谨慎地尽礼尽哀；祖先殁后，虽然为时久远，举行祭祀，仍须诚敬追念，在上位的人如果这样不忘本，百姓受了感化，风俗道德自然归于淳厚了。

第十五章 以孝治国

自汉朝开始，《孝经》一书成了此后中国皇家的必读之书。魏晋南北朝时，朝廷创造出了独有的留养制度。在政绩和私生活中都颇有争议的唐玄宗所注释的《孝经》，是十三经注疏中唯一的皇帝的注释。宋朝是中国历史上孝文化登峰造极的开始，朝廷对愚孝一类的行为，通常持支持的态度。朱元璋无疑是中国历史上在和平时期杀大臣最多的一个人，但他在父母面前却自称为『孝子皇帝』，这也是独无仅有的。作为少数民族的满人，基本上接受了汉族的孝文化。

一、孝进入政治体制之中

汉代，中国历史上第一次将孝悌作为一种官职，这不仅仅是新增了一个官职的问题，更重要的是，它代表了朝廷的导向；提倡孝，促使百姓向孝、行孝，以官职作为榜样和表率。

（一）皇室子弟必读书

虽然说中国人以重孝著称，但将孝纳入政治制度中，成为国民生活的一部分，则是从汉朝开始的。汉朝何以开始将孝提高到政治的高度呢？这与之前秦的暴政有关系，汉朝实际上是从秦的暴政中吸取教训。对于当时情况，汉初政论家贾谊在《新书·治安策》中写道：

囊之为秦者，今转而为汉矣，然其遗风余俗，犹尚未改。今世以侈奢相竞，而上亡制度，弃礼谊、廉耻日甚，可谓月异而岁不同矣。逐利不耳，虑非顾行也，今其甚者杀父兄矣……白昼大都之中剽吏而夺之金……至于俗流失，世坏败，因恬而不知怪，虑不动干耳目，以为适然耳。

从贾谊的说法中，我们知道汉初之时，遗留了秦朝时的一些恶俗，朝廷也是从秦的灭亡吸取教训，认为有必要采取新的治理国家的政策，其中之一便是孝治。汉朝为了达到以孝治天下的目的，采取了一系列的措施。

贾谊

首先是汉朝皇室弟子必须接受孝道教育，教材中有《孝经》。据《汉书·景十三王传》，"后数月，下诏曰：'广川惠王于朕为兄，朕不忍绝其宗庙，其以惠王孙去为广川王。'去即缪王齐太子也，师受《易》《论语》《孝经》皆通。"除此之外，在宣帝、昭帝时规定，《孝经》作为皇太子、皇后、宫妃的学习教材，这一点在《汉书·昭帝纪》中有记载："（朕）修故帝王之事，通《保傅传》《孝经》《论语》《尚书》，未云有明。"由于皇太子将来要管理国家，所以，对皇太子的要求更高一些，皇太子对各种经文都得背诵，其中当然也包括《孝经》。

（二）孝悌官职

汉代直接设孝悌官职，促使人们向孝。《古文孝经》有"孝悌之至，通于神明，光于四海，无所不通。诗云：自西、自东、自南、自北无思不服"。

孝悌通常是动词，在《孝经》中，古文、今文都有阐述，孝则天下顺，孝悌也者，其为仁之本。但到了汉代，中国历史上第一次将孝悌作为一种官职，这不纯粹是新增了一个官职的问题，更重要的是，它代表了朝廷的导向，提倡孝，促使百姓向孝、行孝，以官职作为榜样、表率。汉朝，基层主持教化的是三老。严格地讲，三老不是官，是乡村中资格较老、有一定权威的村野老夫，《后汉书·百官志》载："掌教化。凡有孝子顺孙，贞女义妇，让财救患，及学士为民法式者，皆扁表其门，以兴善行。"孝悌一职是在汉高后时设，"初置孝悌、力田二千石（各一人）"，文帝之时，尚下诏书曰："孝悌天下之大顺也；力田，为生之本也；三老，众民之师也；廉吏，民之表也。朕甚嘉此二三大夫之行，今万家之县，云无应令。"

（三）两汉的孝道教育

在学校推广孝道教育，孝作为一门专门的课程，进入了学校。汉代将《孝经》作为教材，推广到了学校。汉文帝时，开始设置《孝经》博士，《孝经》成了一门专门的学问，由专人研究，并教授。汉代授课的次序是，首先是小学，从《孝经》《论语》开始。从汉代一直到南宋，《孝经》在次序上一直排在《论语》之前。至朱熹，《论语》的地位提高，排在了《孝经》之前。汉宣帝时，当时朝廷颁布命令，在最低级的庠、序中要置《孝经》师一人，这是《孝经》成为一般学校的教材的开始，这也是《孝经》发展史上的一个里程碑。以此为开端，《孝经》成了中国古代的圣书。民间私学也要讲授《孝经》。东汉时，邴原入私学，"一冬之间，诵《孝经》《论语》"。不独如此，武人也得学习《孝经》，《后汉书·儒林传》中有"自期门羽林之士，悉令通《孝经》章句"的记载。

家族、家庭的孝道教育主要是表现在"家诫""家训"中，这在中国向来很发达，它们主要起教化的作用，是地方、国家治安的重要补充，起到稳定社会的功能。在"家诫""家训"中，以孝治家是重要的内容之一。据《后汉书·仇览传》的记载，仇览是陈留考城人，在乡里当亭长，维持社会治安，劝导教化。仇览刚到亭里时，亭里有个叫陈元的，独与母亲居住，不孝养母亲，他母亲将他告到了仇览那里，于是仇览招呼陈元，给陈元《孝经》，叫他编读，直到陈元悔过为止。陈元后来成了一个孝子。

在汉朝的家庭教育中，孝道是重要的内容之一。在《华阳国志》卷10下中记载有杜泰姬教育子女的方法，其标题是"杜氏之教，父母是遵"。杜泰姬一生有七男七女，皆有令德，尚告诫诸女及妇人说："吾之妊身在乎正顺，及其生也，恩存于抚爱，其长之也，威仪以先后之，体貌以左右之，恭敬以监临之，懃恪以劝之，孝顺以内之，忠信以发之，是以皆成而无不善，汝曹庶几勿忘吾法也。"这里，杜泰姬在向别人传授她教子的方法，希望其他的女人，尤其是要做母亲的来仿效她。杜泰姬的方法就是，母亲在怀孕的时候，就要进行胎教，然后，随着年龄的增长，施以不同的教育方法，其中，孝道教育就是重要的内容之一。

（四）汉代尊老制度

比起先秦，汉代的重孝、敬孝不仅是停留在宣传上，政府开始在其中扮演积极的角色，其中之一，便是养老制度的初步建立。养老、敬老成了汉代以孝治国的国策之一。

汉代，年过六十为老，但实际上，只有年龄在七十岁以上者，才称得上是高龄。在《后汉书·礼仪志》中记载着汉代于仲秋季节辟雍时躬养"三老""五更"时的盛大场面：

先吉日，司徒上太傅若讲师故三公人名，用其德行年耆高者一人为老，次一人为更也。皆服都纻大袍单衣，皂缘领袖中衣，冠进贤，扶（玉）［王］杖。五更亦如此，不杖。皆齐于太学讲堂。其日，乘舆先到辟雍礼殿，御座东厢，遣使者安车迎三老、五更。天子迎于门屏，交礼，道自阼阶，三老升自宾阶。至阶，天子揖如礼。三老升，东面，三公设几，九卿正履，天子亲袒割牲，执酱而馈，执爵而酳，祝鲠在前，祝在后。五更南面，公进供礼，亦如之。

从这段文字的描述中，可以看出，在汉代辟雍躬养时有着非常繁复的仪式，上至皇帝，下到百官，都得参加。

给老人以优厚的物质待遇，是汉代具体的养老措施。汉文帝元年，颁布有定制："令县道，年八十以上，赐米人月一石，肉二十斤，酒五斗。其九十以上，又赐帛人二匹，絮三斤。赐物及当禀鬻米者，长吏阅视，丞若尉致。""赐年九十以上帛人二匹，絮三斤。八十以上米人三石。鳏寡孤独帛人二匹，絮三斤。"在汉宣帝之时，"加赐高年帛。赐金钱，鳏寡孤独各有差"。由于当时粮食产量不高，为了保证有足够的粮食来保证这一养老政策的顺利执行，朝廷下了禁酒令，禁止将粮食酿酒。除了这些规定的政策之外，还有一些不定期的赏赐，这主要是在皇帝登基庆典或者发生了水旱灾害时，有一些临时性的发放。如在汉光武帝二十九年二月，光武帝对一些因冤狱而昭雪的老年人，"赐天下男子爵，人二级，鳏、寡、孤、独、笃癃、贫不能自存者粟，人五斛"，接着，五月，因大水，光武帝照例是赏赐老人粟五斛。

对于老年人犯罪，适当地放宽刑罚。汉朝初年，朝廷在刑法上采取宽容的态度，这主要还是吸取了秦亡的教训。汉初惠帝初即位之时，就发布诏令："民年七十以上，若不满十岁，有罪当刑者，皆完之。"意思是说，七十岁以上和十岁以下的若犯罪，就不加肉刑，也不剃头发。到了汉宣帝时，宣帝下诏书说："年八十以上……当鞠系者，颂系之。"意思是说，不给那些年八十以上的犯人上镣铐。至汉宣帝元康四年，宣帝又下一诏："朕念夫耆老之人，发齿堕落，血气既衰，亦无暴逆之心，今或罹于文法，执于囹圄，不得终其年命，朕甚怜之。自今以来，诸年八十非诬告、杀伤人，它皆勿坐。"在汉代，多个皇帝都致力于废除肉刑，这不只是指对一般的犯法的人，尤其是考虑到照顾老年人。到了汉成帝时，对老年人的犯罪处罚就更加宽松了，规定年七十以上的老者，"非首，杀伤人，毋告劾，它毋所坐"。也就是说，对老年人犯罪，只限于杀人罪中的主犯，次要犯罪或其他的一般的刑事犯罪就一概免罪了。西汉自汉初的惠帝开始，历朝皇帝都采取不同措施，想尽办法来照顾老年人，尽可能地减轻老年人的罪责，直至成帝时，将老年人的罪责只与杀人一项联系起来。可见，汉朝一代，是非常照顾老年人的，这是敬老的重要内容之一，也是汉朝以孝治天下的主要表现之一。

对于老年人，土地可以买卖，免除税收。汉朝对受田在年龄上有一些规定，《汉书·食货志》对当时的受田的情况有记载："民年二十受田，六十归田。"通常，六十岁以上的老年人，在归还公田之后，若是仅靠私田是无法维持生计的，于是，只能做一些买卖来补贴家用。但依照汉朝的法律，所有的买卖，都得交税收，只有年龄在六十以上的男女，才可以享受免税的待遇。此规定在西汉成帝建始三年有着明确的规定：男子"六十以上毋子男为鳏，女子六十以上毋子男者为寡，贾市毋租"，对这些无儿子的六十岁以上的男女老者，朝廷给予特别的照顾，这些都可以视为孝治的一部分。这些规定，对稳定社会起着重要的作用，也具有强大的导向功能。除此之外，对于那些家里有九十岁以上的老者，朝廷会命令子孙奉养，朝廷对奉养者采取免除赋税的优惠政策，鼓励子孙尽孝。相关的记载出现在《汉书·武帝本纪》中："令得身率妻、妾遂供养之事。"汉代通常对七十岁的男子授王杖，以视尊重，并享受一定的廪给，也就是由政府定期地给老人一定的米、肉等。但同时规定，对赡养受王杖的人，也享有免除税役的优惠。西汉宣帝本始二年（前72年）做出这一规定，41年后，朝廷将这一年龄规定提前了十年，也就是六十岁以上的男子若无子男的，若是有人愿意奉养他们，都在免除赋役之列。

汉代养老制度的许多具体规定，对后世影响巨大，并被后世所沿用。当然，汉代的养老制度，对先秦有一定的继承关系，但先秦的养老，多是一些理想的传说，尚未形成制度性的东西，但不能说先秦的养老就毫无意义，先秦的养老传说，可以作为汉代养老制度的一个源头。汉代的恤刑制度、王杖制度及辟雍制度，都是从先秦借鉴过来的。汉代的养老制度，大约可以分为三个阶段：第一个时期是自汉朝建立到汉宣帝之时，这一时期，汉朝初立，统治者吸取了秦朝灭亡的教训，采取黄老之治的政策。在养老政策上，表现为汉高帝设三老，汉惠帝行恤刑制度，到文帝时，继续推行廪给制度，养老之制初具规模。第二个时期，自宣帝到西汉末期，这个时期是汉朝养老制度的发展期。在养老制度上，独具特色的孝廉制度，是从汉武帝开始的。到了汉宣帝时，宣帝将汉景帝时创设的八旬老人问罪不戴镣铐再次放宽，对八旬老者戴镣铐，只涉及诬告和杀人两罪，其余皆不问。宣帝之时，还有一些重要的措施，对于六十岁以上的老者施行王杖制度、免税制度，都是以诏书的形式发布，可见朝廷的重视。第三个阶段，是东汉时期。东汉时期的养老制度，可视为西汉的继续，但东汉的养老在制度上没有创新。东汉初的明帝时期，开始陆陆续续地恢复西汉时期的辟雍、养三老五更等制度。但随着东汉中后期的外戚和宦官的干权，皇权被削弱，各项制度也随之流于形式，其中当然包括养老制度。汉代养老制度的衰落，也是中国古代养老制度的衰落，此后的中国，虽然有的朝代仿照汉代的做法，但只是提倡而已，根本上就不能和汉代的养老制度相比。也难怪，元代的马端临对后世的养老制度的衰落，发出如此的感叹："按古者，天子之视学，多为养老设也，虽东汉之时犹然。自汉以后，养老之礼浸废，而人主之幸学者，或以讲经，或以释奠，盖自为一事矣。"这是马端临在撰写《文献通考》时，总结元朝以前诸朝代的制度，所得出的精辟的见解，也算是对这个古代养老制度的一个总结。

二、魏晋时期的孝治

魏晋南北朝是中国历史上的第一个大分裂时期，在长达三百多年的混乱中，正统的儒家学说受到来自佛教、道教的冲击，尤其是佛教，对中国正统学说的冲击尤为巨大。孝作为儒家学说的核心，在某种程度上得到了加强。这种加强，既表现为在外来文化的冲击之下的自我保护，也表现出当时特殊的历史背景下的特有文化特征。孝与当时的清议制度紧密相连。

（一）选官论孝行

自从汉朝将孝廉作为一种正式的官职来评判人物，中国古代历朝都将这一制度沿用了下来，只是在具体的方法上不同而已。魏晋南北朝时的清议的重要内容之一，便是孝与不孝。在司马懿执政的时候，司马懿曾问政于夏侯玄。夏侯玄是曹魏时期的重要人物，也是玄学的早期重要代表人物，他虽然大谈玄学，但仍然将他虚玄的玄学与政治上的选拔人才严格地分开。夏侯玄回答司马懿的《时事议》一文收在《三国志·文类》卷37中。夏侯玄一开始就提出了选拔官员当以孝作为主要的标准："夫官才用人，国之柄也。故铨衡专于台阁，上之分也，孝行存乎闾巷，优劣任之乡人，下之叙也。"接下来，夏侯玄论述道："孝行著于家门，岂不忠恪于在官乎？仁恕称于九族，岂不达于为政乎？义断行于乡党，岂不堪于任事乎？"夏侯玄的意思是要以孝行、仁恕和义断作为九品中正制录取的标准，而孝行排在第一位。在魏晋时期，许多官员，遭人清议，因不孝而罢官，常常发生。

（二）陈寿贬官

典型的一例便是西晋时《三国志》的作者陈寿（233—297 年）。陈寿是三国蜀国、西晋时的著名史学家，他的著名，就是因为著述有《三国志》一书。然而，就是这样一位杰出的史学家，有几件事，一直围绕着他争论不休。一起公案是，陈寿是否利用撰写《三国志》的机会，有意贬低诸葛亮？原因是陈寿的父亲是那个失街亭的马谡的参军。马谡被诸葛亮给宰了，陈寿的父亲也被罚。当然，这个问题不在本书的讨论范围，此处不再展开分析。这里要说的是关于陈寿的另一起历史公案，陈寿对他的父母的孝顺问题。在孝顺问题上，陈寿有两次遭到清议，一次是在蜀汉之时，陈寿被贬官在家，他的父亲在此期间去世，陈寿服丧。正好陈寿在这时身体个适，就叫家里的仆人给自己熬药，此事被客人看见了，一时间，都贬议陈寿，认为陈寿在服丧期间吃药，是违背礼制的。入晋之后，陈寿在朝廷做官，授御史治书，然不久因母亲去世而去官。陈寿的母亲生前有遗言，死后就近葬在洛阳，陈寿就按照母亲的遗愿，将母亲葬在洛阳。但不久，又有人清议陈寿，说陈寿未能将他的母亲葬在老家四川，陈寿因此事再次被贬官。

（三）温峤葬母

温峤葬母之事，在当时也是一起著名的事件，甚至于惊动了朝廷。温峤（288—329 年），字太真，太原祁县人，在少时，就以孝悌闻名乡里，此后成为晋室南渡时的一员大将，能够左右时局。就在温峤即将授官散骑侍郎时，遭到了母亲崔氏的反对，为此，温峤与母亲发生了争吵。正在这时，母亲突然去世了。由于北方战乱，温峤无法将他的母亲归葬到老家太原祁县，这在当时是不孝之事。于是，温峤坚决请求北归葬其母。此事后来由皇帝诏三司八坐议论，结果大家都说："昔伍员志复私仇，先假诸侯之力，东奔阖闾，位为上将，然后鞭荆王之尸。若峤以母未葬，没在胡虏者，乃应竭其智谋，仰凭皇灵，使逆寇冰消，反哀墓次，岂可稍以乖嫌，废其远图哉。"实际上，大家是出于安全及长远的考虑，都劝温峤不要冒险北葬其母。从皇帝下诏书专门讨论此事，可见"孝"在当时是非常重大的一件事。从孔愉的传说中，我们知道，温峤正是因为未能将母亲归葬老家，而在之后的九品评品中未能通过。而阻止温峤过关的人，就是孔愉。孔愉是会稽人，东晋初年的重臣，有人将他视为晋室再造之人。在苏峻叛乱中，温峤立有大功，孔愉亲自到温峤处看望他，温峤也释前嫌，握着孔愉的手痛哭着说："天下丧乱，忠孝道废，能持古人之节岁寒不凋者，唯君一人耳。"从温峤葬母一事，可以看出，晋朝时，孝行在政治上的作用是巨大的，直接影响到社会的评价，影响到一个人的升迁。

以上谈的只不过是典型的两例而已，此类事情，在《晋书》《南史》《北史》中的记载是很多的，此处就不一一列举了。清议固然有巨大的道义的力量，但在当时南北分裂，战乱纷繁之时，父母不能归葬，或做子女的不能够赶到千里之外的家乡为父母守孝，为数很多。若是都按照陈寿、温峤的方式来办理，势必会影响到政府的正常运转。三国时，魏军与吴军战于东关（今安徽巢湖附近），魏军战败，官兵死伤很多，按照惯例，若是死者家属居家守丧的话，将严重地影响日常生活和政治活动。于是，朝廷为此事特地发布诏书，"尸骸不还者，制其子弟除丧以后不废婚宦"，这就是后来《晋书·礼志》中所谓的"东关故事"。由于晋朝皇室感觉到了一些孝行已经严重地干扰了人们的日常生活和政治活动，就规定：死丧之家"限行三年之礼，毕而除之"。此后，皇帝也因此多次发布诏书，干预此事，使得"东关故事"成为常制。这场战事，对晋朝时孝行观念产生了积极影响。

（四） 留养制度

魏晋南北朝继承了汉朝制度，设有孝廉这一官职，因孝做官的人很多，以下仅举数例。北魏时的房景伯，是房法寿的族子，字长晖，其传在《魏书》卷43中。少丧父，以孝著称，养母甚谨。后由尚书卢渊推荐，做到齐州刺史，迁清河太守。在清河太守任上，有个贝丘妇女告发自己的儿子不孝，房景伯将此事告诉了母亲崔氏，房的母亲就邀请这位妇女到家来同住同吃，叫那个不孝子站在一旁看房景伯是如何供食的。如此，十多天后，这位不孝子开始悔过，要求回家，但房的母亲崔氏说："此虽面惭，其心未也。"于是，又将他们留了二十多天，不孝子叩头流血，直到他的母亲涕泣，乞求回家，然后才让他们回去，这个不孝子最终以孝闻名。南朝梁时的刘景昕，河东人，事母以孝著称。他的母亲病了三十多年，刘景昕一直伺候母亲，有一天，刘景昕的母亲突然好了，乡里都认为是刘景昕的诚恳感动了上天，才使得母亲的病好了。荆州刺史湘东王绎听说此事后，就将刘景昕升为主簿。

南北朝时期，政府在孝行制度上的一项重要创举是建立留养制度。留养制度是指：当死刑犯的祖父母或父母年老，家中又无其他的奉养人时，法律规定，将赦免罪犯的死罪。

政府大力倡导孝行，孝德为天下第一道德。正史是中国古代的官方历史，是得到皇帝认可的，是朝廷褒贬的重要工具之一。从正史中的变化，也可以看出中国古代社会风俗的变迁。正史中，最早的孝友传、忠义传，就是从魏晋南北朝开始的，这绝不是偶然的。最早给孝子、忠义者立传，是在《晋书》中，这是一个具有划时代意义的事件，自此以后，其他的正史，多仿照此例，给孝子、忠节者立传，表彰孝行与忠节者，使这些具有榜样作用的人物品德得到传播，对社会起到激励作用，影响了中国此后一千多年的历史。

我们要了解中国历史上的孝行人物，大多数可以在正史中找到。《三国志·魏书·司马芝传》卷12中，记载司马芝因尽孝而免于被盗贼所杀的故事。司马芝，字子华，河内温人，年轻的时候是书生。战乱之时，避乱荆州于鲁阳山（今河南鲁阳），遇到盗贼，同行的人都弃老弱者后逃跑了，只有司马芝独自坐守老母亲。盗贼到后，拿刀架在司马芝的脖子上，司马芝叩头说："母老，唯在诸君。"盗贼说："此孝子也，杀之不义。"于是，就放过了司马芝，司马芝就用鹿车推载母亲，逃到了江南，在南方居住十余年，躬耕守节。南朝宋时，也发生过类似的故事。据《宋书·孝义》卷91载，吴兴乌程人潘综，在孙恩之乱时，妖党攻破村邑，潘综与父潘骠共走避贼，潘骠因年老体弱，行动迟缓，叛军逼近，潘骠对潘综说，我已经逃不脱了，你赶紧逃跑，不然，我们两个都得死掉。于是，潘骠疲惫地坐在地上，潘综迎上去对叛军叩头说："父年老，乞赐生命。"叛军到后，潘骠也请叛军说："儿年少自能走，今为老子，不走去。老子不惜死，乞活此儿。"叛军用刀砍杀潘骠，潘综将父亲抱在腹下，叛军连砍潘综的头四刀，潘综一时晕倒。这时，有一个叛军赶到，见到此种情景，就说："卿欲举大事，此儿以死救父，云何可杀，杀孝子不祥。"叛军停留了许久，潘氏父子因此得生。潘综守死孝道，全亲济难，与乌程另一个以孝著称的吴逵，得到当时吴兴太守王韶之的表彰，两人都被举为孝廉，潘综因此而除遂昌长。太守王韶之，离郡之时，曾赠四言诗，其中的第三首诗是：

仁义伊在，惟吴（逵）惟潘（综）。

心积纯孝，事着艰难。

投死如归，淑问若兰。

吴实履仁，心力偕单。

固此苦节，易彼岁寒。

霜雪虽厚，松柏丸丸。

在《南史·孝义传》卷73中，记载着萧叡明孝行的故事，这个故事值得一提。萧叡明是南兰陵人。其孝行在《南齐书》卷55中，记载得很简单，不过，在《南史》卷73中记载稍微要详细一些。萧叡明的母亲，中风多年卧床，萧叡明昼夜祷告，"时寒，叡明下泪为之冰，如筋额上叩头血，亦冰不溜，忽有一人以小石函授之，曰：此疗夫人病！叡明跪受之，忽不见。以函奉母，函中唯有三寸绢丹书，为日月字，母服之，即平复"。这是《南齐书》中的记载，这种记载有些神奇的色彩。在《南史》中的记载是："叡明初仕员外殿中将军，少有至性，奉亲谨笃。母病，躬祷，夕不假寐，及亡，不胜哀而卒。"萧叡明的孝行，得到了皇帝的褒奖，南齐武帝永明五年（487年），皇帝下诏书，"龙骧将军安西中兵参军松滋令萧叡明，爱敬淳深，色养尽礼，丧过乎哀，遂致毁灭，虽未达圣教，而一至可愍。宜加荣命，以矜善人，可赠中书郎"。有趣的是，在《南史》萧叡明传的后面，附有一个叫作朱绪的传，而这个朱绪则与萧叡明正好相反，对母不孝。这个朱绪是秣陵人，无品行。他的母亲病了多年，忽然，想喝菰羹，朱绪的妻子就到市场上买了菰，做成羹，打算给婆母喝。朱绪见后说："病复，安能食？"于是，就自己先尝了尝，将羹喝尽。朱绪的母亲大怒说："我病欲此羹，汝何心并啖尽，天若有知，当令汝哽死。"朱绪听后，非常不快，很快，就吐血，第二天就死了。萧叡明听说后，非常悲愤，几天吃不下饭，并问朱绪的尸体在何处，要亲手去砍他几刀。随后又说，"他会弄脏了我的刀"，于是就停了下来。

汉文帝时，就设有《孝经》博士，可见朝廷对《孝经》的重视。但在南齐之时，为是否将《孝经》设为博士，发生过一场争论，争论的双方是吴郡吴人陆澄和琅琊临沂人王俭。陆澄认为，"《孝经》，小学之类，不宜列在帝典"。陆澄之所以反对将《孝经》立为帝典，还有一个因素，就是陆澄认

为《孝经》非郑玄注。"观其用辞，不与注书相类。案玄自序所注众书，亦无《孝经》"。王俭立即反驳道："仆以此书，明百行之首，实人伦所先。《七略》《艺文》并陈之六艺，不与《仓颉》《凡将》之流也。郑注虚实，前代不嫌，意谓可安，仍旧立置。"王俭时为尚书令，博学多闻，其学问以《孝经》著称。这场争论，是否就说明了《孝经》的地位在下降呢？如果将这一现象放在当时的大的文化背景之下看，当然是。因为，魏晋南北朝时期，整个的中国传统的儒学都受到来自佛教的冲击，但从另外一个角度来看，正是外来文化的冲击，也使得传统的儒学更加纯正。据《南史》卷50载，刘瓛，字子珪，沛郡相人。齐高帝初即位之时，就召刘王南赶入华林园谈话，齐高帝问刘瓛执政之道理，刘瓛回答说："政在《孝经》。宋氏所以亡，陛下所以得之，是也。"齐高帝咨嗟曰："儒者之言，可宝万世。"显然，当时君臣对《孝经》都是较为看重的。当时的帝王参与研究《孝经》的很多，南朝梁武帝，一般人提到他时，就会想到他是一个菩萨皇帝，但他在学术上颇有成就，他曾撰写过《孝经讲疏》《制旨孝经义》等书。他还自己亲上讲坛，向大臣们讲《孝经》。此一时期，以孝为题的诗文，也是较多的。我们今天能够见到的中国历史最早的以《孝经》命名的诗，就是出自这个时期的人物傅咸。傅咸（239—294 年），西晋文学家。字长虞，北地泥阳（今陕西耀州区东南）人，傅玄之子。其《孝经》诗，也是我们今天能仅见古代以《孝经》为题咏的诗：

　　立身行道，始于事亲。

　　上下无怨，不恶于人。

　　孝无终始，不离其身。

　　三者备矣，以临其民。

（五）《孝感赋》和《孝思赋》

我们在古籍中仅见的一篇《孝感赋》是南朝宋杰出的文学家谢灵运写的，此赋作于他贬官到岭南时，表现出他对故土的怀念之情。赋的前几句是：

举高樯于杨潭，眇投迹于炎州。贯庐江之长路，出彭蠡而南浮。于时月孟节，季岁亦告暨。离乡眷壤，改时怀气，恋丘坟而萦心，忆桑梓而零泪。

此赋开篇点明行程。谢灵运自杨潭乘船南下，经庐江，出彭蠡（鄱阳湖），到广州。作者因为不能自持而为所欲为，在地方上不能与地方官很好地合作，在朝廷得不到重用，皇室虽然多次袒护过他，但最终不为皇室所容，他被贬到广州的时期当是在宋元嘉九年（433 年），谢在广州只待了一年，便在广州弃市，时间是宋元嘉十年（434 年），谢灵运时年四十九。

上面谈到梁武帝对《孝经》的研究，不独如此，梁武帝还有一篇著名的《孝思赋》。在赋前的序言中，梁武帝道出了写作《孝思赋》的原因："想缘情生，情缘想起，物类相感，故其然也。每读《孝子传》，未尝不终轴辍书，悲恨拊心呜咽。年未髫乱，内失所恃，余惴伶娉奶媪相长。齿过弱冠，外失所怙。"原来，梁武帝儿时就死了父亲，靠母亲的抚养长大成人，故每读《孝子传》，就合上书悲泣。

虽然学术界一般认为魏晋南北朝是一个文化多元的时期，但儒家学说仍然占据着重要的地位，这与统治阶层的大力宣传是分不开的。由于当时王朝更迭很快，多是依靠武力取得政权，合法性值得怀疑，所以，每一朝新的统治者上台，都不便提倡"忠"，而是大力倡导孝，实际上是间接地提倡忠君思想。由于朝廷大力提倡孝行，故这一时期的孝行具有普遍性，这从《晋书》的孝友传中可以看出。六朝时期，九品中正制在评价人物的品行时，孝是重要的内容之一，但九品中正制主要是政府选拔官员的制度，针对的是门阀士族，故由于制度的导向，所以，整个的社会都提倡孝就不足为怪了。当时的社会是一切都以孝为标准，若是某人戴上了不孝的帽子，就意味着可以否定他的一切。故六朝的孝，有些偏离了孝的本质，更加注重于形式。在这种大的氛围之下，民间讲孝也是在所难免，普通人行孝，可以举孝廉，孝廉不只是一个官名，更多是社会引导，起到一种社会规范的作用。

三、唐玄宗御注《孝经》

《孝经》是一部系统的著作，全书一千七百九十九字，共十八章，是十三经中最短的经文，但几乎涵盖了社会生活的各个方面，成为中国古代政治、经济生活的重要组成部分，影响了中国达两千多年。

（一）皇帝重孝

学术界有一种观点，唐朝是一个不太重孝的社会。理由是，唐朝初年的玄武门之变，唐太宗杀兄屠弟，有逼迫父亲退位等等不孝的行为。为此，《资治通鉴》的作者之一范祖禹在《唐鉴》中，对唐太宗的不孝的行为提出了批评："建成虽无功，太子也；太宗虽有功，藩王也。太子，君之贰，父之统也，是无君父也。立子以长不以功，所有重先君之世也，故周公不有天下，弟虽齐圣不先于兄久矣。"唐朝还有一事，在安史之乱时，唐玄宗正在向蜀中逃跑，结果，太子李亨在灵武自立，直到两个月之后，唐玄宗才知道自己已经是太上皇了。有人据此以为，唐朝是一个不太重孝的朝代，当然，这只是代表了一种说法。像唐太宗通过玄武门之变这种激烈的方式继位，李亨在唐玄宗不知情的情况下做了皇帝，这种情况并非唐朝独有，即使是宋明清时期，号称中国孝文化到了登峰造极的时代，皇室内部的争斗仍不断。

毫无疑问，唐朝也是重孝的。以下，我们从几个方面来看唐朝时期的孝的文化。首先，从政府行为来看，唐朝仍然沿用了孝廉力田的选拔制度。在唐朝这样一个高度重视辞赋考试的时代，唐玄宗曾为此特地下了一个诏书《孝悌力田举人不令考试词策敕》：

敕孝悌力田，风化之本。苟有其实，未必求名。比来将此同举人考试词策，便与及第，以为常科，是开侥幸之门，殊乖敦劝之意。自今以后，不得更然。其有孝悌闻于郡邑，力田推于邻里，两事兼着，状迹殊尤者，委所由长官特以名荐，朕当别有处分，更不须随考试例申送。

从唐玄宗的这份诏书中，不难看出，皇帝对孝廉力田的考试方式颇不满，认为这样不利于宣讲孝道。

在孝悌力田中降低辞赋考试的要求，这本可以理解，不过，这一评价标准也影响到了正规的进士科考。唐朝的科举考试中，《孝经》为士子的必修科目，也是必考科目之一。虽然科举考试主要是看考试成绩，但孝行仍然起一定的作用，这一规定是在唐代宗时，由苏州吴人归崇敬提出来的。归崇敬，字正礼，治礼家学，遭父丧，孝闻乡里。当时，皇太子想到国学行齿胄礼，归崇敬以学与官名皆不正，就提出了建议，在他所提的建议中，其中就涉及礼部考试法：

请罢帖经，于所习经问大义二十而得十八，《论语》《孝经》十得八，为通；策三道，以本经对，通二为及第。其孝行闻乡里者，举解具言，试日义阙一二，许兼收焉。天下乡贡如之，习业考试，并以明经为名，得第投官，与进士同。

归崇敬的建议被朝廷采纳，成为当时科举考试的一项重要举措，它规定了孝行在科举中的重要性，参加科举考试的考生，若有孝行者，可以放宽录取标准。

新旧唐书中，记载了一些通过孝悌力田而进入仕宦的，这部分人可谓是佼佼者，任敬臣是其中的一个典型人物。据《新唐书·孝友传》卷195载，任敬臣，字希古，棣州人。五岁丧母，显得非常悲伤。七岁时，就问父亲：若何可以报母？他的父亲回答说：扬名显亲可也。于是，任敬臣就努力读书，最后举孝廉，授著作局正字。父亲死的时候，任敬臣多次晕倒过去。他的继母就说：儿不胜丧，谓孝可乎？任敬臣就吃了些饘粥，服除，迁秘书郎。任敬臣是唐初时的人，当时，虞世南非常看重他，曾将任敬臣的年终考评拟为书上考，但任敬臣拒绝了。任敬臣在当时不过是无数孝廉中的一个突出的例子，至于其他的人，就不再述说了。

上面谈到的是通过孝悌力田科举的正当途径取得官位的，唐朝还有一种孝悌选拔人才的方式，这种方式是作为正规考试之外的补充，就是不定期，也不进行考试，而直接由政府通过考察的方式任命。能够通过这种方式提拔为官员的，通常是以孝闻于天下的学子。如元让，雍州武功人。弱冠之时，明经擢第，但就在这时，他的母亲生病，元让就放弃了做官，亲自侍候母亲吃药，数十余年间不出乡里。母亲死后，元让就在母亲的墓旁盖了茅屋，蓬发不栉沐，菜食饮水而已。唐高宗咸亨年间，孝敬监国下令表其门间；永淳元年，巡察使上奏，称元让孝悌殊异，擢拜太子右内率府长史。后以岁满还乡，邻里乡人有所争讼的，不到州县，而是直接请元让来裁决。武则天圣历中，中宗居春宫，召拜元让为太子司议郎。武则天说："卿既能孝于家，必能忠于国，今授此职，须知朕意，宜以孝道辅弼我儿。"

（二）唐代的孝假制度

此前和此后的朝代，都未有此种制度，故在此特别提一下。所谓的孝假，就是免征居父母丧者的劳役赋税。这一规定是在天宝元年正月一日的赦文中规定的："如闻百姓之内，有户高丁多，苟为规避，父母见在，乃别籍异居，宜令州县勘会。其一家之中有十丁已上者，放两丁征行赋役。五丁已上，放一丁。即令同籍共居，以敦风教。其侍丁孝假，免差科。"这一规定，实际上出自唐玄宗的《改元天宝赦》，原文如下："侍老八十已上者，宜委州县官每加存问，仍量赐粟帛。侍丁者，令其养老。孝假者，矜其在丧，此王政优容，俾申情礼。"

朝廷除了将有孝行的人直接通过考试的方式，或者直接提拔做官之外，再就是通过树立典型人物，旌表孝行。唐朝在立国之初，就开始积极表彰有孝行的人。有唐一代，首先受到表彰的人是宋兴贵，唐高祖李渊于武德二年（619 年）为了表彰宋兴贵，颁发过诏书，此诏书完整地保存在《旧唐书》宋兴贵的传中，《旧唐书》简单地记载了宋兴贵的家世。宋兴贵是雍州万年（西安）人，累世同居，躬耕致养，至宋兴贵已四从矣。唐高祖闻而嘉之，武德二年诏曰："人禀五常，仁义为重，士有百行，孝敬为先。自古哲王，经邦致治，设教垂范，皆尚于斯。叔世浇讹，人多伪薄。修身克己，事资诱劝。朕恭膺灵命，抚临四海，愍兹弊俗，方思迁导。宋兴贵立操雍和，志情友穆，同居合爨累代，积年务本力农，崇谦履顺，弘长名教，敦励风俗，宜加褒显，以劝将来，可表其门闾，蠲免课役，布告天下，使明知之。"从皇帝的诏书中可以看出，朝廷对有孝行的人会免去一定的赋役，以示表彰。《新唐书》孝友的第一句便是："唐受命二百八十八年，以孝悌名通朝廷者，多闾巷刺草之民，皆得书于史官。"随后所列出人物共有 153 人，也就是这 153 人，都是被朝廷表彰过的。另外还有因家庭和睦的 36 家，也受到过朝廷的表彰，也被一一列出。对于突出的人物或者家庭，会在孝友传中单独立传。

继承汉制，唐朝重开养老制度。唐太宗《赐孝义高年粟帛诏》说："高年八十以上，赐粟二石，九十以上，三石，百岁，加绢二疋。"除此之外，再就是朝廷对高年者有一些临时性的赏赐。在法律量刑上，唐朝也是仿照汉朝的做法，对高龄犯法者，给予他们一定的照顾。具体的做法是，"七十以上，……犯流罪以下亦听赎。八十以上，……反逆杀人，应死者，上请，盗及伤人亦收赎余皆勿论。九十以上，……虽有死罪，不加刑"。这些规定，都明确地记载在《唐律疏议》中，适用于法律规定的人群。

（三）科举必考书

和前朝一样，唐朝时期，《孝经》是上至皇帝、下到百姓的必读之书，在唐朝的"举人条例"中有明确的规定："一立身入仕，莫先于《礼》《尚书》明王道，《论语》诠百行，《孝经》德之本，学者所宜先习。其明经通此，谓之两经，举《论语》《孝经》为之翼助。"可见《孝经》是当时参加科举考试的必学书。具体的考试之时，有两种方式来考试《孝经》，一是口试："请皆令习《孝经》《论语》，其《孝经》口问五道，《论语》口问十道，须问答精熟，知其义理。"另一种方式是，若在学校就已经系统地学习了《孝经》等规定的书目，那在考试时，可由考生任选考试，至于《孝经》可以免试："如先习诸经书者，任随所习试之，不须更试《孝经》《论语》。"唐玄宗曾下诏书，要国人家藏《孝经》一部。天宝三年（744 年），唐玄宗要亲祭长年未祭祀的九宫坛，诏书由潞州涉县人孙逖所拟定，即《亲祭九宫坛大赦天下制》，中有"自今以后，令天下家藏《孝经》一本，精勤诵习。乡学之中，倍增教授，郡县官吏，明申劝课，百姓间有孝行过人乡间钦伏者，所由长官具见以名荐"。就是这句话，常常为后来的学者所引用，从中可以看出唐朝对《孝经》的重视程度。

（四）唐玄宗御注《孝经》

在唐朝的皇帝中，唐初的几位皇帝尤其偏好《孝经》。其中最为重视《孝经》的，恐怕就是唐玄宗了。由于《孝经》分为古文孝经和今文孝经，学者无所适从，为了便于学习和研究，唐玄宗于开元元年（713 年）三月，特地下了诏书《令诸儒质定古文孝经尚书诏》："《孝经》《尚书》有古文本孔郑注，其中指趣颇多踌驳，精义妙理。若无所归，作业用心，复何所适宜。令诸儒并访后进达解者，质定奏闻。"唐朝

唐玄宗

是我国经学的一个大总结时期，经文的整理，在唐朝取得了巨大的成就，其中就包括《孝经》的整理工作。也正是经过这次整理，《孝经》的版本基本上就定了下来，我们今天所见到和常常谈到的《孝经》，就是唐朝整理的。不独如此，唐玄宗还亲自给《孝经》做注释，唐玄宗御注《孝经》的时间，是在开元十年（722 年），颁行是在是年的六月。唐玄宗后来命令大臣河南人元行冲书写御注孝经疏义，列于学官，作为教材。据注前的序言称，举六家之异同，会五经之旨趣，约文敷义，分注错经写之琬琰，庶补将来。唐玄宗所说的六家，指的是王肃、刘劭、虞翻、韦昭、刘炫、陆澄六家之说，并参仿孔郑旧义。唐玄宗并不是中国历史上第一个给《孝经》做注释的皇帝，但却是最为著名的，也是最为有影响的一个皇帝。原因就是到了清朝，阮元在编选十三经的版本时，比较多种注释之后，挑选了唐玄宗注的《孝经》，这无疑是对唐玄宗的学术成就的肯定。因为，在中国历史上，给《孝经》做注的人不下数百家，其中好的注本很

多，而阮元能够独具慧眼地挑选唐玄宗的注本，说明唐玄宗的注释得到了后人的普遍认同。所以，我们今天有幸见到在十三经注疏中，唯一的皇帝注的一部经书——《孝经》。玄宗注《孝经》后，唐散骑常侍张昔，曾写有《孝经台赋》，即是赞扬唐玄宗的，其赋的开头几句如下：

孝惟行先，教实理本。故玄宗探宣尼之旨，为圣理之间。爰索隐以钩深，或词约而意远。然后勒睿旨于他山之石，树崇台为儒林之苑。天文焕发，知孝道之克宣，微旨高悬，示仁风之已返。上崇君德，下达人情。

唐高宗就声称自己在所有的古籍中，偏好《孝经》："朕颇耽坟藉，至于《孝经》偏所习睹。然孝之为德，弘益实深，故云：德教加于百姓，刑于四海，是知孝道之为大也。"由于唐高宗自己喜好《孝经》一书，就命令洛州新安人赵弘智于百福殿讲《孝经》，召中书门下三品及弘文馆学士太学儒者，并预讲筵，赵弘智演畅微言，备陈五孝，学士等难问相继，赵弘智酬应如响。

在唐朝的皇帝之中，唐太宗也对《孝经》颇有研究，在《旧唐书》唐太宗的本纪中，记载有唐太宗与唐朝号称第一的经学家孔颖达之间关于曾子与闵子谁更孝的辩论。事情是这样的，贞观十四年（640年）三月，唐太宗幸国子学，亲临释奠，祭酒孔颖达讲《孝经》，太宗问颖达曰："夫子门人曾、闵俱称大孝，而今独为曾说，不为闵说，何耶？"孔颖达回答说："曾孝而全独，为曾能达也。"唐太宗驳之曰："朕闻《家语》云：曾皙使曾参锄瓜，曾参而误断其瓜藤，曾皙大怒，就拿起大杖以击打曾子的背，曾子手仆地晕倒了，一会儿才苏醒过来。孔子听了之后，告诉门人曰：曾参来了，不要让他进来。既而曾子请焉，孔子曰：舜之事父母也，母亲让舜常常在一旁。舜的父母要打舜，一时找不到小棍子，就找了个大棍子，舜见了就走。至于曾参，委身以等待父亲的暴怒，是让父亲于不义，这才是最大的不孝。"孔颖达不能对。太宗又谓侍臣诸儒："各生异意，皆非圣人论孝之本旨也。

孝者，善事父母，自家刑国忠于其君，战陈勇，朋友信，扬名显亲，此之谓孝，具在经典，而论者多离其文，迥出事外，以此为教，劳而非法，何谓孝之道耶?"从这段记载来看，唐太宗对《孝经》及孝的理解，都是很深刻的，即使像孔颖达这样的大儒也驳不倒他。

由于政府的提倡，皇帝带头研究，《孝经》在唐朝得到了普及，起到了巨大的道德教化作用。皇太子必读之书中，首先就是《孝经》《论语》。据《旧唐书》褚无量传载，褚无量见皇太子及郯王嗣直等五人，年近十岁，尚未就学。褚无量就缮写《论语》《孝经》各五本以献，皇帝见后就说：吾知无量的意思。褚无量就令选经明笃行之士，国子博士郗恒通、郭谦光、左拾遗潘元祚等，为太子及郯王以下侍读。武则天做皇帝的第一年，有一次到御明堂，重开儒释道三教，当时内史邢文伟讲《孝经》，讲完之后，武则天就命令侍臣及僧、道士等，依次论议，直到太阳偏西才算完。有趣的是，这段文字中提到武则天要僧人、道士也参与讨论《孝经》一书，这也算得上是唐朝时期儒、释、道三教并存的一个证据，也可看出儒、释、道之间互相渗透，互相影响。

对于不孝的人，唐朝与其他朝代一样，常常要这些不孝子诵《孝经》，这是一种常见的方法。唐朝郑州荥泽人郑元璹，在隋朝就是著名的大将，入唐之后屡立战功，高祖、太宗都很看重他，后累转左武侯大将军，坐事免，寻起为宜州刺史，复封沛国公。郑元璹办事老练，所到之处，颇有声誉。但就是这样一位深得皇帝喜爱的大将，有一个不好的地方，就是对继母有失温清之礼。因为这个原因，隋文帝曾赐给郑元璹《孝经》，直到郑元璹事亲为止。后来，郑元璹又不以孝闻，清议鄙之二十年。《旧唐书》中记载的另一件事是，雍州万年（西安）人韦景骏，韦景骏在开元中为贵乡令（今河北大名县），当时有母子相讼告到韦景骏处。韦景骏就对这个不孝子说："吾少孤，每见人养亲，自恨终无天分，汝幸在温清之地，何得如此，锡类不行令之罪也。"说着，韦景骏就哭了起来，于是，就取来《孝经》给这位不孝子，命令他诵读。于是母子感悟，各请改悔，遂称慈孝。

四、宋高宗御书《孝经》

宋朝皇帝多擅长书法，在中国古代史上，历代皇帝书写《孝经》最多、最为著名的，就是宋朝的皇帝。宋太祖、宋高宗都曾御书过《孝经》。

九庙三宫已尽倾，尚从海岛寄神京。

血书矮壁存吾节，气贯长虹任汝烹。

身陨九京忠义着，名香七聚鬼神惊。

海风萧飒含悲愤，疑是当时肆骂声。

（一）《孝诗》留芳

以上所引的诗名是《处士林公》，而此诗的作者是宋末元初的刘麟瑞。此诗所咏的"处士林公"，指的是宋末林同，林同是福建人，其生平在古籍中的记载互相矛盾。林同一家都以忠孝而著称，林同的父亲林公遇，字养正，荫补宁化尉，以不忍违亲，乞奉祠服阕，调户曹不就。自营精舍以居，扁曰：寒斋。林同是其长子。林同兄弟几人俱有隐操，元兵至福州时，都抗节死之。《宋史·忠义传》卷452中的林空斋，据后来的人考证，这个林空斋，就是林同，《宋史》中的记载有误。元兵到福清时，林同视死若归，"盛服坐堂上，啮指血书壁云：生为忠义臣，死为忠义鬼，草间虽可活，吾不忍生尔。诸君何为者，自古皆有死"。被抓后，不屈而死。刘麟瑞诗中"血书矮壁存吾节"说的就是此事。在这里之所以要先引用《处士林公》一诗，原因是林同有一卷诗，即《孝诗》，这是中国历史上最早的以孝为主题，专门咏孝的诗集。诗中将宋朝以前的称得上有孝行的人物，多采取一人一咏的方式，凡圣人之孝十首，贤者之孝二百四十首，仙佛之孝十首，异域之孝十首，物类之孝十首。林同地做人，就如林同的诗集《孝诗》一样，为后世做了榜样。然《孝诗》出自宋朝，绝非偶然，中国自宋朝开始，忠孝逐步进入了一个新的时期，人们一般将宋明清这段时期，视作中国古代孝文化的高峰时期。

宋朝所出的忠孝之士，是此前任何一个朝代都不能够比的，林同只不过是其中的一个代表而已。但是，宋朝之立国，似乎谈不上什么忠孝，赵匡胤的陈桥兵变，实际上是乱臣贼子的行为。正因为如此，宋在立国之初，不提忠君，而更多的是提倡孝道，利用忠孝一体的同构体系，达到求忠的目的。

（二）日夕观览《孝经图》

与往朝一样，宋朝皇帝也喜欢讲孝与《孝经》，将《孝经》作为治理国家的经典来使用。北宋时的杨安国，字君倚，密州安邱人，是当时著名学者，学问渊博，讲经二十七年，仁宗皇帝非常欣赏他。有一次，他讲到《周官》至"大荒大札则薄征缓刑"时，就乘机向仁宗皇帝说，"古所谓缓刑，乃赏过误之民尔。今众持兵仗取民廪食，一切宽之，恐无以禁奸"。仁宗皇帝说："不然，天下皆吾赤子，迫于饿莩，至起为盗州县，既不能振恤，乃捕而杀之，不亦甚乎？"杨安国要皇帝将《尚书·无逸篇》书写在迩英阁之后屏上，以视提醒。为什么杨安国要提出这个要求呢？原来，这个《无逸篇》有人解释为"知民之劳苦，不敢荒废自安也"，实际上是叫皇帝要爱惜民力。仁宗皇帝随即叫蔡襄书《无逸篇》，同时，皇帝又叫另一位大臣王洙书写《孝经》之"天子、孝治、圣治、广要道"四章，列置左右。仁宗皇帝让人将《孝经》书写出来，置于左右，实则是要牢记天子之孝——君行博爱，广敬之道，使人皆不慢恶其亲，则德教加被天下，当为四夷之所法则。大约过了四五十年，至哲宗时，《资治通鉴》的作者之一范祖禹，在《上哲宗乞置〈无逸〉〈孝经〉图》中说道，"臣窃以《无逸》者，周公之至诚；《孝经》者，孔子之大训。陛下嗣守祖宗鸿业，方以孝治天下，二书所宜朝夕观省，以益圣德"。接下来，范祖禹重提仁宗朝的《无逸》《孝经》之事，要哲宗皇帝仿照仁宗的做法，"陛下宜以为法。今迩英阁《尚书》图序于屏间，而《无逸》《孝经》二图不复张列，臣欲乞指挥所司检寻，如旧图尚在，乞置之左右，如已不存，即乞特命侍臣善书者书之"。此奏章是著作郎范祖禹于元祐二年（1087 年）时写的。

（三）宋太祖、宋高宗御书《孝经》

宋朝皇帝多擅长书法，在中国古代史上，历代皇帝书写《孝经》最多的、最为著名的，就是宋朝的皇帝。北宋初年的宋太祖，就御草过《孝经》。宋太宗淳化三年（992 年）十月遣中使李怀节以御草书《千字文》一卷，付秘阁，李至请于御制秘阁赞碑，阴勒石碑。宋太祖见后就对身边的大臣说："《千字文》，盖梁武帝得钟繇书，破碑千余字，俾周兴嗣以韵次之，词理固无可取，非垂世立教之文，《孝经》乃百行之本，朕尝亲书，勒之碑阴可也。"于是，宋太宗亲书《孝经》，赐予李至，阴刻石碑。显然，宋太宗亲书《孝经》的想法非常明确，希望通过御书刻石的目的，达到教化的目的。遗憾的是，宋太宗的御草《孝经》后来失传了。

真正说来，中国历史上御书《孝经》最为著名、影响最大的当是南宋初年宋高宗了。宋高宗此次御书《孝经》是应臭名昭著的秦桧再三请求。此次书写，是在绍兴二年（1132 年），宋高宗先书写，继出《易》《诗》《书》《春秋左传论》《孟》及《中庸》《大学》《学记》《儒行经解》等篇总数千万言，书成之后，刊于太学。过了四五十年后，宋孝宗于淳熙中，建阁奉安，并亲书匾曰"光尧石经之阁"。后来，新安朱熹修白鹿书院，奏请御书石经本，就是宋高宗所书本。宋高宗此次御书《孝经》的影响，波及整个南宋所辖之地。先是于辛未下诏诸州以御书《孝经》刊刻石碑，赐给现任官及在籍学生。甚至有人将绍兴十一年（1141 年）的绍兴议和的成功，也归功于宋高宗的御书《孝经》的功劳。当时的殿中侍御史汪勃就对高宗说：皇上"独擅圣人之德，上天昭鉴，果定和议"，要求高宗皇帝下诏书，"令募工摹刻，使家至户，晓以彰圣孝"。要是每家每户都要刊刻一通御书《孝经》，那工程未必太大，实行起来也是不可能，不过，要各州的府学刊刻御书《孝经》，倒是确实做到了。我们从一些零星的资料中可以看出，在一些州的州学中，有刊刻的御书《孝经》碑，南宋理宗时的《景定严州续志》卷 4 中记载，在严州（今浙江建德）府的大成殿中，就立有御书《孝经》石碑。另外，建康（今南京）府学也刻有高宗的御书《孝经》，高宗赐秦桧真草相间字体的《孝经》，当时的建康守臣晁谦之刻石郡学，秦桧及晁谦之跋于下，后经火不全。至于湖州的御书《孝经》石碑，是在绍兴十四年，由太守张宇立石在州学。常州的高宗御书《孝经》石刻，是淳熙中时的守臣林祖洽立在州学的御书阁。后人在谈到宋朝的皇帝时，总是免不了要褒贬几句钦宗、高宗、孝宗等皇帝，总是希望能够将他们的书画爱好与误国联系起来。其实，后人对宋朝的皇帝可能都存在一些误解，宋太宗就曾表达过自己的书法观点："朕退朝观书外，留意字画，虽非帝王事业，不愈游畋声乐乎？"宋高宗更是将书法与宣传神圣的经学联系起来，书法与读经两得，他曾明确表示："写字当写书，不惟学字，又得经书不忘。"

宋朝，《孝经》《论语》等书，照例是训练皇太子的必读书。大中祥符二年（1009 年），宋真宗对大名莘人宰相王旦（957—1017 年）说："朕在东宫讲《尚书》凡七遍，《论语》《孝经》亦皆数四，今宗室诸王所习，惟在经籍，昨奏讲《尚书》第五卷，此甚可喜也。"看来，真宗皇帝是亲自给皇太子讲《孝经》等经籍。真宗朝中，给皇太子讲经的主要人物是邢昺，邢昺是翰林侍读学士、礼部尚书。邢昺给皇太子所讲经书，主要有《孝经》《礼记》《论语》《易》《诗》《左氏春秋》等书。邢昺在经学上成就非常突出，今十三经注疏本中，由邢昺注疏的有《论语》《尔雅》《孝经》三种。邢昺死于大中祥符三年（1010 年），死时，真宗皇帝诏太医诊视，并临问赐名药一奁、白金器千两、缯彩千匹。依照"国朝故事"，非宗戚将相，皇上是不省疾临丧之的，真宗皇帝之前，享有此待遇的，只有两个人，一个是郭贽，再就是邢昺。可见皇室对邢昺这位师父的重视。仁宗天圣二年（1024年）乙丑（二月），召辅臣到崇政殿西庑观讲《孝经》，三月，仁宗皇帝赐马宗元三品服，以讲《孝经》，马宗元当时与邢昺同时在皇宫中任侍讲，只是他的地位较邢昺要低一些。

（四）朝野尊孝

朝廷取士，与往朝一样，《孝经》也是学子必读之书。不过，北宋初，在具体的考试科目之中，要求还是有一些不同。北宋初年，取士设科，循用唐制进士，所试诗赋、论策行之百余岁。但到了熙宁初，神宗皇帝崇尚儒术，训发义理，以兴人才，谓章句破碎大道，乃罢诗赋，试以经义。儒士一变，皆至于道。北宋的科举考试科目，在神宗、哲宗两朝，经历了巨大变革，这次变革，引发了一系列的讨论。哲宗皇帝在元祐元年（1086 年）闰二月为此特地发布了一个诏书，要求礼部与两省学士、待制御史、台国子监司业将集议的意见闻奏，当时朝廷改科场制度的建议是：第一场试本经义，第二场试诗赋，第三场试论，第四场试策试，新科明法除断案外，试《论语》《孝经》义。虽然从神宗开始就在科举中提高了经学的地位，但仍有一些大臣认为这还不够，司马光就是其一。司马光在闰二月的讨论结束后，于三月初五上《乞先举经行札子》，谈了自己对科举科目的看法，"以臣所见，莫若依先朝成法，合明经、进士为一科，立《周易》《尚书》《诗》《周礼》《仪礼》《礼记》《春秋》《孝经》《论语》为九经，令天下学官，依注疏讲说，学者博观诸家，自择短长，各从所好"，"第一场先试《孝经》《论语》大义，五道内，《孝经》一道，论语四道"。在科举考试中，经的地位进一步提高，这当然也包括了《孝经》。就在司马光奏章两个月后，也就是元祐元年五月，程颐有《上哲宗三学看详条制》，此奏章是讨论武学制的，我们可以清楚地看出，程颐要求在武学制中添入《孝经》等经书，"武学制，看详所治经书有《三略》《六韬》《尉缭子》，鄙浅无取，今减去，却添入《孝经》《论语》《孟子》《左氏传》言兵事"。从司马光、程颐这些名臣的奏言中可以看出，他们不论是出于何种目的，其结果都是一样的，那就是要提高经学的地位，《孝经》被要求纳入武学制中。文臣之中，要求武将习《孝经》的不在少数，早在仁宗朝时的富弼就在景祐元年（1034 年）的《上仁宗论武举武学》中提到此事。奏章中富弼提到两个典故，一是汉明帝时，期门羽林之士，悉令通《孝经》；一是孙权要求吕蒙、蒋钦习经书。最后，富弼下结论说，"兵术既精，史传既博。然后中年一校，三岁大比，当杂问兵术、史传之策，才者出试之，不才者尚许在学。是国家常有良将，布于四方，夷狄奸雄，知我有大备，安敢轻动"。

地方官在治理地方的政务中，也是多以《孝经》为根本来教化百姓。《宋史·赵景纬》卷 425 中的赵景纬，字德父，临安府于潜人（今杭州临安人）。在知台州府时，以化民成俗为先务，首取陈述古《谕俗文书》示诸邑，且自为之说，使其民更相告谕、讽诵、服行，期无失坠。约束官吏扰民五事，取《孝经·庶人章》为四言咏赞其义，使朝夕歌之，至有为之感涕者。举遗逸车若水、林正心于朝。旌孝行、作训孝文，以励其俗。

宋朝民间讲孝，比起以往的朝代，更加普及一些，这一方面固然与印刷术的革新有关，另一方面，与地方官员、乡贤的推广是密不可分的。宋朝的家训、乡规民约大量出现，多将孝道作为推广教化的首选，如赵普的《王氏孝义歌》，邵雍的《孝父母三十二章》《孝悌歌十章》，赵景纬的《训孝文》，真德秀的《泉州劝孝文》《潭州谕俗文》，万衣的《赠柳泗澜孝子歌》等。在政府的提倡和乡绅的促进下，宋朝出了许多感人的孝子的故事，其中，最为感人的孝子故事是《宋史》卷459中记载的徐积的事迹。徐积，字仲车，楚州山阳人。他的孝行出于天禀，在他三岁的时候，父死了，徐积是旦但求之甚哀。母亲让他读《孝经》，则往往泪落不止。徐积事母至孝，朝夕冠带定省。徐积的父亲名石，故徐积终身不用石器，走路遇到石头，就避而不践。有的人就问徐积何以如此，徐积回答说："吾遇之则怵然伤吾心，思吾亲，故不忍加足其上尔。"徐积的母亲死后，徐积是七日水浆不入口，悲恸呕血，在母亲的墓旁筑室住了三年，睡在草席上，戴着孝帽，下雪的晚上，就伏墓上不停地哭泣。有一次，翰林学士吕凑正好经过徐积的草庐，刚好听到徐积的哭声，吕凑不禁为之感动，也落下了眼泪，说道："使鬼神有知，亦垂涕也。"也许正因为这个孝的故事太过于感人，流传很广，至清朝，贵为皇帝的雍正，撰有《御制读宋史徐积传》一文，对编写《宋史》的主纂脱脱，提出了强烈的批评。文中说，读《宋史》徐积传，"未尝不三叹史笔之难得，而怪脱脱辈之无史识也。观其读《孝经》辄泪落不止，雪夜伏墓侧悲恸呕血，是乃本于天性之自然。彼遇石则惕然伤心而思亲，亦其出于至性，有不能自已者。而为史者，例当守千秋法则之正，一字褒贬之公，凡不合经常之行，虽嘉，可删。设惜其淹没而无闻，则自有稗官野史。在吾故曰：史笔非难，史识为尤难。而怪脱脱辈之无史识也"。

（五）以《孝经》陪葬

宋朝时，《孝经》在丧葬中也常常会用到。《宋史》载有两个例子，从中我们可以窥见《孝经》在民俗中的重要影响。在《宋史》卷287或《续资治通鉴长编》卷95中，载有王嗣宗以《孝经》陪葬一事。王嗣宗，字希阮，汾州人。王嗣宗尤其是和睦宗族的榜样，他抚养诸侄子就如同是自己的儿子，著遗戒以训子孙，告诫子孙，不得分家析产。他在死前，立下遗嘱，叫子女在他坟墓中放入《孝经》、弓箭、笔砚等。天禧五年（1021年）卒，年七十八。真宗皇帝为此废朝，赠侍中，谥曰：景莊。另有一事是《宋史》卷442中，也是真宗皇帝时的事。穆修，字伯长，郓州人。穆修幼嗜学，但不事章句。后穆修预选，赐进士出身，调泰州司理参军，负才与众龃龉。此后，穆修在官场中一直不顺，宰相曾想结识穆修，且打算任他为学官，但穆修最终不去见宰相。穆修的母亲死后，他自己背上母亲的棺材去墓地埋葬，每天诵读《孝经》丧记，而不用浮屠做佛事。

在奉老、敬老上，宋朝基本上继承了前朝的做法，只是在具体的政策上有些细微的差别。宋朝奉老、敬老，首先表现在给高龄老者的物质补助上。太平兴国八年（983年），宋太宗赐京畿高年帛，显然，这是临时性的政策。雍熙元年十二月（984年），宋太宗"召京城耆耋百岁以上者，凡百许人至长春殿，上亲加慰抚。老人皆言：自五代以来，未有如今日之盛也。各赐束帛遣之"。可见，自五代十国以来，由于战乱，奉老、敬老的风俗，已是多年无人施行了。端拱元年（988年），宋太宗再次赐京城的高年帛。太宗曾下诏，对赤县父老，令本府宴犒年九十以上的，并授摄官，赐粟帛终身，至于八十岁以上的，赐爵一级。随太宗之后的真宗，也是不定期地发布一些临时性的措施，照顾高龄老者。天禧元年（1017年）九月，对年老八十者，赐茶帛除其课役。随后的仁宗皇帝，初即位时，就大赦天下，天圣元年（1023年）三月，仁宗皇帝下诏降西京（洛阳）的罪犯之罪一等，将徒刑以下的赦免，凡是"城内民八十以上，免其家徭役，赐茶人三斤、帛二匹"。在嘉祐四年（1059年），对民年八十以上，每遇长宁干元节，容许百姓赴州县，设宴请父母，对于年八十的，与免一丁，着为式权（变通之意）。宋朝由于长期处于战乱，我们能见到的奉老、敬老的资料，主要还是集中在北宋时期，且主要是太宗、真宗、仁宗朝，其他皇帝即使是临时的措施，也不多见，这与当时的社会背景是密不可分的。正是由于宋朝处在不稳定的时期，所以，宋朝的养老政策多是临时性的，在这点上，宋朝显然比不上汉朝、唐朝，汉唐都有法定的养老政策。

虽然宋朝在物质养老上，由于当时特殊的社会环境而有所倒退，比不上汉唐，但法律上给予老年人的照顾，则基本上继承了唐朝的制度，具体的规定基本上是照抄唐朝的法律。

对老年犯罪者，在量刑上，是做了充分照顾的。所谓的"收赎"，就是可以以钱来赎罪。所谓的"上请"，是指对于要判死刑的老者，地方上无权裁决，得上请圣上，而皇上实际上是往往免于其死刑。所谓的"不加刑"，是指对于老年死刑犯者，不得执行死刑。这些对老年人犯罪的特别照顾，表现出了宋王朝对老者的关心，推行以孝治国的方针。这些规定，更加有利于社会的稳定，也能得到社会的认同。

旌表孝行孝德，树立孝行模范，历朝都是积极推广的，宋朝也不例外。宋太祖赵匡胤于开宝三年（970年）发布诏书，"诏民五千户，举孝弟彰闻，德行纯茂者一人，奇才异行，不拘此限，里间郡国，递审联署以闻，仍为治装诣阙"。赵匡胤此次诏书，是在他做了正好十年皇帝之后的事。此次诏书的目的非常清楚，就是要表彰有孝行的人，将那些选上的人，送往京城，其宣传的目的非常明显。南宋孝宗皇帝淳熙二年（1175年）十二月，皇帝有

诏书曰："有孝行节义着乡间者，令长吏以闻，当议旌录。"就在此诏书发布之后，安福县（今江西安福县）递上一个状子，奉议郎知袁州，分宜县谢谔，及贡士李璲等，共有1 353人写有联署信称："伏见贡士刘承弼，孝友天至，文行粹美，事亲以至孝。闻居母丧，哀毁柴立。父病既死，承弼吁天陨绝，愿以身代父，蹶然而苏，又三十年乃终，里人异焉。叔父廷圭、廷直，第太常奉不自给，承弼每绝甘，分少以助之。同产弟永弼，既为叔父廷圭后，承弼复分以己田。承弼受业于雩都知县刘安世，既没，率同学制师服。安福县令刘毂死，官下卧在地，承弼为棺殓。丞尤穷空，至鬻幼女，承弼闻之，即鞠于家，及嫁，后己女先丞女。故相刘沆远孙有女，贫不能归，承弼亦任之，尝属年饥道殣相望，承弼曰，劝分实难，请从我，始率子弟倒廪赈之不受一钱。"此状子递上去之后，朝廷非常认真地对待此事，将此状下于朝臣议论，当时礼部尚书臣惟权、侍郎臣素员、外郎臣端都认为，"刘承弼，宜旌表门闾"，于是皇帝为此特下诏书："可仍令长吏致礼。"最后，有尚书省下文至吉州安福县，由安福县在刘承弼的家门前"立棹楔门，夹之以台，台高十有二尺，饰以丹垩，艺以嘉木"。刘承弼在《宋史》中无传，所幸的是，刘承弼的感人的事迹，由他的一位老乡，著名的文学家吉州吉水人杨万里记载了下来。为此事，杨万里有《刘氏旌表门闾记》，此文载杨万里的文集《诚斋集》和《江西通志》中，正是此文，使我们能够从中一窥宋朝孝文化的风貌。刘承弼的故事，只是宋朝众多旌表孝悌事例中的一个，后来许多相似的孝行事迹，受到了朝廷的褒奖。

为了论述的完整性，在此将元朝的孝行简略地阐述如下。一般人认为，元朝统治者是不太讲究孝，显然，这与蒙古族的习俗有着很大的关系，毕竟，蒙古族并不像汉族那样，有着上千年的孝文化的熏陶。当蒙古人主中原后，给人的印象就是，蒙古人不太讲孝。当然，我们能从史籍中找到一些资料来说明这一点。据《元史》记载，丘处机面谒太祖成吉思汗时，曾给成吉思汗大谈"欲一天下者，必在乎不嗜杀人"，"敬天爱民为本"，"清心寡欲为要"等道理。然而，有一天打雷，太祖问丘处机这是何故？丘处机回答说："雷，天威也。人罪莫大于不孝。不孝，则不顺乎天，故天威震动，以警之。似闻境内不孝者多，陛下宜明天威，以导有众。"于是，太祖听从了丘处机的意见。从这段文字的记载中，可以看出，蒙古族与汉族在孝文化上有着不同的理解。

（六）元朝禁愚孝

从《宋史》中的记载，可以看出，刲股、割肝、卧冰等孝行在民间较为普遍，且得到政府的表彰。但元代从一开始就禁止刲股、割肝、卧冰等孝行，时间是在至元七年（1270年，元朝有两个至元年号，元朝第一皇帝世祖忽必烈至元年号，自1264—1294年，此至元长达31年。另一个至元年号是元朝最后一个皇帝顺帝的，自1335至1340年，长达6年）。元朝禁止刲股一事，有一个标志性的事件，那就是御史台以新城杜添儿割股奉母，请求旌表，经过尚书省的议论，议论的结果以为，杜添儿的行为是毁伤亲体，不予表彰。显然，此事是在至元七年之后的事。不过，元朝有几起刲股之事得到过朝廷的表彰。如珠赫，山丹州人，母年七十余，患风疾，药饵不效，珠赫割股肉进啖，遂愈。岁余复作，不能行，珠赫手涤溷秽，护视甚周，造板舆载母，夫妇共舁，行园田以娱之。后卒，居丧有礼，乡间称焉。再就是潭州万户伊喇琼子李嘉努，他九岁母病，医言不可治，李嘉努刲股肉，煮糜以进，病乃瘳。最后是抚州路总管管如林、浑州民朱天祥，并以母疾刲股，旌其家。对于这几个人刲股而受到了政府的表彰，一般推测是在至元七年之前的事，也就是元朝政府颁布禁令之前的时期。元朝政府将禁止剜肝刲股一事，明确地写入法律，此规定可见《元史》卷105，中有"诸为子行孝，辄以剜肝、刲股、埋儿之属为孝者，并禁止之"。不过，至元七年的禁令是否严格地执行了，这个值得我们怀疑，原因是我们在《元史》中看到有大量的刲股、割肝、卧冰孝行记载，至少说明了这些极端的孝行在民间是盛行的。如《元史》卷200载：秦氏二女，河南南阳人，逸其名。父尝有危疾，医云不可攻，姊闭户默祷，凿己脑和药进饮，遂愈父，后复病欲绝，妹刲股肉置粥中，父小啜即苏。孙氏女，河间人，父病癫十年，女祷于天，求以身代，且吮其脓血，旬月而愈。许氏女，安丰人，父疾割股啖之，乃瘥。张氏女，庐州人，嫁为高垕妻，母病目丧明，张氏归省，母泣，以舌舐之，目忽能视。州县各以状闻，褒表之。类似的事例，在《元史》中有许多记载。另一个最为典型的例子，也是在前面已经提到过的二十四孝的故事，正是出自元代，这就间接地说明了元代孝行是普及的。那么，若是将元代与宋代比较的话，差别在哪里呢？客观地讲，应当是汉族人还是讲自己的传统的孝，而蒙古族则对汉族式的孝较为淡薄。由于政权掌握在蒙古族的手中，故朝廷的一些政策就免不了与宋朝以来的汉族人的社会孝行方面的习俗有所冲突。

（七）一个没有省亲制度的朝代

元代没有官员省亲制度，这是一个典型的例子。宋代有着完整的官员省亲制度，在汉族人看来，省亲也是尽孝心，尽孝心又被视为是忠君，两者之间是互动的，是一种良性关系。但是，元代长期是没有官员省亲制度的，这对于汉族官员来讲，是不孝的表现。据《元史》卷13载，忽必烈至元二十二年（1285年），"左丞吕师夔乞假五月，省母江州，帝许之。因谕安图曰：此事汝蒙古人不知"。这个安图，是当时的右丞相，当时，忽必烈身边没有其他的汉族大臣。文宗天历二年（1329年），此时，已是元朝中期了，但是官员省亲制度仍然没有，此时，又有人明确地提出了建立官员省亲制度，这人就是河北道廉访副使僧嘉努，他说道："自古求忠臣必于孝子之门。今官于朝者，十年不省亲者有之，非无思亲之心，实由朝廷无给假省亲之制，而有擅离官次之禁。古律，诸职官父母在三百里，于三年听一给定省假二十日，无父母者，五年听一给拜墓假十日，以此推之，父母在三百里以至万里，宜计道里远近定立假期，其应省亲匿而不省亲者，坐以罪，若诈冒假期，规避以掩其罪，与诈奔丧者同科。"僧嘉努的这段话，给我们提供了一些有用的信息，说明汉族官员有诈冒假期或诈奔丧的，通过这种方式，来达到省亲尽孝的目的。当然，最为重要的是，僧嘉努提出了按照距离的远近来确定省亲的时间，而对于当省亲而不省亲，则处以刑罚。

五、明朝皇帝崇孝

在中国历史上，朱元璋无疑是最讲孝的皇帝。为了遵循孝道，他甚至将西周以来的一些礼制进行了改革。

（一）自称"孝子皇帝"

自有"孝子"称呼以来，在中国古代史上已产生了许多孝子，但是在皇帝前冠以"孝子"二字，第一个以孝子皇帝自称的，就是明朝开国皇帝朱元璋。朱元璋将孝子皇帝的称呼以法律的形式确定了下来，朱元璋于正式登基的第二年，即洪武二年（1369年），就有诏书规定："止称孝子皇帝，不称臣，遣太子行礼，称命长子某，不称皇太子。"170年之后的嘉靖十七年（1538年），嘉靖诏令大祫祝文九庙帝后谥号，俱全书时，祫止书某祖某宗某皇帝，备行宣读。朱元璋的这些规定，同样也记载在《明史·礼志》中，内容大致相同：二年（洪武二年）诏，太庙祝文止称孝子皇帝，不称臣。凡遣皇太子行礼，止称命长子某，勿称皇太子，后称孝元孙皇帝，又改称孝曾孙嗣皇帝。

在中国历史上，朱元璋无疑是最讲孝的皇帝。有几次，朱元璋在太庙祭祀时，悲凄泪下，随从的大臣也受到感染，无不流涕。为了教育子孙行孝，朱元璋叫人绘《孝行图》，让子孙朝夕得览，牢记孝行、孝思。朱元璋讲孝，甚至将自西周以来的一些礼制进行改革。洪武七年（1374年），朱元璋的妃子成穆贵妃孙氏去世，死时年仅32岁，无子，朱元璋就命令周王肃行慈母服三年，东宫诸王皆期。朱元璋深知这是不符合礼制的，为此，朱元璋特地将此事交给大臣们议论。讨论时，当时的礼部尚书牛谅等奏称：《仪礼》，父在，为母服期，庶母则无服。意思是说，按照《仪礼》的规定，若是父亲健在的话，这时庶母死了，子女是不需要给死去的庶母服丧的。若是依照此规定，朱元璋的儿子为贵妃孙氏服丧哪怕是一年都是不必要的，更别谈服丧三年了。朱元璋为了改革这种他认为是不合理的规定，就叫明初杰出的文学家宋濂等在历史中找依据。通过考证，宋濂最后得出结论：古人论服母丧者，凡四十二人，愿服三年者二十八

朱元璋

人，服期年者十四人。朱元璋见古代确有子为庶母服丧三年的成例，就说：三年之丧，天下通丧，观愿服三年，视愿服期年者倍，岂非天理人情之所安乎。于是，将此立为定制，并敕儒臣作《孝慈录》，规定：子为父母、庶子为其母，皆斩衰三年；嫡子、众子为庶母，皆齐衰杖期。不独此，朱元璋还将《孝慈录》列于大明令，作为法律条款，刊示中外。

（二）忠孝两全

早在朱元璋征战南北之时，就能充分地利用孝行孝恩来规劝手下的降将左君弼效命于他，这是一个经典的故事，常常被人提及。左君弼是庐州人（今合肥人），元朝大将。元顺帝至正二十四年（1364年），徐达、常遇春攻庐州，部将吴复先登挫敌，降其骁将楼儿张，左君弼穷蹙弃城，走安丰，徐达、常遇春一路穷追，再克安丰，将左君弼母亲、妻子作为人质，送往建康（今南京）。虽然母亲、妻子都被朱元璋所扣，但左君弼不为所动。这是一个典型的忠孝冲突的事例，前面我们讲到汉代的邴彤、赵苞及王陵的故事，这三个人都以忠君而著称，对于左君弼，现在面临着同样的问题。不过，有意思的是朱元璋在处理左君弼的妻、母问题时，却是技高一筹，他不是将左君弼的母亲、妻子杀掉后以解心头之恨，而是充分地利用左君弼的孝心，使左君弼为自己所用。四年之后的洪武元年（1368年），徐达引兵上黄河，克永城、归德，许州师至陈桥。左君弼自唐州走安丰，安丰复走汴梁，元汴梁守将李克彝使守陈州。这时，朱元璋派人给左君弼送去了一封非常感人的信，在信中，不忘谈到左君弼的母亲和妻子。

囊者，兵连祸结，非一人之失。予劳师暑月，与足下从事，足下乃舍其亲而奔异国，是皆轻信群下之言，以至于此，今足下奉异国之命，与予接壤，若欲兴师侵境，其中轻重自可量也。且予之国，乃足下父母之国，合肥乃足下丘陇之乡，天下兵兴，豪杰并起，岂惟乘时以就功名，亦欲保全父母妻子于乱世。足下以身为质，而求安于人，既已失策，复使垂白之母、糟糠之妻，天各一方，以日为岁。足下纵不以妻子为念，何忍忘情于老母哉！功名富贵可以再图，生身之亲不可复得，足下能留意，于是幡然而来，予当弃前，非仍复待以故。

左君弼得到朱元璋的书信时，仍犹豫不决，于是，朱元璋将他的母亲送到陈州，左君弼感动得流下了眼泪。到此，朱元璋的大兵下山东，西指汴洛，夜驱军民遁入河南，左君弼与珠彻等率所部兵到徐达处投降。

朱元璋登基之后，在任用人才上，特别重视人才的品德，他总是将德放在第一位，这可能与他的个人经历有着密切的关系。朱元璋之所以能在元末群雄割据中脱颖而出，正是由于他善用人才。他手下的大将，都是他儿时的伙伴，而他的谋士，则多出自浙东地区。朱元璋最为杰出的谋士大多出自民间，或者是小官吏，这些无疑影响到了他的人才观念。甲辰三月，朱元璋敕中书省："今土宇日广，文武并用，卓荦奇伟之才，世岂无之，或隐于山林，或藏于士伍，非在上者开导引拔之，无以自见。自今有能上书陈言，敷宣治道武略出众者，参军及都督府具以名闻，或不能文章而识见可取，许诣阙面陈。"朱元璋个人经历，直接影响到了明朝初年的官员选拔政策。洪武六年（1373年），朱元璋取消了科举制度，官员直接通过推举产生，察举贤才，以德行为本，而文艺次之。所推举的名目有：贤良方正、孝悌力田、孝廉、秀才、人才、耆民。对于这些推举的人才，都礼送京师，以待擢用。尽管朱元璋在战乱之时，得益于别人向他推举的一批来自民间的人才，但是，在和平时期，大规模的选拔人才，若继续采取推举的方式，必然弊多于利。洪武十七年（1374年），朱元璋将废除了达十年之久的科举制度又恢复了，但同时继续实行推举的方式，这样就有了两种选拔人才并行的方式。洪武十八年（1375年），朱元璋特诏举孝廉之士。朱元璋谕礼部臣曰：朕向者令有司举聪明正直之士，至者多非其人，甚孤所望。朕闻，古者选用孝廉，孝者，忠厚恺悌廉者，洁己清修，如此则能爱人守法，可以从政矣。其令州县，凡民有孝廉之行，着闻乡里者正官。与耆民以礼，遣送京师，非其人毋滥。

明朝初年的养老政策，无论其进步性，还是制度上的系统性，都超过了宋元两朝。洪武十九年（1376年），朱元璋诏有司存问高年贫民，年龄在八十以上的，每月给米五斗、酒三斗、肉五斤，年龄在九十岁以上的，每年加帛一匹、絮一斤，有田产者罢给米。对于朱元璋的家乡，则是另有规定，应天凤阳富民，年龄在八十以上的，赐爵社士，年龄在九十以上的，赐爵乡士。至于全国的天下富民，年龄在八十以上的，赐爵里士，年龄在九十以上的，赐爵社士，这些高年者，都享有与县官相同的礼节。对于鳏、寡、孤独，不能自存者，每给米六石。

（三）以"孝"教化天下

清朝虽然也是少数民族建立的政权，但它与蒙古族的元朝，在孝的政策上，有着很大的不同。清朝政府在孝的方面的措施，更多的是积极主动。满族人入关后就大力倡导孝，这与蒙古人最初对汉族人的孝一无所知是大不相同的。中国历史上曾产生过六百多位皇帝，但给《孝经》做注的，只有屈指可数的五个皇帝：晋元帝、晋孝武帝、梁武帝、唐玄宗和顺治帝，而前三者所注皆不传，注释《孝经》成就最高的是唐玄宗，他的注疏被收入了十三经注疏。满族皇帝一开始就对汉族文化着迷，乃至于倾心研究。作为一个少数民族，它所建立的清朝，在对汉族文化的建设上，远远超过了汉族人建立的明朝所做的贡献。在这里，首先要说的就是清朝第一个皇帝顺治给《孝经》做注的事。刚入关之时，顺治皇帝对汉族文化尚没有到娴熟的程度，这从他遗留下来的书法可以看出。顺治帝于顺治十三年（1656年）御撰《孝经》。顺治所注《孝经》，成就上虽不及唐玄宗，但他的注文，今收录在《四库全书》中。顺治帝在序言中说道：

朕惟孝者，首百行而为五伦之本，天地所以成化，圣人所以立教，通之乎万世，而无斁，放之于四海而皆准，至矣哉！诚无以加矣。

顺治帝所注释的《孝经》，于顺治中镂板印行，但民间流传的很少，礼部尚书浙江秀水人杜臻购得宝藏，朱彝尊得览，著录于《经义考》之首。所以，我们要是翻开朱彝尊的《经义考》一书，首篇著录的就是顺治帝的御注《孝经》。顺治皇帝不独自己对《孝经》有研究，他还要求大臣对《孝经》作总结性的研究，这就是《孝经衍义》。是书规模为一百卷，在世祖顺治时，未能完成，直到康熙二十一年（1682 年）春才完成，主要总纂官有叶方蔼学士、张英充总裁官、侍讲韩菼。书成之后，康熙帝于 1690 年 4 月 24 日亲为作序。

康熙皇帝也很重视以孝来教化国民，康熙九年（1670 年）十月，发布《圣谕广训十六条》，其中的首条是"敦孝弟以重人伦"，由此可知，康熙帝深知孝在国民教化中的重要性。他在序言中晓谕：

朕惟至治之世，不专以法令为务，而以教化为先。其时人心醇良，风俗朴厚，刑措不用，比屋可封，长治久安，茂登上理，盖法令禁于一时，而教化维于可久。若徒恃法令而教化不先，是舍本而务末也。

康熙帝关于"敦孝弟以重人伦"一条，在随后编写的《江西通志》《浙江通志》《福建通志》《河南通志》《山东通志》《四川通志》《广东通志》中都有引用，其中的《江西通志》《浙江通志》《福建通志》《山东通志》，则将其康熙帝的序言，全文传抄，冠于教化或者孝友之前。

清初的三个皇帝都在努力完成同一本书，那就是对《孝经》的研究成果进行系统整理，《孝经衍义》在顺治帝时便开始编辑，到康熙二十一年（1682 年）才结束。但这部书实在是规模太大，多达一百卷，这是一部纯粹的学术性著作，对于普通老百姓的教化则作用不大。为了将这部学术著作变成一本通俗的读物，起到教化的作用，雍正皇帝于雍正五年要手下的大臣将这部洋洋一百卷的《孝经衍义》压缩为一卷，《四库总目提要》将此说明得很清楚：

世祖章皇帝（顺治帝）既为之注，复有衍义之辑，而圣祖仁皇帝（康熙帝）缵成之，本末条贯义无遗蕴。世宗宪皇帝（雍正帝）虑其篇帙浩富，或未能家喻户晓，乃命约为此注，专释经文，以便诵习，而词旨显畅，俾读者贤愚共晓其体例。悉仿朱子《四书章句集注》，为之洵万古说经教孝之至极矣。

　　清代在选拔官员的方法上，基本上沿用了明代的做法，孝廉仍是选拔官员手段之一。孝廉方正科，始于康熙六十一年（1722年），世宗雍正帝登极时，就诏直省府、州、县、卫各举孝廉方正，赐六品章服，备召用。雍正元年（1723年），下诏曰："国家敦励风俗，首重贤良。前诏举孝廉方正，距今数月，未有疏闻。恐有司怠于采访，虽有端方之品，无由上达。各督、抚速遵前诏，确访举奏。"不久浙江、直隶、福建、广西各推荐二人，用知县；年龄在五十五岁以上的，用知州。其后历朝御极，皆恩诏荐举以为常例。孝廉方正的选拔官员的方法推行了七十多年，到了乾隆时，此法已经有了过滥之嫌。于是，就有人提出了改革，这人便是刑部侍郎励宗万。他上言说："孝廉方正之举，稍有冒滥，即有屈抑。从前选举各官，鲜克公当。非乡井有力之富豪，即宫墙有名之学霸。迨服官后，庸者或以劣黜，黠者或以赃败。请慎选举，以重名器。"最后，由吏部议准府、州、县、卫保举孝廉方正，应当由地方绅士里党合辞公举，州、县官采访公评，详稽事实。所举或系生员，由学官考核，给六品章服荣身。果有德行才识兼优者，督、抚逾格保荐赴部，九卿、翰、詹、科、道公同验看，候旨擢用。对于滥举者则以犯罪论处。

六、"以孝治天下"的具体途径

（一）大力褒奖孝子

　　为了贯彻落实"以孝治天下"的方针，历代王朝都制定了许多具体的政策，采取了许多具体的措施。褒奖孝子就是其中的一项。通过表彰奖励孝子、以"孝"字立谥、给孝子赐牌匾和立牌坊等方式，在全社会营造出重视孝道的氛围，这是实施以孝治天下的重要途径。

汉代帝王对孝道的重视程度超过历代，这突出地表现在皇帝的谥号上。帝王、大臣、贵族或其他地位很高的人死了以后，按照他们的生平事迹进行评定后，给予他们的带有或褒或贬色彩的称号，叫作谥号。一般来说，先帝的谥号是在下葬前由礼官议定，大臣的谥号则由朝廷赐予。谥号既是对先帝生平的某种评定，也可以表明朝廷上下的政治追求。汉朝皇帝的谥号是最有代表性的。为了显示对孝道的倡导和弘扬，自惠帝起，汉王朝的皇帝几乎都以"孝"字为谥号，如孝惠、孝文、孝景、孝昭、孝平、孝明、孝和、孝安、孝顺、孝恒、孝灵，等等，以后的皇帝、皇后都以得到"孝"字谥号为最高的荣誉。而且，历代皇帝、皇后的谥号中，以"孝"字的使用频率为最高。一般的臣民也有因为孝行卓著而得到"孝"字谥号的，如"孝懿""贞孝""孝端"等等，宋代大臣包拯的谥号就叫"孝肃"。

汉朝在表彰孝子方面也是不遗余力的。从西汉孝惠帝开始，几乎每一朝皇帝都要下达表彰、奖励孝子的诏令。比较重的褒奖是给予官职或钱财，最轻微的奖励，也可以免去赋税、劳役，或者奖励一些布匹。当然，孝子孝女们所得到的精神上的褒奖，比如"誉满乡里""名震朝野"等等，对于追求显耀祖先、扬名后世的古代中国人来说，比物质上的奖励更有吸引力。汉朝孝妇陈氏，丈夫出征打仗前把老母亲托付给了她，丈夫战死疆场后，陈氏悉心照顾婆婆，性子急躁的婆婆常常对她拳脚相加，陈氏任劳任怨，辛勤操劳，给婆婆养老送终。后来太守把陈氏的事迹上报到朝廷，孝文帝除了奖励她黄金之外，还下诏表彰她为"孝妇"。东汉时的江革因为孝敬母亲而被推举为"孝廉"，后来因病回乡后，皇帝还常惦记着他，誉他为"巨孝"，并派人给他送粮送酒送肉。在政府的提倡和激励下，汉代的孝子层出不穷，后世流传的"二十四孝"中，仅汉代的孝子就占了三分之一。

为了让孝子们彪炳千秋，光耀乡里，政府还象征性地拨一些"建坊银"，为孝子孝女建造牌坊、祠堂，民间为孝子设立祠堂也蔚然成风。比如，在无锡至今还矗立着建于唐代、被誉为"江南第一古祠"的华孝子祠；在安徽黄山江村有著名的"明孝子江文昌公祠"，也叫"孝友堂"，这是全国唯一的一座以孝道为主题建立的祠堂，祠内木柱上所有的对联都有"孝"字；在安徽歙县棠樾村有专奉孝子的"世孝祠"；在苏州山塘街上有唐孝子祠；在山东长清县有为汉代孝子郭巨建造的寿堂山郭氏墓祠。在其他很多地方至今也都仍有孝子祠、忠孝祠保存着，成为展示传统伦理文化特别是传统孝道的一道独特风景。

另外，为了纪念孝子、表彰孝行，历史上还常以孝子的名字做地名，或者根据孝子的故事来给孝子的家乡改名，比如仅《南史·孝义传》就有6例把孝子住的地方更名为"孝行里""纯孝里""孝义里""通灵里"等等的记载，所以至今仍有许多县名、乡名、村名中带有"孝"字，这些地名的背后都是孝子孝女的故事。

浙江上虞市有曹娥江，江边有曹娥孝女庙，江名就来自东汉少女曹娥行孝的故事。曹娥的父亲失足坠入江中溺死后，14岁的曹娥沿江寻找父亲的尸体，一路上哭声不绝，找了半个月，仍然不见父尸的踪影，曹娥悲痛欲绝，投江而死，几天后抱着父亲的尸体浮出江面。后来人们把曹娥葬于江边，把江名改为曹娥江，并为她树碑立传。当时的地方长官请一位13岁的天才少年作了一篇诔文来纪念孝女曹娥，少年一挥而就，文采飞扬。相传著名书法家、文学家蔡邕特地赶去看这个碑，在苍茫暮色中他用手抚摸着读完碑文，在碑后题了"黄娟幼妇外孙齑臼"8个大字。人们读后都不得其解，连蔡邕的女儿蔡文姬也不解其意。后来曹操和聪明过人的杨修路过曹娥碑。经过杨修解释，人们这才知道原来蔡邕赞叹碑文是"绝妙好辞"。这个历史掌故在

《三国演义》里有详细的叙述，说杨修过人的才华让曹操心生妒忌，最终招来了杀身之祸。至今曹娥庙中还有"碑辞绝妙才人笔，江水长流孝女名"一联。庙中另有一联云："事父未能入庙倾城皆末节；悦亲有道，见吾不拜也无妨"，意思是说，如果对父母不孝敬，把头磕破也没用；如果对父母孝敬，不拜神求神也没关系。这副对联在诙谐中劝导人行孝，也颇有趣味。

不但在民间树立行孝的楷模，朝廷上下也为天下人做榜样，诵读研习《孝经》，并在日常生活中实践孝道。汉代的孝文帝刘桓就是这样一个行孝的典范。汉文帝对母亲薄太后特别孝敬，太后卧病3年，他常常目不交睫，衣不解带，日夜伴守在病床前，每次喂

孝文帝侍母至孝

饭喂药，他一定要先尝尝冷热苦甜。刘恒孝顺母亲的事在朝野广为流传，人们都称赞他是一个仁孝的皇帝，有诗赞颂文帝说："仁孝闻天下，巍巍冠百王；母后三载病，汤药必先尝。"孝文帝也因此被列入后来的"二十四孝"。除了传说中的舜帝之外，汉文帝是历史上唯一获此殊荣的皇帝。汉文帝以身作则，对汉代推行孝道、实施以孝治天下起到了积极的推动作用。

除此之外，地方各级大大小小的官吏也都积极身体力行，移风易俗、教化民众笃行孝道，或者用《孝经》教育百姓，或者把孝道变成一些具体的乡规、民约来指导、约束老百姓的行为，收到了"百姓乡化，孝子、弟弟、贞妇、顺孙日以众多"的成效。比如，东汉有个叫仇览的亭长，在太学里学完《孝经》后回到家乡，因孝而名闻乡里。乡里有个凶顽不化的年轻人，对母亲很不孝顺。仇览听说后就训导教育他，并给他《孝经》让他诵读。年轻人为自己的行为懊悔不已，跪倒在母亲面前谢罪，后来也成为有名的孝子。南北朝时有个叫房景伯的人，在任太守期间，有个妇人来到官府告自己的儿子

不孝，房景伯没有简单地惩罚了事，而是把这位妇人和她的儿子请到自己家里，让妇人跟自己的母亲同吃同住，自己悉心地服侍母亲饮食起居，让妇人的儿子旁观，以自己的孝行感化和教育不孝子。20多天的朝夕相处、耳濡目染，使这位不孝子心中受到极大震撼，他给母亲叩头谢罪，决心痛改前非，房景伯这才让他们回家。后来那个儿子也因行孝而著称。

撰写编著史书，辑录历代孝子孝妇的逸闻事迹，让孝子孝妇名垂青史，也是褒扬孝悌的重要方式。汉代以后，在历朝官方主持编撰的人物传记中都不忘记叙述传主的孝行，在官修的"正史"中，专门辟有《孝义传》《孝行传》《孝友传》《孝感传》等，记载孝子的事迹，表彰孝子并激励后人。各代正史的《列女传》中也辑录有许多孝女的事迹，所以才有"一部二十四史，只是忠孝二字而已"的传统说法。在各地的地方志以及历代家谱中，这部分内容也占了相当的比重。除此之外，历代编纂的孝子事迹专辑也蔚为壮观，比如《孝子传》《孝传》《孝行录》《孝女传》《孝说》《广孝悌书》《孝悌录》《孝悌赞》《孝子拾遗》《孝感义闻录》《二十四孝》《孝顺事实》《孝女征略》等等，都是专门辑录孝子事迹的书籍。

（二）把孝作为选拔官吏的重要标准

在所有褒奖孝悌的措施中，把孝德作为选拔官吏的标准，应该说是最重要、也最有吸引力的举措了。"举孝廉"，就是这样一种选拔人才的制度。

"举孝廉"是从汉武帝开始的。"孝廉"是孝子、廉吏的合称。"孝"与"廉"原本是分开的，后来把二者合并为一科，所以史书中大多都是孝廉并称。汉代选拔官吏的途径主要有察举、征召、博士弟子考试等。察举就是推举、向上进行推荐，是一种由下向上推选人才做官的制度。孝敬父母、廉洁奉公，这是古人非常推崇的两种德行，所以"孝廉"首先成为察举的科目，也是汉代人们进入仕途的主要途径。汉武帝在位的时候下了一道诏书说，地方官吏如果不按照皇帝的要求向上级部门举荐孝子、廉吏，就要受到严厉处罚，甚至被免官。从此，举孝和察廉就成为正式的选官制度。每年地方上都要向中央推荐"孝廉"人才，而且有人数的限定，每年每个郡只能推荐两个人。由于各郡人口多少不均，后来举孝廉的名额改为以人口为标准。汉代以后，察举的科目虽然很多，而且屡有变化，但是"举孝廉"一直是察举的主要内容之一。除了隋唐时期曾一度废止外，孝廉制度一直为后世所承袭沿用，清代改称"孝廉方正"，仍然是进官入仕的重要渠道。

为了向中央推荐人才，各地官员都要积极访察孝子，上报他们的行孝事迹，上级部门再从上报的孝子中选拔官吏。据统计，汉代通过举孝廉而做官的人占到官吏总数的六成以上。可见，举孝廉已经成为统治者选拔人才、提升官吏的主要途径。历史上许多名公巨卿都是孝廉出身，比如三国时期魏国的曹操、吴国的孙权都是通过举孝廉而走上仕途的。

举孝廉被作为地方官吏必须执行和完成的工作任务，完不成任务，官吏自己就要承担责任。地方官吏们有时不得不为了应付上级，或者为了邀功取好，到处挖掘、搜罗甚至编造或谎报孝子的故事，一些人品才学都很差的人也会因为当地官吏的举荐而平步青云。利令智昏、滥竽充数、沽名钓誉的事情也时有发生，出现了不少寡廉鲜耻、欺世盗名的假孝子。假孝子们的表演别出心裁，最精彩的还当数东汉赵宣导演的一幕闹剧。赵宣把父母安葬以后，没有像别人一样封闭墓道，而是住在墓道中守丧长达20多年，乡里乡亲无不称赞他的孝心，太守也准备往上推举他。赵宣眼看着自己多年的苦心经营就要大功告成了，却被太守经过访察戳穿了真相。原来，赵宣住在墓道里守丧期间，和妻子在墓道里生养了5个孩子。太守大怒，最后赵宣因"欺骗众人，亵渎鬼神"的罪名而受到严惩。

在举孝廉等人才选拔制度的推动下，孝道的实用、功利倾向明显增强，逐渐由个人道德的完善演变成为通向官场、猎获功名利禄的阶梯和工具。通过行孝博得孝名，就可以让"朝为田舍郎，暮登天子堂"的神话变成现实，这无疑对所有的人都具有极大的诱惑力。因而，在统治集团的诱导鼓励下，在声名利禄的感召刺激下，人们争相行孝，孝道广泛而迅速地普及到民间，并逐渐成为老百姓的习惯性行为。

（三）尊老养老，对百姓进行孝道教化

尊老养老是古代中国由来已久的传统，也是一项重要的治国策略："一家敬老则一家和，一乡敬老则一乡安。"对老人周全的照料和奉养，既是社会经济发展、道德风尚进步的表现，也是弘扬孝道、标榜孝治的有效手段。

在传统社会，老年人是知识和智慧的代表，更是国泰民安和国运长久的象征。清末一位官吏总结历史上的治国经验时说：尝观古之治国，敬老尚齿，其国必强。他认为一个国家如果养老敬老，一定兴盛强大。孟子也认为，君主施行仁政，首先就要解决"鳏、寡、孤、独"这四个群体的问题，鳏是指老而没有妻子的人，寡是老而没有丈夫的人，孤是幼而没有父亲的人，独是老而没有儿子的人。可以看到，除了"孤"之外，统治集团施行的是不是仁政，关键就是看他们如何对待老人，是不是能够让老人安享晚年。老有所养，老有所安，老有所敬，老有所乐，这是孟子梦寐以求的社会理想。

古代各个朝代都很重视尊老敬老。西周时期，朝廷把退休的贵族官员，以及平民百姓中德高望重的长者，都安排在各级官办的学校中养老，让他们兼任学校的老师，传播知识，推广孝道等道德教育，用今天的话说，就是把老有所养与老有所为结合起来。朝廷对老年人和他们的家庭也实行优惠政策。比如，50 岁以上的老人不再服劳役；60 岁以后免服兵役；有 80 岁以上

老人的家庭中，可以有一个儿子免服兵役和徭役；有90岁以上老人的，全家可以免服兵役和徭役，这是为了让家人安心服侍老人，恪尽赡养老人的义务。以后历代的法令都有类似的规定，凡是需要在家赡养老人的，官府可以减免他们的徭役和赋税，有罪的可以减轻刑罚。

汉代以后，崇老的风气更盛于从前。保留至今的汉代画像石中的养老行孝图，如饮食供奉图、养老赐食图、高年持鸠杖图、祥瑞图等等，就反映了当时养老敬老的情况。养老行孝图中还常有乌鸦的图像，并题有"孝乌"的字样，这是以"乌鸟反哺"教育和告诫后人不要忘记父母的恩情。

汉代设有国家级的养老，有一批"三老五更"可以享受到国家级的养老待遇。三老、五更都是老人的代称，他们在当时所享受的荣誉和尊崇是空前的。据史书记载，养"三老五更"的礼仪相当隆重，先是选定一个吉日，皇帝派车把他们接到国家的最高学府，然后由皇帝亲自动手给他们赏菜、赐酒，"三老五更"代表天下的老人，接受天子的赐食、礼拜，文武百官都在下边恭候。

国家级的养老注重的是荣誉，基层社会的养老则是更偏重于实际的物质优抚。皇帝经常下令给老人赏赐衣服和粮食。例如，汉文帝登基后就曾下诏奖励天下的老人。诏令规定，八十岁以上的老人，每人每月赐一石米，还有一些肉、酒等；九十岁以上的老人，除了米、肉等外，另外每人每月还赐给二匹布。

除了尊养"三老五更"之外，汉代还对大众的养老有专门的制度上的规定，并赐给高寿老人"几杖"，对他们实施特权保护。"杖"在古代是权势的象征，代表的就是一种特权。考古发现的"王杖十简"，内容就是汉宣帝颁布的《王杖诏令书》，记述了对持杖老人实行的各种优惠、特权，上面还记载有对欺侮持杖老人的人处以死刑的案例。东汉朝廷正式实行"养衰老、授几杖"的普遍优老制度。

两汉以后，各朝代也都继续推行以孝治国，在养老方面都有专门的规定，具体形式虽然不尽相同，但养老尊老的传统却历世不衰。沿袭到清代，皇帝还经常举行"千叟宴"，颁诏"旌表百岁"，为"寿民寿妇"即长寿老人建立"寿民坊""人瑞坊"，表达对老人的尊重和爱戴，昭示尊老敬贤的孝道教育。老人被赋予国运和德治的象征意义。清乾隆帝三下江南视察时，多次有百岁"人瑞"在道旁迎驾，这是国运长久的吉兆。

古代在尊老方面还制定了许多具体的礼节。按照古代礼制的规定，对比自己年长一倍左右的人，就要像对待父亲一样恭敬；年长者坐着，年幼者要站立在旁边侍奉；年幼者与年长者同席时，年长者上座，年幼者下座，年长者如果站起来，年幼者是不能坐着的；长幼同行时，年长者走在前面，年幼者跟在后面，老人走得再慢也不能催促，更不能超到老人前面；饮酒的时候，老人先饮，其他人才能饮，在场的如果有80岁的老人，那么连70岁的老人也要站着侍奉；而且，不论在什么时候，"凡父母在，子虽老不坐"，儿子年纪再大，只要有高堂在上，也要恭恭敬敬地站在旁边侍奉老人。

关于古代社会的"以孝治天下"，除了我们上面提到的几点之外，借助法律的手段强制性地推广和维护孝道，也是一项重要内容。例如，汉代法律就规定，殴打祖父母、父母的儿孙，是要砍头的。自隋唐以后，各代法律都明确地把"不孝"列为"十恶不赦"的大罪。这个问题我们在后面还会专门再讨论。

七、养老战略与老人福利

"孝"与"孝顺"，在汉语中属于非常温情与和谐的词汇。一般认为，孝文化是中国传统文化的核心与支撑点，也是传统中国人得以屹立于世的重要价值观。正因为如此，中国古人特别重视养老，国家也把养老制度建设作为政府的一项重要职能。历朝历代，养老都是政府的一项战略任务，也是国家大战略的重要组成部分。

可以这么说，古代政府对养老的关注与投入，有一种近乎天然的职责与自觉。而这种职责与自觉，无疑是与中国的孝文化紧密联系在一起的。如果说孝文化是一种精神文明，那么养老则是古代中国人对这种精神文明的一种身体力行的实践。

（一）"三老五更"——养老制度的起源

尊敬和照顾老人是人类社会共有的不变的价值因素之一，中华民族自古就有尊老、敬老的传统美德。在长期的社会发展中，长幼有序、事亲至孝、敬老崇文、尊贤尚德已成为中华民族文化的重要组成部分。在中国，早在原始社会时期，人们就知道推举德高望重的人作为部落首领。氏族社会，人们都把长辈当作父母，同样地尊重，把后辈当作子女，同样地爱护和抚养，老弱病残一视同仁，得到供养、保护。到了原始社会后期，养老是氏族集体的义务和责任。当历史的脚步跨进阶级社会的大门，养老变成了国家福利和救济的一部分。统治阶级为了施教化、明人伦、正风俗，也提倡养老敬老。

先秦时期，各个朝代对养老敬老十分重视。首先，设立专职管理人员负责养老事务。养老制度已具有初步框架，养老思想也已经发轫。《礼记》记载：老人的待遇应该为：五十岁开始享受特殊待遇，六十岁能够经常吃到肉，七十岁要每天吃两顿美餐，八十岁要吃难得一见的珍馐，九十岁要能躺在床上享受到后辈对其饮食起居的照顾。

对于鳏寡孤独者，先秦的各个国家都有抚恤养老的政策。老无所依之人皆有所养，是先秦时期养老制度的重要内容。《礼记·王制》说，少而无父者谓之孤，老而无子者谓之独，老而无妻者谓之鳏，老而无夫者谓之寡。这些类型的老人都是"穷而无告者"，必须予以救济。还有聋哑、侏儒等残疾人，要让他们利用自己的技能而获得生活质量的最大化。这实际也是养老政策和社会保障制度。

先秦时期，政府对鳏寡孤独者均定期发放生活必需品，主要是粮食。夏商周三代的政府对鳏寡孤独者的照顾还体现在对他们人身权利的保护上。商王告诫臣民不要欺负鳏寡孤独者；周公则在告诫周人不要欺侮鳏寡之人的同时，还要他们像殷先王祖甲和周文王那样去关怀他们。这不仅有政府专职官吏负责，而且还有特定的经费来源。

每年仲秋八月是政府优惠老人的月份。据《礼记·月令》记载，仲秋之月，是月也，养衰老，授几杖，行糜粥饮食。这里所说的养衰老，一般指的是社会鳏寡穷困的老人。

据传，尧、舜、禹时代之前，中国古代先民就开始在祭祀鬼神和先祖之日，以聚餐和会餐的形式来编排老幼的顺序，把长者和老者安排在较为重要的位置，以此来作为一种尊老和敬老的礼仪。礼仪是中华文明的结晶，用礼仪来突出对老人的重视，是我们祖先在养老和尊老这个问题上所做出的具有开创性的一步。春秋时期齐国的政治家和思想家管仲曾提出国家有九项惠民政策，即"九惠"。其中排在第一的就是养老，强调凡是国家，都要有管理养老的专门官员——"掌老"。具体措施为：七十岁以上的老人，可以有一个儿子不用服兵役，并三个月要赠送一次肉食给老人；八十岁以上的，可以有两个儿子不用服兵役，并每个月都要赠送肉食；九十岁以上的，所有儿子都不用服兵役，而且每天都要吃到肉，死后，国家要为其提供棺材等丧葬物品。

《周礼》是我国最为古老的礼仪典籍，其中的《地官司徒》明确地提出了"大司徒"的职责有六项，分别是"慈幼、养老、振穷、恤贫、宽疾和安富"。大司徒这个官职，类似于后来的宰相，是国家最重要的政府官员。还有一种官职叫作太宰，其职责是通管全国事务，以生万民，养老也是其管理的事务之一。可见，在中国古代早期，国家就有养老的职责，而且由中央重要官员来履行这个职责。

先秦时期，一般大司徒全面负责五十岁以上老人的饮食。大司徒的下属"槁人"具体负责供给老人饭食，"冢宰"的下属"酒正"供应老人们酒食，还有专职人员为老人们提供割肉、烹调等服务。为了改善老人们的生活，政府还为他们提供诸如鸠老的野味，对于那些没能得到照顾而死在荒郊野外的老者，则亦有专人负责收葬。基层管理者"乡大夫"，具体负责登记免除赋役的老者等事项。尽管当时还未设立专门的养老机构，但还是可看出当时国家对养老事务的重视。

夏商周三代，养老的对象一般分为两大类。第一类是高级官员中有德望的退休长者称为"国老"。第二类是普通百姓的年长者及烈士父祖、贤德者称为"庶老"（或称乡老）。国老和庶老，类似于今天享受国务院特殊津贴的人一样，被供养在各级各类学校中。同时，他们在学校也有一个重要的任务，即把自己一生的知识和经验传授给学生，以德育人，提高学生的综合素质。

当然，不论国老还是庶老都是由有很强代表性的人物担任。这些具有代表性的老人，享有各种优惠和特殊待遇，并形成了先秦时期具有很大示范效应的养老制度，即"三老五更"。所谓"三老"，是指具有三种崇高德行（正直、刚健、会变通）的厚道老人，而"五更"是指懂得用五种方式来观察周边人和事的老者。总而言之，三老五更就是有丰富阅历和经验的老者。

可见，三老五更并非就是几个老人的意思，而只是用"三"和"五"这样的数字，来表示老人在生产和生活中的重要性。周文王时期，"三老五更"的制度开始正式实施。起初是朝廷在退休的官员中，选择"三老"和

"五更"各一人。后来各诸侯也仿造中央的模式，选定各自的三老五更。即便贵为天子，周王也要像伺候自己的父亲一样优待"三老"，要像善待自己的兄长一样优待"五更"。亦可见，"三老"的地位要高于"五更"。

后来，三老五更的人选范围也逐步扩展到非退休官员的普通年长百姓群体（即所谓的"乡老"）中。

周天子不能把"三老五更"当成自己的臣下，只能以一个晚辈和学习者的态度，来把自己放在一个很低的位置上。譬如，周文王就以身作则，把姜太公这位德高望重的老者奉为座上宾，对他的关怀和照顾无微不至。姜太公辅佐文王时，就已经年过六十，他不仅是周代开国的功臣，也是一位有大阅历和大智慧的长者。文王尊敬他，除了国家大政仰赖于他之外，客观上也开启和形成了敬老和爱老的社会风气。

为了大力推行这种敬老的社会风气，周代政府设计、组织了一项最为重要的礼仪活动，即每年腊月举办一次养老大典，在当时被称之为"乡饮酒之礼"。乡饮酒之礼是覆盖全国的敬老、爱老大型活动和仪式。仪式固定在中央和地方的各级学校举行，其用意是为了达到示范、推崇的目的。

这种大型礼仪活动规格很高，在首都，周天子要亲自前往参加，并由主管教化的官员主持，其他朝廷主要官员都要前来观礼。仪式开始之前，朝廷就精心推选出一位德高望重的"乡老"（非朝廷退休官员）作为首席贵宾，再择优选定其他若干老人作为众宾。仪式正式开始时，作为教化官员的主人要在官府的大门之外远迎老者。当老者走到大门的台阶之前，主人要行作揖大礼三次，以这种"三请"的方式来把首席贵宾奉上座位，然后是其他众位贵宾。宴席之上，周天子还要亲自动手撕割牲肉，送到"三老五更"的席位上，并向他们敬酒。

仪式活动现场，六十岁以上的老人都坐在席位上，而五十岁以下的人必须站在一旁伺候老人，并倾听他们的训导和教诲。为了体现老者的荣光，各种年龄段的老者要区别对待，如六十岁以上的老人在仪式上可以享受三个菜的待遇，而七十岁的有四个菜，八十岁的与九十岁的则分别有五个和六个菜。仪式结束之后，第二天"乡老"还要回拜周天子。

"孝"的思想在中国源远流长，周代的统治者很早就懂得利用"孝"来更好地统治和教化国民。而如何来体现"孝"呢？毫无疑问，"三老五更"便是周代朝廷对"孝"的一种高超运用。既然统治者都如此孝顺老者，那么国民也应该敬老爱老；既然国民都如此之孝顺自己的父母和长辈了，那就同样应该孝顺周王——毕竟周天子是最大的"父母官"嘛。孝顺天子，那就是"忠"了。说到底，"三老五更"的养老制度更多的是一种政治和社会作用，即要求每一个人都孝顺自己的长辈，忠于自己的上司，同时每一个国民都要忠于至高无上的周天子。如此一来，社会稳定的目的便达到了。

周代的"三老五更"对后世的养老制度影响很大，并成为后世朝廷养老敬老举措的一个蓝本。西汉初年，汉高祖刘邦规定，每个乡选举一名三老，称之为乡三老；然后在一个县的诸多乡三老中选择一位，作为县三老。县三老与县令和丞尉（副县令）平起平坐，享受县级官员的待遇与特权。

东汉时期，朝廷明确规定，中央级别的"三老"人选在现任"三公"（丞相、太尉和御史大夫）中产生，年龄要在八十岁以上；而"五更"则在"九卿"中产生，年龄在七十岁以上。在职责上，东汉的"三老"和"五更"要在国立大学"太学"授课，三老是主讲，五更是辅讲。

"三老五更"制度一直延续到宋代，明清时期被废除。清代乾隆皇帝有意恢复古代的三老五更制度，而且有两个非常合适的人选——当时的重臣张廷玉和鄂尔泰。但张廷玉坚决推辞，此事就不了了之了。这从一个侧面说明了专制制度在清代达到一个前所未有的高度，公卿大臣们早已不敢被皇帝称之为"父""兄"了。

（二）"导民以孝、则天下顺"——国家养老战略与养老伦理

"养老"在中国古代的礼仪、道德和伦理中有着相当重要的地位，是中国传统文化和民族心理的重要组成部分。每一个朝代，朝廷都把养老作为一项重要的国家战略，使之成为统治者本身和广大人民都必须身体力行的行为准则和主流价值观。

夏、商、周三代的开国君王，在历史记载中都是尊老爱老的典范，并作为后世追思三代仁政的重要内容。据《礼记》记载，周代早期，五十岁以上的老人就可以被政府授予爵位。周代，周天子要定期巡视各诸侯国，每到一个诸侯国，天子要见的第一个人不是诸侯王，而是该地区颇具代表性的老者。周天子对于诸侯国国王的履职考察，其中重要的一项内容便是当地的养老工作做得好不好。做得好，会得到奖励；做得不好，则会受到惩罚。

经过先秦养老思想和政策两千多年的积淀，到了汉代，养老被法律所强制执行。汉高祖刘邦在大汉帝国建立的第二年，下令每年十月赐予"三老"酒肉。所谓三老，乃县乡两级被推荐的德高望重并教化乡里的特权老人。这开了汉代尊老的先河，但对于普通人来说，他们还没有享受到国家养老的优惠政策。几十年之后，到了汉文帝时期，朝廷正式用法律的形式规定，年龄超过八十岁以上的老人，要赐予他每月粮食一石，肉二十斤和酒五斗；九十岁以上的，要在八十岁的标准基础上，再加赐丝帛两匹，丝絮三斤。不过，曾犯了刑法的老人被排除在外。这对以后中国历代王朝的尊老养老法律和政策影响很大，很多王朝都是在这个基础上，继续加大赏赐的力度。

西汉早期，"黄老"道家哲学是统治者钦定的国家意识形态。但是，汉武帝（前141—前87在位）时期，西汉的国家意识形态发生巨大变化，开始"罢黜百家，独尊儒术"。儒家思想占据统治地位，所以，以儒家典籍为依据

的孝文化便成为主流文化与思想。譬如《孝经》中就明言，"夫孝，天之经也，地之义也"；"人之行，莫大于孝"。对于"孝"有这样一种认识，《孝经》便得出如下结论：圣明的君主都试图"以孝治天下"。

魏晋南北朝时期，国家分裂，人民常常倒悬于乱世。但是，并非如此，国家就放弃了对孝道和养老的诉求和宣扬。众所周知，曹操一代枭雄，他早年为了对付叔父对他的管教，曾假装中风（头疼）。后来，他按照"宁我负人，毋人负我"的逻辑，滥杀了朋友吕伯奢一家。赤壁战前，他扣押徐庶老母，搅乱其方寸，迫使徐庶归附。为了进一步独揽大权，他派兵入宫，杀死伏皇后及其老父伏完。这些都充分暴露出曹操不孝的一面。但是，为了国家长治久安，也为了曹家的政权稳定，他又打出了"以孝治国"的旗号。

建安七子之一的孔融，因为说了"父之于子，当何有亲？论其本意，实为情欲发耳。子之于母，亦复奚为？譬如寄物瓶中，出则离矣"，就被曹操宣布为"大逆不道"的重罪，最后被判死刑。其实，孔融是从纯粹生理和自然的角度来讨论父母与子女的关系，曹操只不过是找了一个借口，把他早已欲除之而后快的孔融干掉了。但是，从另一个角度来看，即便魏晋玄学放浪形骸的个人主义喧嚣一时，也依然不能完全忽视"孝道"的传统普世价值。孔融虽非"不孝"，但却是在"不孝"的罪名之下被杀害。曹操杀孔融，的确是在客观效果上重申了孝道与养老的国家伦理。至少在国家意识形态中，此点是不容否定和轻视的。

后来的司马氏，也如法炮制，学习曹操，逼迫曹魏的太后下诏，以不孝的罪名废除了曹氏的继承人曹芳。而竹林七贤之一的嵇康，因为他的老故人吕安被诬陷为"不孝"而受到株连，被司马昭所杀。其实，嵇康被杀的真实原因，是他同情曹魏政权，不满司马氏的抢班夺权。虽然"孝与不孝"只是统治者打击异己的一种政治手段，但也的确是一个行之有效的杀手锏。这充分说明，孝顺与否、尊老与否，的确是古代一条不能逾越的红线，即便是魏晋这样一个政权更迭频繁的时代，也是国家极力推行和维护的一项基本国策，至少在形式上丝毫不得动摇。

《孝经》是中国古代一本有关孝顺与孝德伦理的经典。为了提倡养老和孝道，魏晋南北朝时期各王朝都将《孝经》立于学宫，被士大夫广为传播。曹魏和南齐的很多学者、官员为《孝经》作注，南朝的几位皇帝亲自注释并宣讲《孝经》，太子、诸王乃至群臣亦集会讨论《孝经》。为了普及孝道和养老的伦理，学者们编撰出一大批诸如《孝经图》《女孝经》等书籍，使得《孝经》称为显学。上有所好，下必甚焉。当时的百姓纷纷以养老尽孝为荣耀和处世之根本，整个社会弥漫着敬老爱老的淳淳风气。而北方的北魏和北周虽说是少数民族政权，但对于养老伦理的重视，丝毫不亚于南方，帝王的谥号很多都用"孝"字。

唐高宗时期，把《孝经》作为科举测试的一门基本科目，使得士大夫在求学阶段都深明孝道之大义。而且，唐代男女平等，女子为亡母服丧守孝的时间开始向男子对父母的丧期看齐，乃为三年。唐玄宗时，玄宗本人大力宣扬孝道，亲自注释《孝经》，并颁行天下。唐代明确规定，养老是基层地方官员的一项基本职责。据统计，有唐一代，全国性赈济鳏寡孤贫老人，多达48次。

唐代曾有许多关于养老、尊老的法令规定，即所谓的诏令。这些诏令都强调给予老年人物质上的赏赐和精神上的慰问，可以称之为养老诏令。贞观元年唐太宗即位所颁布的"即位赦"，就规定"八十已上各赐米二石，绵帛五段；百岁已上各赐米四石，绵帛十段；鳏寡孤独不能自存者，量事优恤"。唐玄宗继承秦代就已创立的"寿星祠"机构，下诏建设"寿星坛"，以其作为举行尊老典礼的神圣场所。

玄宗皇帝时期的规定更为细致、明确和全面，包括年龄标准、赐物的数量、赐官职的品阶、级别等都有明确的规定。如下诏规定，男性老人七十五以上或女性老人七十以上的，政府要派一人来服侍；八十以上的，则待遇更为优渥。

宋代政府，尤其是南宋政府在救济贫老的事业上，表现得最为积极。除了与之前的各朝各代一样赐予老人米豆和金钱之外，宋政府在收容、救济贫病的机构建设方面，彪炳于世。为了更好地执行国家养老的大政方针，宋代的福利机构甚至过犹不及，出现了浪费的弊端，并引发一些如现代北欧福利国家那样所面临的批评。

元代在立国之初就确定了对老人的关怀救助政策。早在世祖中统元年（1260），忽必烈就下诏天下，老无所依之人的赡养责任应该落在各级各地政府身上。仅仅四年之后，至元元年（1264），忽必烈再次下令，在全国范围内救济病者和老者。之后，又陆陆续续下令各地建设国营养老机构。

元代对老年人的界定，不仅仅只有年龄的生理学标准，还有社会学标准。从生理上看，七十岁以上为老人，八十岁为高年，高年可以享受到国家物质奖赏、减免家庭赋役和旌表荣誉等更多的优待。但是，由于古代平均寿命很短，即便按照七十岁的标准，老年人所占的人口比例也很小，故而能够享受到救济和优待的人十分有限。针对这种情形，元代从社会学的角度来定义老人，即只要是在子女面前，父母就是老人，在晚辈面前，长辈就是老人。这样的标准，使得在国家养老政策实施时，对老人的尊重、服从和赡养，更具有普遍的实际意义和较强的针对性。

在历代统治者中，明代开国皇帝朱元璋是最为重视百姓养老的。明初洪武三十年（1397）制定的《大明律》（相当于明代的宪法），其中规定凡是各类贫穷的老人，如果没有亲人可以依靠，那么地方政府要对其进行收养，否则，相关政府官员要被仗罚六十大板；如果应该给予他们的衣服和粮食被克扣，那么要对相关责任人以等同于"监守自盗"的罪行来论处。《大明律》被奉为专制时代的经典法律文本，从此，一直到明代灭亡，其中关于政府收养贫穷孤寡老人的这条法令，始终未变。清代的政府养老法也沿袭明代，而且做了进一步补充，对克扣养老救济物资的惩罚更为严厉，不分首犯和从犯，一律同等重罚。

清代统治者作为古代养老礼仪的集大成者，把我国古代国家尊老养老的战略推向了一个前所未有的高度。其中"千叟宴"便是典范。正所谓"民以食为天"，养老的第一要务就是要让百姓吃饱，千叟宴就是把老人集中在首都，与皇帝一起吃饭饮酒，以此表明国家对养老的重视和对老年人的尊重。

清代共有四次大型的千叟宴。第一次是在康熙六十大寿之时，各省派人护送大批老人进京，为康熙祝寿。盛宴设立于畅春园正门前，全国共有三千多名老人参加。席间，康熙命令诸皇子皇孙为老人倒茶，又令他们搀扶八十岁以上的老人来到御座前，亲自观看耇老们饮酒，以示慰问和奖励。第二次千叟宴在第二年（1722）接着举行，在乾清宫前，康熙命令皇子皇孙站在一旁伺候老人饮酒，并命百官即兴赋诗，歌颂国家盛世和百姓安康，称为"千叟宴诗"。第三次是在乾隆五十年（1785），当时恰逢文化巨型工程《四库全书》编纂完成，乾隆又喜得五世孙，乾隆皇帝便模仿自己的祖父康熙帝，决定再办千叟宴。于是当年的正月初六，还是在乾清宫，乾隆亲自为一品大臣和九十岁以上的老人赐酒，还赏他们如意、鸠仗、朝珠和养老银牌等物。最后一次在嘉庆元年（1796），乾隆已禅位于嘉庆。自居太上皇的乾隆皇帝，宴请三千多位七十岁以上的老人，并与他们共同赋诗三千多首，以纪念此次盛事。

这四次千叟宴都由礼部主持，光禄寺提供各项设备，精善司具体操办宴席。准备工作非常繁复。首先，各地申报的与宴人员要列出履历和功绩，逐层审批后由皇帝钦定，再行文知会，限令宴会正式举行半月前赶到京城，排练进宫、面见皇帝的礼仪。宴会完毕之后，由专人护送回老家。仅此一项，前后便要忙碌好几年，毕竟古代组织这样的大型活动，是对政府办事能力的一项巨大考验。其次，需要准备大量衣食、器具和礼品等，如桌椅、餐具、食品、赐品、车轿、服装之类。其中仅赏赐的物品就有诗刻工艺品、如意、寿杖、朝珠、文物古玩、银牌等数十种，多达万余件。再次，宴会大厅的布置、菜品的制作、礼仪训练、安全保卫、接待服务、工作人员调配，每次大宴所动用的军民常达数万人。

尤其值得一提的是，乾隆皇帝两次举办千叟宴所赐给老人的养老银牌。"御赐养老"银牌，象征着荣耀和身份，是皇家对平民的最高礼遇。乾隆五十年所赐予的银牌，呈椭圆形，长14厘米，高8厘米，厚0.3厘米，重350克。银牌上端以云头纹饰，两侧有小圆孔。牌面四周雕刻双龙戏珠纹饰，中间横书"御赐"，直书"养老"四个字。牌背面阴刻楷书"乾隆五十年千叟宴"，旁边还刻着"重十两"。而嘉庆元年的银牌，也是椭圆形，长13.8厘米，高8.5厘米，重361.5克，正面左右为两只相对的飞龙，口吐祥云，底部配以海水江崖，中间为"太上皇帝御赐养老"的铭文。因这两种银牌相当珍贵，后来还有很多仿制的赝品出现，可见其历史价值和文化价值，更可见其乃中国政府养老史上的实物见证。

除了千叟宴，清代政府提倡养老尊老的举措还有建立牌坊来表彰和赞誉百岁老人。古代将百岁以上的老人称为"人瑞"，即人间祥瑞之兆。宋、明两代早有为百岁寿翁建立牌坊的先例，但尚未制度化和规模化。而清代从康熙年间开始就有规定，只要是百岁寿翁，国家就要拨款为他建立"人瑞"牌坊，并赐给"生平人瑞"的匾额和一定数额的物质奖励；如果是女性寿翁，则要赐予"贞寿之门"的匾额。雍正年间，对百岁老人的赏赐标准再次细化：110岁以上老人的赏赐在原来百岁老人的基础上加一倍；120岁以上的，加两倍；年龄更大的寿星，则按照这个年龄差的加倍标准，来予以更大的赏赐。

雍正四年（1726），出现了一位名叫萧俊德的 118 岁寿民，朝廷对其进行了重赏。乾隆元年（1736），湖北江夏县的汤云山 131 岁，按规定共赏其 120 两白银，而乾隆皇帝还嫌不够，又加赏宫廷御用绸缎和白银 40 两。乾隆十一年（1746），出现了一位 141 岁的老人，政府除了规定的赏赐之外，还加赏白银 80 两，宫廷御制绸缎 5 匹，以及一块写有"再阅古稀"的匾额。

明清时期，为了体现国家对养老的重视，政府官员对亲长的养老也作为一项特殊养老制度安排，被执行和贯彻，这就是所谓的"终养制度"。官员因祖父母、父母等尊亲年老或养老有虞，需要暂时离职回乡侍奉的，称之为"终养"。明代官员，如果父母年龄超过 70 岁，那就可以辞官回乡照顾父母，尽孝道。清代官员的祖父母、父母年过八十，或者独子的父母年过七十，可以申请回家侍奉长辈。明清两代的官员，如果尊亲的年龄满足法定标准，而他们又缺乏家人必要的照料，则官员必须回家侍候老人。这种情况，还被细分为四个条件。只要满足其中一个条件，官员就走定无疑。第一，官员是独子或虽非独生子但没有其他人来照顾尊亲；第二，兄弟都在外地做官，家中无人侍奉老人；第三，虽有兄弟，但患疾病，没有能力来服侍老人；第四，母亲年老，虽有其他兄弟，但却是同父异母的。

康熙九年（1670）规定，如果继母缺乏养老的人力和物质条件，那么官员也必须回乡为其养老。清代雍正五年（1727），政府还对官员作为养子的赡养义务做过详细规定，如果官员的养父母去世了，而亲生父母年过八十的，要辞官回家奉养亲生父母。清代还有一类特殊的官员群体——旗人，当他们的父母超过 75 岁之时，他们都不能到外地做官，只能做京官。因为，旗人的尊亲都集中生活在北京，为了达到养老的目的，宁可牺牲这些特权阶层的仕途。

（三）官员终养制——为了尽孝，官员可以舍弃官职

自从汉代以来，本地人不得在本地任职的回避制度就较为严格，这意味着有的官员甚至要离家千里、万里去任职，如此一来，这些官员对父母尽孝，就存在很大的客观限制。但奉养父母，是每一个子孙的义务，尤其是官员，作为社会的表率，他们更是不能以任何原因来推卸养老责任。有鉴于此，很多朝代都对官员父母的养老，即"官员终养制"，做出了灵活的规定。

从唐代开始，很多政府官员因在家庭中担当主要的养老责任，就把父母接到就任之地来赡养。这就是"移亲就养"制。

经过近千年的发展，明代官员的"移亲就养"做得特别好。洪武七年（1374），明太祖朱元璋诏令，凡是官员任职地离其父母所在地距离超过一千五百华里以上的，政府要为官员提供车马船费，以帮助其把父母接到任所奉养。九年之后，明朝政府再次规定，官员父母年龄达七十岁以上的，准许其把父母接到任所照料。明代官员非常重视"移亲就养"，如洪武十三年，西安府下属一个县的县丞（副县长）陈子都，来回奔波三千里，把父母接到任所。正德皇帝时期，徽州知府熊桂把老母亲从江西老家接到徽州，每天早上他都先向母亲请安，再去办公。很多在北京工作的明代中央官员，他们的父母都被接到北京养老，跟着儿子来到北京的这些父母，有的还因儿子官德优异而接受过朝廷的赏赐。

那些携父母亲人就任不便的官员，或者父母因为路途遥远和水土不服，不愿意随儿子到外地任职的，则只能申请改换就职地点，以尽赡养义务。早在唐代玄宗时期，名相张九龄年轻时调任冀州刺史，但他为了照顾身在广东老家的母亲，就特别向朝廷申请改任江南的州府。朝廷考虑到其养老的特殊需要，也是为了彰显社会的养老风尚，便特事特办，同意了张九龄的请求。

明代除了北京之外，还有一个形式上的首都，即"留都"南京。而且，南京的官员设置也如同北京一样，齐全完备，只不过都是虚职而已，没有什么实权。正德十二年（1517）春天，南京兵部主事（六品官员）徐咸把父母从老家接到南京奉养，而与此同时，徐咸的好几位同事，也把父亲接到南京，这样几位官员的父亲相伴为友，一起在南京的旅游景点游玩，被南京本地人誉为一段佳话和盛事。

明代还有很多原籍在南方的京官，要把父母接到遥远的北京来供养，实在是一个客观上解决不了的大难题。为此，一部分京官为了奉养尊亲，就主动要求到南京任闲职。毕竟，相对于北京来说，南京离南方各地都近多了。甚至有些官员，为了照料双亲，连南京都不去了，直接申请到原籍附近任职。如弘治九年的进士汪循，他本是安徽休宁人，因父母需要他养老，就辞掉大有前程的京官，而自愿到离家很近的浙江省永嘉县当县令。

另外，明代政府为了照顾那些实在无法与父母生活在一起的官员，还特许将官员的一部分俸禄在其原籍直接支付给其尊亲。古代与现代不同，官员的俸禄不全都是用货币来发放，尤其是明代，其主要用粮食、布料甚至香料等实物来予以支付。在这种情况下，官员如果要是把某种实物俸禄寄送给老家，运费和损耗都是万难承受的。即便是现代社会，如果一个人把粮食等实物千里迢迢地寄给老家的父母，恐怕也是不可想象的。所以，明代政府为了保障官员尊亲的养老物质生活需求，而特意采取了这种用心良苦的惠民政策。

清代大政都沿袭明代，官员的终养制也不例外。康熙三年（1664），政府也规定，在外地任职的官员，如果父母年龄超过七十岁，而且因各种原因，没有其他兄弟侍奉双亲的，则准许官员回到原籍赡养尊亲。康熙九年（1670），浙江巡抚范承谟向皇帝上疏，为浙江的一位名为丁世淳的县令申请辞职回老家，为继母养老。吏部却不同意他的请求。原来这在之前有规定，官员辞职赡养的必须是亲生父母，而继母则不行。但是，康熙皇帝看到这个申请，却为这位县令的孝心所打动，特别下旨，允许其辞官回到原籍奉养继母。从此，不管是生母，还是继母，都能够"终养"。

明代还有一项政策，就是改变官员任职之地，到靠近其原籍之地就职。嘉靖元年（1522），河南省的官员徐文溥以母亲年老需要照顾为由，提请退休。但是，他的上级领导却认为他为官清廉，过早退休太可惜了，于是决定把他调到与原籍相邻的省份去任职，以便于其赡养母亲。因为明代官员的回避制度规定，本省的官员不许在本地做官。所以，改换到与原籍相邻的省份任职，就算是最大的制度倾斜了。

还有的官员，为了奉养父母，而申请改任位低权轻和闲散的官职，如唐代睿宗（武则天幼子）时的中书舍人崔沔，因其母亲在陪都洛阳，离首都长安路途遥远，于是他就申请改做一个虚职的官。睿宗皇帝马上同意，改任他为虞部郎中。中书舍人为中央核心行政部门中书省的重要办事官员，而虞部郎中是工部的一个职位，而且相对来说较为闲散。崔沔这么做，就是要让自己有更多的时间来陪伴和照顾母亲。

明代有一种方法，就是官员为了在原籍侍奉尊亲，而自愿改任相对清闲、无权无势的"教职"——教育官员。明代虽然有本省人禁止在本省为官的铁律，但教育官员却不在禁止之列。譬如永乐年间的湖南进士戴礼，本可以在中进士之后就做有实权的地方主要官员，但他却因为老母年高，而特别申请到离家乡较近的衡州任府学教授（府一级的学官）。万历年间，福建漳州的府学教授王启疆升任福建涉县知县，但他却申请继续担任教职，为的就是能够更好地就近照顾父母。

更有甚者，有的官员直接就辞职，回家奉养尊亲。这在唐代就有很多著名的例子。唐代中央监察系统的官员"左拾遗"王龟，其九十岁的父亲依然在外地做节度使，身在首都的王龟无法见到父亲，便申请辞官，到父亲所在地予以奉养。朝廷同意他孝行，并下旨嘉许。还有崔纵，他是唐朝的一位中级官员，其父被贬到通州任刺史时，他就辞去官职，到通州去照顾父亲。还有中唐时期的财政专家、宰相杨炎，早年做小官时，也曾因无法奉养长辈而辞官。

明代朱元璋也下诏规定，凡是官员的父母年龄在七十岁以上，而且其就职地与父母生活的地方的确路途非常遥远，家中又没有别的子孙来侍奉尊亲，那么可以允许官员辞职，回家尽孝。嘉靖初年，户部侍郎邵宝向皇帝申请辞职，回家奉养老母。理由是他自己既没有兄弟，也没有儿子，家中实在无其他亲人可以代替他去照料尊亲。这个理由当然无法反驳，皇帝最终同意了他的请求。

不过，辞职之后，就出现了一个很严重的问题。古代官员如果不是因为正常退休，都没有退休工资的。尤其是明代，官员因奉养尊亲辞职后，就等于完全失业了，朝廷不再给他们发放任何薪俸。虽然官员辞职之后，把父母养老送终之后可以再次恢复官职，但有的官员，居家的时间特别长，如明代成化年间云南的一位按察副使林某（省级最高司法官的副手），专门在家侍候亲老达十七年之久。一些原本非常清廉的官员，根本经不起这样无基本收入的生活。而且这种为了奉养尊亲而"停薪留职"的做法，也严重影响了官员的仕途。毕竟，任职的时间和精力是官员考核的一项重要内容，这一点古今同理。

有意思的是，清代的满族官员若遇到同样的情形，却可以"留职又不停薪"。原来清朝搞民族特权政策，汉族官员与明代一样，回家奉养父母就没有薪俸了，而满族官员却能继续有工资收入，安心在家侍奉老人。

不过，清代对满族官员到底要不要像汉族官员一样"终养"尊长，存在过很大的困惑和矛盾。本来，乾隆四十二年（1777），弘历发布一道上谕，认为满人从民族习俗上来讲，根本就没有所谓的"终养尊亲"的历史，而且满人最重要的是忠于君主，至于对父母可以相对顾及得少一些。于是，乾隆皇帝决定停止之前满人终养亲长的政策。但是，政策只是表面的，实际上，不管是汉官还是满官，赡养老人，孝顺父母，都依然为法律和伦理所承认。但乾隆皇帝本人就对此很矛盾，在乾隆四十二年的这条上谕中，他继续说，外任满族官员如果有亲人在京城要奉养，则可以申请回京当差，而且品级保持不变。

第二年，乾隆皇帝再次发布法令，规定在京任职的满族文武官员，如果父母超过七十五岁，则不准许派遣到京外就职。以乾隆皇帝为代表的清政府，在满人固有的习俗与汉族孝道伦理之间艰难地游走，但最终还是倾向于孝道伦理。这充分说明，对于官员来说，即便是满族人，也必须依照几千年的孝道传统，在做官的同时，时刻不忘养老的重任。即便他们不是汉人，但他们的行为规范也必须要合乎汉人所认可的孝道伦理。否则，满族人很难融入这个依然以汉族人为主体的大帝国。

除了这个矛盾之外，清代政府对武官的"终养"也存在矛盾。还是以乾隆皇帝为例，他认为武官的主要职责是以武功来效忠君王，毕竟忠孝不能两全，带兵打仗的军官即便有尊亲要奉养，但正在沙场征战的军人，当然可以不必与文职官员一样，立马脱掉战袍，回家尽孝。所以，政府规定，武官一般不允许"终养"，除非军务政务不是特别紧急，而且祖父母、父母年过七十，家中又无其他成人男性来尽赡养义务，则武官也可以"终养"。

而且，为了防止武官以奉养尊亲为名，逃避职责，清政府对武官的惩罚力度很大。一经发现造假，本人将被革职查办，同意其"终养"的上级官员，则被降官两级调离原岗位，不经过详查就把"终养"申请提交给上级的官员，则要被罚俸一年。

总之，从唐代开始，官员必须以一种有损仕途前景的方式来尽孝，成为一种特殊的孝文化，也是一种特殊的官场文化。任何一个古代官员，只要是想在官场中有所作为，就一定要注意这一点。否则，就很有可能成为他人攻击的对象。譬如明代大改革家张居正，就因为父亲死后，他没有严格按照古代为父母守丧的规定，去官回家。虽然当时正处于改革的攻坚阶段，情况很特殊，而且万历皇帝还特批他不用回湖北老家。但最后，张居正还是因为这一点，被他的政敌，甚至皇帝所攻击、所不齿。可见，官员在尽孝方面一定要随时警惕，严格要求自己。毕竟，官员要起到表率作用，这也是古今同理的。

张居正

（四）国家永远记得老人——济老赈贫

古代为了表达养老尊老之意，会赐予高年老人米、酒、肉等生活物资。《礼记》记载，周代或更早时期，每年的某个月份，政府要赐给老人拐杖和米粥。这大概是古代政府最早的老人补助行为。先秦时期，国家一般把老人养在各类学校。汉代继承了前代国家重视养老的传统，主要赐予老人酒肉、粟米、絮帛等物品，或派遣使者去探望慰问老人。

汉文帝元年（前179），朝廷下诏说，老者非帛不暖，非肉不饱，如果老人没有丝帛可穿，也没有肉食可吃，那么天下子孙孝养尊亲的人间常理何以显示。诏令继续说，此刻是年初，特派遣使者专门到老人家中慰问老者，使老人吃陈年粟米的事情不再发生。这一诏令，是中国历史上第一次非常明确的国家赏赐老人的行政法令。仅汉一代，国家专门针对老年人的赏赐就有

55 次。从此，国家给予老人额外的补助，成为中国历朝历代必须实施的德政。

魏晋南北朝时期，政权更替频繁，但国家赠送老人物质的传统未曾中断。西晋惠帝永平元年（291），全国的老人、鳏寡之人和孝悌之人都获得国家补助的丝帛三匹。南朝刘宋孝武帝大明元年（457），国家下令赏赐老人粟米和丝帛。北魏孝文帝延兴三年（473），皇帝下令赐给老人和孝悌之人布帛；接着太和元年（477），孝文帝迎接京城七十岁以上的老人于皇宫大殿，赐给他们衣服，并规定，七十岁以上的老人，可以有一个儿子免除徭役。太和十八年（494），孝文帝从首都平城（今山西大同）南巡到河南一代，见当地民风淳朴，孝道犹在，于是下令赐予当地鳏寡无依的老人物资，每人粟米五石，丝帛两匹。

古代的粮食重量单位"石"在不同时期的标准不同，按照秦汉的标准，一石等于 100 公斤左右。如果把北魏时期的一石粟米也算作 100 公斤，那么孝文帝赏赐给河南一代老者的粮食就是每人 500 多公斤，也就是 1000 斤。1000 斤粟米对于古代普通老人来说，可不仅仅是具有象征意义，而是具有很大的实际意义。如果老人每天消耗两三斤粮食，则 1000 斤粟米可以支撑一年的时间。丝帛是古代丝织品，乃非常贵重的衣料，普通百姓很难穿到，一般都是贵族豪门才有经济实力去购置。孝文帝送给每个老人的两匹丝帛，如果按照汉代一匹大约等于现在的十米，可知两匹就是二十米。二十米长的丝帛对于贫民老人来说，可以让他长期穿得都很体面。

北魏是南北朝时期的北方鲜卑族政权，它的帝王谥号仿效汉代，很多都以"孝"开头。北魏孝明帝时，国家下令对于鳏寡孤老等养老无着之人，赐给粟米五斛，锦帛两匹。偏安江南的陈朝，是南北朝时期较为弱小的政权，却也在武帝时下令赏给老无可依之人每人谷物五斛。而且，如果这些老人有债务，可以在行政权的强制之下，获得免除。

隋朝是短命王朝，即便如隋炀帝那样在中国历史上留下不好名声的皇帝，也在大业元年（605）下旨给予老人物资补贴。大业五年（609），隋炀帝在皇宫武德殿宴请四百多位老人，并分别赐给他们各种衣食物品。

何谓"老"，历代的标准都不太一样，先秦时期最有影响力的医书《黄帝内经》就认为五十岁以上为老。春秋时期的大政治家管仲就认为男子六十岁以上为老，女子五十岁以上为老。汉代的标准是五十六岁，魏晋南北朝时期六十六岁以上为老，隋炀帝的父亲隋文帝颁发新令，规定六十岁为老。而到了唐代，代宗时期的老人标准定的最低，为五十岁。在民间，唐代医学家孙思邈在《备急千金要方》中明确指出，三十岁以上为壮，五十岁以上为老。

基于五十岁以上就为老的标准，唐代政府规定，凡是八十岁以上的老人，要有一人照顾；九十岁以上的，两人照顾；百岁以上的，五人照顾。照顾老人的人，首先是嫡亲子孙；没有嫡亲子孙的，就选择近亲；连近亲都没有的，那就选择其他年轻的男丁。这种国家法定制度在唐代的官方文书上有一个专有名词——"侍老"。依法可以获得这种待遇的老人，年龄必须在八十岁以上。不过，在具体实施过程中，年龄的规定会有所变化。天宝八年（749），唐玄宗下令降低"侍养"的标准，规定全国男性老人七十五岁以上，女性老人七十岁以上，就可以安排一个人专门侍奉。

被选中服侍老人的年轻人，被称为"侍丁"，为了保证侍丁履行好养老义务，唐代对侍丁的权利做出专门的规定。《唐律疏议》（《唐律》的解释性文献）明确指出，侍丁有权被免除各种力役和杂役。古人对国家所缴纳的赋役主要分为物资或货币形式的赋税和以体力劳动为形式的劳役两种。免除各种劳役，使得侍丁能够安心在家，心无旁骛地奉养尊亲。除了免除劳役之外，侍丁还有权不服兵役。本来服兵役是唐代普通百姓对国家的义务，但对于侍丁，则因为养老的重任，可以不用离家去当兵。

古代的户籍制度非常严格，一般不允许离开原籍，到外地改换户。但是唐代的侍丁可以因特殊情况而改变户籍。譬如唐代初年，宋家三兄弟因隋末战乱在边疆三个不同的地方分别落了籍，而他们年过八十的母亲姜氏仍然留在原籍扬州。根据唐代法律规定，边疆地区的人，不能把户籍迁往内地，而且宋家三兄弟都是军户（古代专门提供兵源的家庭），更是难以转移户籍。但是，为了使他们的母亲身边有侍丁来供养，朝廷特批，把他们的户口移到老家扬州，与母亲团圆。

宋太祖乾德元年（963），朝廷规定老人的年龄标准为六十岁，后来一度把老人的年龄标准降为五十岁。宋代学者洪迈曾对人的一生做过比较科学的划分，他也认为五十岁以上为老。纵观整个宋代，老人的年龄标准总是在五十岁与六十岁之间游移不定。可见，老人的标准在宋代也是定得比较低的。不要小看这个标准，它在很大程度上可以代表老人受惠的普及面，甚至国家财政对于养老是否有所倾斜。

宋代是中国历史上官办养老机构做得最好的朝代，除了养老机构之外，宋代也如之前的朝代一样，对高龄老人在物质生活上予以特殊关照。宋代自开国以来，形成了一种惯例，即每位皇帝在位期间，都要以天子的名义不时对高龄老人施与粟米和绢帛之类的赏赐。如宋太宗赵光义就召集京城开封一百多位百岁以上的老人到皇宫的"长春殿"，盛情款待他们之后，再赐予他们每人丝帛若干。宋真宗下令养老诏书，赐给八十岁以上的老人茶叶和丝帛。茶在唐代之后是中国人的日常必需品，而且宋代的茶文化尤为突出，国家为了独占茶叶贸易的利益，还实行非常严格的专卖制度。赐给老人茶叶，从某种意义上说就是重视老人的日常生活习惯，使他们能够继续充分享受茶文化所带来的享受。而且，朝廷赐予的茶叶，肯定是上等好茶，八十岁以上的老人喝到这种茶的时候，肯定会深深地感念政府对他们在日用品上的用心良苦。

同时，真宗皇帝还御赐八十岁以上的老人终生的粟米与丝帛。也许，对于很多亟待改善生活境遇的老人来说，即便得到朝廷的物质赏赐，也不能从根本上解决他们的养老问题，但是每当天子御赐的各种衣食物品摆在他们面前时，某种精神上的满足感和自豪感，一定会让他们的老年生活快乐一点。

"赐高年帛"是元代实行仁政、关怀老人的一个重要举措。仅《元史》中记载的就有9次。成宗大德九年，因立皇太子，诏告天下，赐给老年人丝帛，八十岁以上的老人得一匹，九十岁以上的得二匹。元仁宗即位之初，赐予大都路（京畿所在地）九十岁以上共计2331人每人丝帛二匹，八十岁以上共计8331人每人丝帛一匹。泰定帝时，因下诏改年号，也广泛赏赐高年帛。顺帝从至正元年开始，到至正十六年，共六次下旨"赐高年帛"。赐高年帛是一种形式大于内容的政府尊老养老举措，他以"帛"这种古代贵重的丝织品作为固定的赏赐物品，来突显政府养老的连续性和强制性，具有极大的宣传效应和指导效应。

洪武十九年（1386），朝廷诏令，除了倡优等贱籍，凡属八十岁以上贫穷的老人，每月得米五斗，肉五斤，酒三斗；九十岁以上的老人，再每年加给丝帛一匹，丝絮五斤。即便有田产，也只能满足基本生存需要的中下等贫穷老人，也应该每年给丝帛一匹，丝絮五斤。清代顺治元年（1644），朝廷规定，八十岁以上的老人，政府赏赐丝绢一匹，棉花十斤，米一石，肉十斤；九十岁以上的，在八十岁的基础上加倍赏赐。清代雍正年间，国家逐步富强，曾遍赏全国七十岁以上老人钱物。据统计，这项民生工程，共花费白银八十余万两，米十六万石。

（五）"举孝廉"树立养老孝顺的典型——孝敬老者均可提拔为官员

把儒家孝的伦理和孝悌品行引入国家教育制度和人事制度，使之成为朝廷人才选拔或官员升迁或罢黜的重要依据或参照标准，即"举孝廉"，是历代统治者重视养老孝行的又一重要表现。

举孝廉的制度起始于汉武帝元光元年（前134），本来"孝"与"廉"是两个概念，孝更多是指"孝顺"，而廉更多只指"廉洁"。但从汉武帝开始，这两个概念往往合二为一。汉武帝时期，每一个郡和诸侯国每年必须向朝廷举荐一个"孝廉"，每年总共有大约二百个孝廉。如果地方官不按时按量推荐孝顺之人去朝廷做官，则要以"不举孝"之罪论处。

顾名思义，孝廉的首要条件就是孝德与孝行，能够得到郡守和诸侯国国王举荐的人，都是在当地极具孝道感召力的人，但他们一般也是毫无政治地位的普通人。获得举荐的孝廉来到首都后，一般都从宫廷卫队的"郎中"这一官职开始干起，起点很高。对于一般的平民百姓来说，这真是朝为田舍郎，暮登天子堂。而"孝"是他们得此机遇的唯一途径。

很明显，由于科举考试尚未出现，故而汉代以"孝廉"及"孝悌力田"等科目选拔的人才，一般不需要考试，主要是以察举、荐举、征辟的方式进行。是否具有突出的孝悌品行，是决定其能否被推荐的首要，甚至是充分条件。

魏晋南北朝时期，虽有"九品中正"的贵族世袭制，造成上品无寒门，下品无士族，但两汉以来的举孝廉制度，依然还是当时选拔官员的重要途径。当时的贵族政治等级森严，举孝廉为很多寒门子弟找到了一个为国效力的出口。晋代皇帝曾下旨征召天下"德孝仁贤"者到朝廷做官，违背孝道的官员，还会失去其大好仕途。

北魏作为当时北方的鲜卑族政权，对官吏的选拔方法也大体沿袭汉代，主要为中央征辟和地方察举。而征辟与察举就是看其为人是否孝悌。太和十一年（486），孝文帝下诏，在全国范围内查找孝行突出、德才兼备的人才，吸纳到官员队伍中。孝文帝之孙宣武帝时期，一位将军因为父亲的丧期未满，就急着请求升官，而被朝廷判罚五年的徒刑。

隋唐时期，虽然科举制度已经确立，但举孝廉依然未曾中断，很多人都因孝而当上县令，唐太宗还亲自考察被举荐的孝廉。

反之，对于不履行养老义务的人，要予以重罚，尤其是对那些所谓的父母官。中唐的宗室王爷李皋，在浙江温州任职时，到乡镇巡视检查，发现一个老妈妈经济状况很差，身边也无人为其养老，而且发现，她的两个儿子姓李，居然还是朝廷中级官员，一个任中央的谏官，一个在地方做司法官员。这两个儿子都是进士出身，在当时还颇有名气，但他们却二十多年都不曾照料老母。李皋极为震撼和气愤，马上上报朝廷。最后的结果是两人被双双罢官，并在官僚系统中被除名，相当于是现在的"双开"了。

晚唐时期，有两个较为著名的人，因孝行和孝德有问题而遭到惩罚。一是有个名为令狐滈的人，他的父亲曾做过宰相，而他本人也非常优秀，文采被时人所推崇，正因此，被朝廷看中，打算破格提拔他到监察部门任职。可是，他在家中却不行孝道，对长辈多有不尊重，是典型的纨绔子弟和较为猖狂的"官二代"。如此品行，很不适合在监察系统任职，当然也遭到了谏官们的一致反对，最后朝廷只能把他改任到其他次要部门了。另一个事件的主角名为柳珪，他在担任右拾遗时，被人告发没有在父亲面前尽孝道。而柳珪的父亲为了保全家族的名声和儿子的仕途，还发表声明，为其子辩护，批驳告发者是诬陷和栽赃。但是，即便如此，柳珪还是被停职调查，仕途受到很大影响。柳珪在当时是文化名人，他的文章连杜牧和李商隐都称赞不已，但却因为孝道有亏而被罢官。

到了唐代中后期，举孝廉作为一种选拔人才和官员的常设科目被废除。但之后，仍然有很多朝代不时以各种形式来延续举孝廉的官员选拔方式。

"夫孝，德之本也，教之所由生也"，可见在古代传统教育中，孝一直处于儒家教育思想的核心。正因教育需要人孝，那么作为道德楷模、负责各地教化育人的官员，那就更要以孝作为第一道德品质。否则，官员何以领导并教化万民？宋代，进入学校是做官的第一途径。从某种意义上来说，"学校"与"仕途"是融为一体的，也是儒家所谓"治国平天下"的两个不同阶段而已。可见，在学校教育阶段就重视孝道，则也是对学生以后做官的一种要求和鞭策。所以，孝顺与否，是做官的重要条件，更是官员升迁的重要砝码。

宋代在发展传统孝教文化方面，除注重官方舆论诱化引导以实施全民普孝教化之外，也非常注重在教育制度尤其是在学校教育中订立相关措施以贯彻孝教思想。宋代各级地方学校中，孝悌品行成为能否入学的重要条件，哪怕是年仅八岁的幼童，也以孝悌作为其入学的门槛。宋统治者对各地学生的孝德品行之重视，由此可见一斑。

在教学课程设置方面，《孝经》被定为专门教材列入学生必修课程，而且位列第一。精读背诵《孝经》，是朝廷对郡县学校不同等级、不同层次学生的起码要求。学校教育是为国家培养人才，而人才选拔的首要途径是科举，在宋代科举考试中，《孝经》通常是必考内容。宋代科举必考《孝经》，意味着读书人若不把"孝道理论"作为一门科目深入研习，便不可能敲开科举之门步入仕途。其实，不仅宋代，汉代以来的历朝，《孝经》都是人才选拔考试的主要"题库"。

在以孝选拔人才方面，宋代沿袭汉以来成例，设立了冠以"孝悌"为名称的人才选拔科目——"孝悌廉让"和"孝悌力田"。孝悌廉让的简称便是"孝廉"，与"孝悌力田"一样，两者都起源于汉代。宋代的"举孝廉"，具体操作办法是地方上每五千户分配一个"孝悌廉让"的举荐名额，也就是说每五千户推荐一个孝子去做官。这是宋朝初期的规定，但很快地方以孝悌而被推荐做官的人大大超过了这一比例，如开宝九年（976），濮州推荐了孝悌的人达三百七十个，大大突破朝廷名额限制。之后，朝廷默认了这样的事实，通常不再宥于严格的名额指标限制。

而"孝悌力田"科目的选人也主要看孝德孝行，宋初开宝八年（975），朝廷下诏全国各级地方政府调查、遍访"孝悌力田、奇才异行"等文武人才。但与"举孝廉"不一样的是，"孝悌力田"没有人数的比例限制，只有年龄限制，即以这种考核方式获得官职的人年龄必须在二十五岁至五十岁之间。

宋代科举考试自隋代创立经唐代数百年发展，已成为国家人才选拔的最主要途径。宋代的孝廉和孝悌力田科目人才选拔，既要由地方考察举荐，同时，被举荐者通常又要由朝廷组织专门考试，合格通过后方能入选授职。但不管怎么说，如果没有突出的孝行孝德，那么官府的大门就永远不会向这些人敞开。

在宋代科举考试中，"孝廉"属于常设科目，宋代士人经此科目考试步入仕途者甚为常见。如徐志道侍奉目前，以孝道闻名于故乡绍兴，官府知道后，就推荐他做了楚州的"团练使"；项汝弼，南宋宁宗时，以孝廉做官，一直做到"翰林学士"；还有余机，"性至孝"，嘉定年间被举为"孝廉"，当上了"江阴县令"。

但是，就整个宋代以孝选官员的情况看，不经任何考试就直接由朝廷授予孝子官职，也是官场政治中司空见惯的现象。如延川县人罗居通的孝行感动了其整个故乡的人，最终罗居通直接以"孝"被任命为延州主簿（地方负责文书的官员）。龚明之"孝行节谊"闻名乡里，当时的"参知政事"钱良臣知道后，特向朝廷申请，破格提拔龚明之"宣教郎"的职位。孙宝著侍奉母亲以孝顺知名，大观年初，朝廷闻知此人，特别赐予孙宝著进士及第，后来任杭州、衢州两地的官学"教授"。资州资阳市人支渐在母亲死后，执意在墓前搭草棚，为母亲守丧，非常感人。当时的名臣范祖禹得知后，便奏请皇帝予以嘉奖，最后皇帝下诏，任命支渐为资州官办学校的助教。郭重义和范仕衡以孝闻名，被授予不同官职。

此类官场拔擢用人事例，不须另行考试，由地方官员直接举荐奏闻，本人的孝德孝行表现，是被荐举奏闻的唯一理由。对已经跻身官场的现职官员，孝悌品行突出者，也往往获得升迁。如申积中，十九岁中进士，而且他奉养父母，总是非常尽孝，因此，徽宗政和六年（1116），他被提拔为"奉议郎"。许光凝先在成都做官，因孝德显著，被推荐到皇帝那里，他马上就被上调到京城，升官至学士。张伯威是南宋绍熙元年的武进士，当初在神泉县任县尉，母亲有病，久治不愈，他割下自己左臂的肉，让母亲来吃，母亲这才病愈。朝廷得知此事后，特别给张伯威升官。

孝德卓越的人可以得到特别或破格提拔，而孝德缺失、行为不孝的官员，则往往受到罢官免职的行政处分。如一位中央官员太常博士茹孝标，隐匿母亲去世的消息，结果被罢官。宋太祖时的工部侍郎毋守素，在父亲丧期纳妾，被家属告发，结果官就做不成了。

还有官员李定本来是监察御史，但他却隐匿母亲丧事，被罢免御史台的官职。王荣为宋太宗的高级侍卫，但他对母亲的养老毫不关心，甚至连母亲基本衣食都给得很少。太宗听到这样的不孝行为之后，非常震怒，说忠臣必须首先是有孝德的人，像王荣这样连母亲都不好好奉养的人，怎么有可能是忠臣呢？于是，宋太宗罢免了王荣。

宋神宗时期的官员郑从易，其母亲和兄长都死在遥远的南方，而他直到几年之后才知道这个消息，于是向神宗请假回家服丧。神宗皇帝却认为，父母在远方，应当时时处处记挂在心上，并常常写信问安，但郑从易的母亲和兄长死去几年，他都不知道这个消息，可见他根本就是一个不关心尊亲的不孝子。因此，郑从易被神宗罢官。

本来，朝廷命官隐瞒母丧不报、父丧期间娶妾，对母供养有缺以及母亲和兄长亡故多年不知等，都是极大的不孝行为。按《宋刑统》条律，当受严厉的刑法惩处，但朝廷予以罢官或除名等处罚，算是以官抵罪，用剥夺政治前途的行政处罚取代刑律惩处。

对某些官场不孝行为，一经发现，朝廷立即采取措施予以纠正。如北宋建隆年间，宋太祖得知一些原籍四川的官员长年不回家省亲，甚至父母病疾也不解职回家探望，立即下诏要求这些官员必须回家多走走看看，否则，将处以重罪。又如太平兴国年间，宋太宗发现某些来自偏远地区的官员，长期供职京师而不把父母接来赡养，于是下诏命令，如果京官的父母依然还在四川、陕西、福建、两广等原籍的，必须把他们接到京城来，以尽孝道。如果不执行，就让御史台检举揭发并定罪。

涉及人事安排的，如调职、转迁或临时差遣等，朝廷也往往因顾及官员尽孝的因素而对当事官员多有迁就。太宗淳化四年（993），尚书左丞张齐贤被调离京城，到定州做知州，可张齐贤上奏说母亲年已八十五，又有病，他不愿离开母亲到外地做官。太宗赵光义便答应了他的请求，把他留在了京城。

宋徽宗时期，姚祐任职吏部侍郎，朝廷命令他到四川去任职，他因母亲年老为由予以推辞，朝廷不仅没有怪罪他，反而把他升迁为工部尚书（部长）。南宋高宗绍兴年间，朝廷欲遣大臣出使金国，确定了参知政事席益为使者，席益以母亲年高拒绝了这个任命，朝廷没办法只好另选他人。

宋代统治者在官场人事安排上一直非常重视官员的孝行孝德。宋仁宗天圣九年（1031），朝廷要求吏部对父母年老不便离家随子迁移的备选官员，可以就近任职，便于他们奉养照料尊亲，以尽子孝。还有的官员，如果正与年老的父母或祖父母生活在一起，为了使官员养老方便，可以免于对他们的调动。

明代朱元璋初期，科举被暂时罢废，朝廷在大约十年间就"孝悌力田"和"孝廉"的科目来推荐人才和官员。据历史记载，仅通过孝悌察举，不经科举考试而由普通布衣做上大官的，不可枚举。如沈德四，洪武十三年（1380）被表彰推荐，当上了中央的礼仪官"太常赞礼郎"。洪武十四年（1381）朱元璋在农村基层设立里甲制，而里长就是从当地的"孝悌力田"中所选拔的。里长的重要职责就是教化百姓，以孝和善作为美德。如以孝悌被推荐为官员的欧阳铭，起初在江苏省江都县任县丞时，正好有一个继母告发儿子不孝。欧阳铭却非常和蔼可亲，将母子两人都叫到桌案前，晓之以理、动之以情，用孝义的故事来感化这对母子。最终，这对母子被他循循善诱的劝导所打动，和好如初。这在当地被传为佳话。

在清代官员选拔制度中，"孝廉方正"是除了科举之外的又一选拔官员的形式。孝廉方正是清代统治者依据汉代选拔官吏及人才的"孝廉""贤良方正"科目，合并为一科，成为制科。孝廉方正科的特设，是清代重视孝道、强调以孝治天下理念的体现。早在顺治十五年（1658），大臣魏裔介上奏朝廷，希望推荐孝子，并授予其官职。吏部讨论其请求，认为孝行关系到国家风气与教化，便同意如果真有孝子，要详细上报礼部，符合条件的，酌量选拔为副县长等官职。康熙皇帝也对于汉代的孝廉制度极为赞赏，认为"行莫大于孝，守莫重于廉"。还有雍正元年（1723），皇帝下诏在全国广泛推举"孝廉方正"，暂赐给六品顶戴，以备召用。的确，科举入仕是正途，像孝廉方正之类都被视为异途，并时常受到正途入仕者的歧视。对此，雍正皇帝给予了严厉批评，认为古代很多官员，如虞舜时代的皋陶和夔，他们就没有获得科举功名，为什么他们也能够成为流传千古的名臣呢？乾隆元年（1736）及乾隆五年（1740），吏部再次对府州县保举"孝廉方正"的方式、要求、程序等做出了严格的规定。至此，清代以孝选拔人才的"孝廉方正科"制度就完全成熟了。

总之，古代以孝选拔官员，虽以各种名目出现，但万变不离其宗，都是为了促进孝道观念的传播，强化人们的孝意识，促使更多的人去履行孝道。

（六）八十岁以上的老人都是"县长"——老人"荣誉证书"的颁发

古代朝廷除了经常赐予老人酒肉丝帛等物质外，还用赐官爵的方式给予老人一定的政治特权和荣耀，以示对老人的尊重和优待。赐官爵始于西汉吕后时期。

除了赐官爵之外，朝廷还会授予老人一种具有荣誉性和标志性的物品，譬如"王杖"。王杖是周王（周天子）钦赐给老者的荣誉物件，享有后世尚方宝剑的荣耀和特权。西周时期，朝廷还专门设置了一个代表天子给老人颁发王杖的官员，名为"伊耆氏"。

东汉时期，王杖制度更加严格化，每年仲秋，全国要按照行政区划，详细进行一次七十岁以上老人的人口调查，然后授予各地七十岁老人以王杖。而且，对王杖的形制也有了非常具体的要求，即长九尺（汉代度量衡，每尺约为现在的 23 厘米），顶端雕刻一只鸠鸟。正因此，王杖又被称之为鸠杖。甘肃武威就曾出土过汉代鸠杖实物，为长 1.94 米的木杆，直径为 4 厘米。

为什么要用鸠鸟的形象来雕饰王杖呢？北宋的《太平御览》有着较为传奇的说法。当年，有一回刘邦与项羽打仗，刘邦兵败，躲在草丛中，刚好有鸠鸟在这片草丛上空鸣叫，项羽的军队在追捕刘邦时，发现草丛上空有鸠鸟鸣叫，认为下面一定没有人，就放弃了搜查，于是刘邦得以活命。刘邦即位后，认为鸠鸟是一种有福、能给人带来幸运的鸟，于是就使用鸠鸟的形象来装饰王杖，象征老人的多福多寿。

另一方面，鸠鸟的确具有很强的药用价值。据明代李时珍《本草纲目》记载，吃鸠肉可以明目，多吃可以壮阳益气，尤其是久病之人，吃鸠肉不仅是大补，而且还能使人吃得很舒服，不至于哽噎。于是鸠杖便象征和祈祷老人吃饭不会哽噎，身体强健。

以孝治国

王杖是一种精神奖励，而与之相配套的还有政治和经济上的特权，即获得王杖者，能够自由出入官府和行走在官员专用的道路上，经商的能免征商业税，还能如汉代初年跟随刘邦打天下的民众那样，终身免除赋税和徭役。

鸠鸟

还有法律上的特权。被授予王杖的老人，即使犯了较为严重的罪（四年有期徒刑以上的），在无人告发之前，任何人也不能驱使他们服劳役，更不能侮辱和打骂他们。否则，就有大逆不道的巨大嫌疑。持王杖者无任何犯罪行为的情况下，如果被辱骂和殴打，那么施暴者就要被处以死刑。西汉成帝河平元年（前28），一个名为吴赏的下级武官在汝南（今河南东南部一带），指使手下殴打当地一位持王杖的老人。这位老者于是先向汝南太守上诉，告发吴赏的罪行。然后，汝南太守上报主管治安刑事案件的主要负责人——廷尉。廷尉与有关部门协商后，判定武官吴赏殴打持王杖的老人，罪大恶极，按照法律规定，将其处死。

当然，并不是所有七十岁以上的老人都能获得王杖，而是还有其他一些附加条件。汉代以孝治天下，特别重视个人的修养和品德，老人必须在一定的范围内，具有较大的感召力，并受到乡民的一致推崇，才有资格获此殊荣。大抵，全国能够享受到这种特权待遇的老人，不足适龄老人的十分之一。

值得一提的是，东汉王朝对于七十岁老人的统计，是与全国的人口普查同时进行的。也就是说，七十岁以上老人的统计是人口普查的一项极为重要内容。而授予他们的王杖，则是某种意义上的国民荣誉证书和老年人荣誉证书。不过，东汉授予老人王杖的年龄标准并非一定限制在七十岁以上，而是具有某种弹性。据20世纪50年代出土的文物记载，东汉永平十五年（72），有一个老人，六十八岁就被授予王杖。

北魏孝明帝时曾下诏，为了体现朝廷尊老养老的政策，决定京城百岁以上的老人，赐予等同于大郡太守的政治待遇，九十岁以上的老人赐予等同于小郡太守的政治待遇，八十岁以上的老人等同于大县县令，七十岁以上等同于小县县令；而非首都的其他各地，百岁以上的老人等同于小郡太守，九十岁以上等同于大县县令，八十岁以上等同于小县县令。

大业七年（611）正月诏："其河北诸郡及山西、山东年九十已上者，版授太守，八十者授县令。"（卷三，《炀帝纪上》）河间人杨庆在隋初"屡加褒赏，擢授仪同三司，版授平阳太守。年八十五，终于家"。

唐玄宗开元十一年（723），玄宗的御驾经过唐朝的北都太原府，皇帝感念龙兴之地的人民，就下令授予太原八十岁以上的老人大县的县令职位（从六品），九十岁以上的老人赐给大州长史职位（从五品），一百岁以上的赐予大州刺史的职位（从三品）。开元二十三年（735）正月，朝廷把给老人赐官位的政策扩大化，诏令天下所有百岁以上的老人皆被授予大州刺史（从三品），九十岁以上的授予中州刺史（正四品），八十岁以上的授予大州司马（从五品）。百岁以上的老人可以被授予三品高官，可见唐代政府尊老敬老的力度有多么大。

穷人与富人的养老需求不同，穷人更需要物质，而富人更需要的是政治和社会地位。明代针对这两者的差异，就救济老贫以米肉，而富有的老人则赐予爵位。明代初期，朱元璋为了表达对凤阳老家和首都南京人民的感激与尊崇，特下令这两地八十岁以上的老人，赐爵"里士"，九十岁以上的，赐爵"社士"，这两种爵位都能够与县令平起平坐。一开始，这项制度只在这两个特殊的地方施行，后来逐步扩展到全国各地。

清代乾隆四十五年，乾隆皇帝下江南，百岁举人郭钟岳从老家福建来到浙江迎接乾隆的到来，因此，破格赠予他进士头衔。乾隆四十九年，弘历再次南巡，郭钟岳再次迎驾，这次乾隆赏赐给他国子监高级官员的职位——司业，使一个长期不能有所作为的老举人，一步登天，实现了跃龙门的梦想。清代帝王还将未能考上进士的老举人视为"场屋中之人瑞"，因此也赏给他们职位。一般百岁以上的老举人，如郭钟岳一样，都赏给国子监司业的官衔；九十五岁以上的，赏给翰林院修编的官衔；九十岁以上的，赏翰林院检讨衔；八十岁以上的，赏国子监学正衔；七十岁以上的，赏国子监助教衔。而且，九十岁以上的老举人获得官职后，就不须参加进士考试（会试）了，因为他们所获得的职衔，已经早就不亚于一般年轻进士初入官场的级别了。乡试（省级科举考试）中不能中举的老者，八十岁以上的赏给六品京官衔；七十岁以上的，赏七品京衔；六十岁以上，或不到六十岁但经体检确认为衰老的，赏予八品京衔。

政府官员是古代社会的中坚力量，也是维护社会稳定的最大基石。所以对于老年官员或官员家庭寿星长辈的褒扬和旌表，就是国家尊老养老价值观的表现形式之一。清代乾隆十二年，原任内务府总管丁皂保，活到百岁，朝廷特赏赐其华美朝服1件、御用绸缎两匹和白银一千两。这都还是次要的，更为荣耀的是获得皇帝亲手书写的"期颐国瑞"匾额。古代国家所旌表的匾额，是一种个人乃至家族的荣誉证书，更象征着他们获得的某种特权和特殊待遇。要知道，古代皇帝御赐的物件具有至高无上的权威，有时候甚至可以直接代表皇帝本人，神圣不可侵犯，各级地方官员见到御赐物件时，都必须行大礼。

乾隆三十七年，原任兴汉镇总兵的金梁，其母亲杨氏年届百岁，获得御笔匾额。乾隆四十五年，原四川副将马诏蛟的母亲年过百岁，也荣获御笔匾额。不仅官员的长辈可以获得殊荣，官员的妻子如果高寿，也能享受各种荣誉表彰。嘉庆十四年（1809），原直隶总督郑大进的夫人江氏活到一百岁，朝廷除了给她建百岁坊之外，还因为她本身就是一品诰命夫人，加赐各种荣誉物品。

后来清政府为了区别官员家族的老人与一般老人的不同优待，对三品以上高级官员父母和妻子活到百岁的表彰，做了详细的规定，除了物资上的加赏之外，其中最重要的是其所荣获的匾额要更为精致，题字要更为谨慎，更为褒奖和赞许。一直到清末，对于各类百岁老人的表彰依然未曾间断，宣统二年（1910），云南女寿星潘程氏年高一百二十一岁，五世同堂，朝廷依旧给她建老人坊，并御赐匾额一块。

还有较为特殊的寿星，也有不同的旌表。如乾隆二十六年，广东省南海县人杨能启一百岁，其妻黄氏一百零一岁，朝廷赐予他们"期颐偕老"的匾额。乾隆二十七年，山东章邱县人王欣然一百零三岁，其弟王瑞然一百岁，兄弟同时年过百岁，乾隆皇帝闻讯，下旨表彰与宣扬，并赐给"熙朝双瑞"的匾额。此后，乾隆五十五年的山东清平县张氏兄弟，光绪九年（1883）奉天府承德县栾宗荣、栾宗仁兄弟等人，也分别获此旌表。

（七）"存问制"——历代君主参拜耆老

中国古代是专制国家，皇帝和国君本身就代表着国家。所以，对于老人的尊重与厚待，皇帝的示范和引导作用是巨大的。而皇帝的尊老活动中，直接参拜和会见老者，则更是无与伦比，具有最大的社会意义。同时，皇帝参拜老者，也是重要的国家大事和新闻事件，其舆论导向和宣传教育的作用，无疑是立竿见影的。

《礼记》就曾说过，老人"五十杖于家，六十杖于乡，七十杖于国，八十杖于朝，九十者，天子欲有问焉，则就其室，以珍从"。杖就是老人行走站立时所使用的拐杖。很显然，九十岁的老人，天子要亲自去参拜，并赏赐珍贵宝物。虽然这里从五十岁到九十岁的老人都是继续留任的官员。但也从一个侧面说明了，统治者亲拜老人的历史非常久远，是一项十分具有象征意义和展示国家好德的大事。

早在春秋时期，五霸之一的晋文公就在晋国确立了扶助和厚待老人的国策，百年之后，他的后人晋悼公把这项国策发扬光大。公元前六世纪初，晋悼公为了团结国民，恢复晋国的霸主地位，于是亲自召见了晋国七十岁以上老人的代表，并以国王之尊，参拜老人代表，还称呼他们为父亲。而正因此，晋国才有了复兴的气象和氛围。这从一个侧面可以充分说明，国家重视养老，并以国君亲力亲为为模范作用，推行一系列养老政策，是这个国家凝聚民心，团结国民的重要手段。

《礼记》还说，仲秋之月，国家要赐予老人粮食和物质，以示尊老爱老。汉代继承了这一传统，在每年的八月份，都会对老人进行慰问，这就是所谓的"存问制"。早在汉高祖刘邦还是汉王之时，他就在一次大病初愈之后，来到刚刚占领的关中重地栎阳（战国时期的秦国都城），亲自访察询问当地老年人的生活疾苦。到了汉文帝时期，汉代的存问制度正式确立。从此之后，大多数情况下，汉代的皇帝都会派遣使者"存问"老人，或者下令地方官员慰问老者；少数情况下，即便在出行极为不便的古代和皇帝出巡受到各种制约，汉代皇帝也会亲自到老人家中表示慰问，以表示对这个特殊群体的关爱。

唐代还有一项国家法定的养老礼，由皇帝亲自参加，极为隆重。养老礼按照周代的古制，一般选在仲秋之月举行，因为秋天正是阴盛阳衰之时，正好暗合老人的生理年龄阶段。古代学校是国家施行和宣扬教化的重要场所，所以养老礼的活动在学校开展。仪式举办当天，皇帝要亲自出门迎接"三老五更"，即一个"三老"和一个"五更"，乃国家最重要的两个老人，一般由级别最高的退休官员中品行堪为楷模的老人来担任。

然后，皇帝设宴款待众多受到邀请的各地老人。两个"三老五更"是众多参与养老礼老人中的代表，尤其是"三老"，皇帝在宴席上，还要亲自给他敬酒。而排在第二位的老人"五更"，则由侍者代皇帝御赐以美酒佳肴。同时，皇帝还要赏赐其他老人以拐杖。不过，这一套养老礼仪活动在唐代基本没有实施，但唐代国家重视养老的政策也在中国历史上相当突出，尤其以帝王参拜老人最引人注目。

唐代贞观年间（627—649），许州（今河南许昌市）有一名医术高明的老医生已经年过百岁，唐太宗李世民亲自去慰问他，并向他讨教长寿的方法和饮食等习惯，最后还授予他"朝散大夫"职务，而朝散大夫乃五品荣誉职务，这当然是对古代"存问高年"制度的一种继承。贞观十一年（637），李世民下旨，由政府买单，给所有百岁以上的老人每人配备五名服侍人员。甄权是唐初的名医，尤其善于针灸治疗法，他生于南朝，到唐太宗时去世，享年一百零二岁。在他去世之前，唐太宗到洛阳考察，亲自到他家去拜访。贞观十九年（645），唐太宗巡幸河南孟州，刚好当地有一位百岁的女寿星，李世民亲自前往她家，慰问并赏赐粟帛等物质生活用品。甚至平棘县（今河北赵县）有一位叫张道鸿的老人，当时都一百四十六岁了，太宗当然也在巡幸时亲自去他家看望了一番。

唐太宗在位时，共颁布养老诏令二十八次之多，其中在各地巡幸的过程中探望老者并同时颁布养老令的情况，多达十七次。除了慰问老人，唐太宗六次设宴款待老人。如贞观十一年正月，在玄武门宴请首都长安城的老人；贞观十二年二月，宴请洛阳的老人；同年五月宴请岐州（今陕西凤翔县）的老人。

唐玄宗时期所颁发的养老诏令也多达二十一次。当时徐州一个名为王希夷的隐士，七十多岁的时候，当地刺史（唐代地方最高行政长官）前去拜访他，并询问为官之道。他告诉刺史，牢牢记住孔子"己所不欲，勿施于人"这句话就足矣。到了唐玄宗东巡，经过徐州等地之时，王希夷已经高寿九十六岁，玄宗派人把他请到行宫，再让宦官扶着他走进去，与玄宗面谈。据传，两人交谈甚欢，传为一时佳话。之后，王希夷被唐玄宗封为五品"朝散大夫"和"国子博士"。

明清时期，皇帝亲自要求地方官存问老人的事迹很多。如洪武十九年（1386），明太祖下诏，命令地方官慰问当地的寿星。这个诏书中的寿星分为两类人，一是八十岁以上的普通百姓，二是八十岁以上的退休官员。

对于普通老人，明朝的存问制度是一以贯之的。永乐二十二年（1424），朝廷下令全国各地官员都要寻访八十岁以上的老人。宣德十年（1435）春，明英宗刚刚继位，就大赦天下，其中的内容就包括要求各级地方官员要对八十岁以上的老人加以"存问"。接着，明英宗再次连续两回重申这项诏令。明代皇帝在出巡时，也常存问老人。永乐七年（1409），明成祖朱棣出宫巡狩（皇帝到地方访问）同时，下令礼部派遣使者存问沿途州县的老人，并且八十岁以上的赐给酒肉，九十岁以上的加赐丝帛。同年年底，朱棣在北京郊区祭告天地之时，再次命令监察官存问皇帝所经过之地的老人。万历十年（1582），皇帝派遣中央官员到各地拜访和慰问高寿之人。

与普通老人以年龄上的"优势"获得存问不同，八十岁以上退休官员的存问则更多是因为他们的地位和身份。成化七年（1465），原南京礼部尚书魏骥九十八岁，因德高望重，为乡里楷模，明宪宗特派官员去他老家宣旨慰问。之后，弘治年间的礼部尚书王恕、正德年间的户部尚书韩文、嘉靖年间的大学士毛纪、隆庆年间的户部尚书马坤、万历年间的吏部尚书申时行、崇祯年间的南京工部尚书等人，在退休之后，都获得皇帝遣使存问的特殊待遇，皆为一时之盛举。

清代甚至将地方官存问老人列入法律中。《大清律例》规定，老人九十岁以上者，地方官要不时存问。总之，古代的帝王把参拜老者作为一项重要的养老尊老举措，虽然有很大的作秀嫌疑，但在皇权绝对第一的帝制时代，统治者的这种亲民爱民之举，的确可以为普通老人带来当家做主人的感觉。

第十六章　不孝之罪

孟子谈孝，故著有《孝经》，同时又强调『三不孝』的过错。中国古代最早将不孝作为罪状列入刑法是在秦汉时期，最严重的可以弃市。此后，不孝被统治者列入重罪十条之一，一直延续到清代。朝廷为了鼓励尽孝，对报杀父母之仇而违法者，通常采取支持的态度。

一、三不孝

所谓"三不孝"，最先是由孟子提出来的，孟子有"不孝有三，无后为大"的说法。但孟子并没有说三不孝中的另外两种不孝是什么。到了汉代，赵岐在为孟子做注释时，才有"阿意曲从，陷亲不义，一不孝也；家贫亲老，不为禄仕，二不孝也；不娶无子，绝先祖祀，三不孝也"。

第一不孝是"阿意曲从，陷亲不义"

虽然孟子并没有直接说"阿意曲从，陷亲不义"这句话，但实际上，后人基本上仍将此话视为是孟子的观点。那么，赵岐到底是看到了我们没有看到过的孟子所说的话，还是赵岐凭着自己的理解而生造的这么一种解释，我们就不得而知了。不过，我们有必要先看一看赵岐这个人。"赵岐，字邠卿，京兆长陵人也。初名嘉，生于御史台，因字台卿，后避难，故自改名字，示不忘本土也。岐少明经，有才艺，娶扶风马融兄女。融，外戚豪家。岐常鄙之，不与融相见。仕州郡，以廉直疾恶见惮。"在学术上，赵岐可不是一般的人物，他曾做过"孟子博士"。至于汉代是否设过"孟子博士"一职，学

术界存在着争议，朱熹的意思就是，汉朝除了有个五经博士外，没有设过其他的博士。不过，清朝杰出的考据学家阎若璩则持相反的态度，他以为，这个赵岐，正是孟子博士，"岐多所述，作《孟子章句三辅决录》，传于世"。也就说，在汉代，赵岐对孟子是最有发言权的。赵岐在序言中，也提到说，孝文帝曾经设过《论语》《孝经》《孟子》等博士，看来并非虚传。

那么，赵岐突然提出了这么个"阿意曲从，陷亲不义"，是否有根据呢？这句话实际上就是《孝经》中"诤谏"章的另一种说法而已。《孝经》中"诤谏"章第十五：

曾子曰："若夫慈爱恭敬，安亲扬名，则闻命矣！敢问子从父之令，可谓孝乎？"子曰："是何言与！是何言与！昔者天子有争臣七人，虽无道，不失其天下；诸侯有争臣五人，虽无道，不失其国；大夫有争臣三人，虽无道，不失其家；士有争友，则身不离于令名；父有争子，则身不陷于不义。故当不义，则子不可以不争于父，臣不可以不争于君。故当不义，则争之，从父之令，又焉得为孝乎？"

将《孝经》与赵岐的解释对照一下，其实很简单，赵岐就是拿《孝经》的诤谏章中的"父有争子，则身不陷于不义"来作为所谓的三不孝中的第一不孝。

第二不孝是"家贫亲老，不为禄仕"

孟子在其他地方，提出过相似的说法，如《孟子·万章》中有："孝子之至，莫大乎尊于亲；尊亲之至，莫大乎以天下养。为天子父，尊之至也；以天下养，养之至也。"同在《孟子·离娄下》中，孟子有"五不孝"的说法，孟子采取了列举的方式，列出了五种不孝的行为："惰其四肢，不顾父母之养，一不孝也。博弈好饮酒，不顾父母之养，二不孝也。好货财，私妻子，不顾父母之养，三不孝也。从耳目之欲，以为父母戮，四不孝也。好勇斗狠，以危父母，五不孝也。"看看这前面三种不孝，就知道，孟子是非常重视在物质上孝养父母的，孟子在这里所列举的前三种"不孝"，正是直接与物质奉养有关的。

第三不孝是"不娶无子，绝先祖祀"

这是其中最为重要的，也是后世谈论最多的。有关这一点，也是后人最为感兴趣的事。不过，要弄清这个问题，不可断章取义，先将这句话的后半部也引出来看一看："舜不告而娶，为无后也。君子以为犹告也（舜惧无后，故不告而娶。君子知舜告焉，不得而娶，娶而告父母，礼也。舜不以告，权也。故曰：犹告，与告同也）。"此处所引的这段话，既有孟子的原话，也有后来的注疏。后人对于这句的理解，实在是五花八门，有的人的解释让人看后反而更加不知所云。以下，我们来综合各种解释，看这句话到底说的是什么意思。舜结婚较晚，当时已经三十岁，原来部落时期的人，这样的年龄才结婚，当然是晚了一些的。《诗经·齐风》之"南山之篇"有"娶妻如之何，必告父母"之说，可见，结婚得取得父母亲的同意。那么，舜结婚却不告诉父母，当然是无礼的。作为尧的继承人，舜当然明白这个简单的道理，那么，舜为何又不将自己结婚一事告诉父母亲呢？尧有九子二女，要将两个女儿娥皇、女英同嫁给舜，舜没有将此事告诉父母，有人以为是因为"舜父顽母嚚，常欲害舜，告则不听其娶，是废人之大伦，以怨怼于父母也"。这当然算得上是一种解释。舜在当时陷于一种两难的境地，若将自己的婚事告诉父母，父母会反对，若不告诉父母，又不合当时的礼制。所以，千百年来，对"舜不告而娶"这句话的解释，是不知所云。至于那句"为无后也"，解释倒是较为一致，意思是说，不结婚，就没有后嗣。没有后嗣，也就没有祭祀的人，这在先秦是很严重的事情。这一点与当时祭祀的习惯有着密切的关系，"其诸侯守宗庙社稷之大，其事尤重。故圣人制礼，使一娶九女，广其继嗣，生生不绝，永可以守宗庙社稷之祀，而不废也"。所谓的"君子以为犹告也"，这句话有为圣人讳的嫌疑，就是说，一般人若是将结婚

不孝之罪

这样重大的事都不告诉父母亲的话，是绝对违反礼制的，但既然舜这样的伟大人物这样做了，那只能给他一个合理的解释，那就是舜虽然没有将结婚一事告诉父母亲，但仍算是告诉了。

至于孟子在谈到无后为大不孝时，何以要以舜为例来说明，这有必要进一步探讨，最主要的是要弄清当时的背景。因为，我们现在见到的解释，多很牵强，尤其是宋朝人的解释，掺杂了太多的理想成分。

舜在婚姻一事上，由于与父母之间的意见不一，成了后人探讨他孝与不孝的焦点，以至于引出了许多的误解。但舜是中国传统的二十四孝中的第一孝子，有帝舜"孝感动天"的说法。故宋林同有诗曰：

舜

孩提知所爱，妻子具而衰。

大孝终身慕，予于舜见之。

在关于舜的孝的问题上，我们知道在舜一生之中，有两个时期：一是在舜三十岁时，舜结婚当不当告诉父母，这是上面已经谈到的；还有就是，舜年五十岁时，舜思念父母亲。这第二件事，就是我们常常说的"孝感动天"故事中的孟子与他的两个学生万章、公明高，三个人在议论舜与父母之间的关系的问题。这段文字中，透露出了舜的父母与舜之间，可能因为舜的婚姻的问题，带来了家庭的不和。这就涉及舜孝敬父母的问题，至于舜在年三十时，娶妻没有征得父母的同意，但舜仍然不失为一个大孝子。舜年"五十而慕者"，也就是说，舜一直在思念着父母亲，所以才有万章的"舜往于田，号泣于旻天"的说法。

舜今天虽然被我们奉为圣人，但他的家庭生活是很不幸的。舜的父亲叫瞽叟，也就是说是个瞎子，是当时部落的巫师。舜的一家都想着如何杀掉舜，尤其是舜的父亲瞽叟几次想杀掉舜，但都失败了。瞽叟让"舜上涂廪，瞽叟从下纵火焚廪。舜乃以两笠自扞而下，去，得不死。后瞽叟又使舜穿井，舜穿井为匿空旁出。舜既入深，瞽叟与象共下土实井，舜从匿空出，去"。从这些记载看来，舜每次都幸运地逃脱了。虽然舜一家人都想着谋害他，但舜仍然思念着父母亲的养育之恩，这也难怪后来将舜列为二十四孝中的第一孝子了。

二、不孝鸟鸱枭

动物通情，也有孝与不孝之分。古人将自己的情感寄托在动物身上，于是，自然界有了"孝鸟"与"不孝鸟"之分。

鸱枭（猫头鹰）是不孝鸟。中国古人有万物有孝的说法，前面已经谈到这一点。除了人之外，动物之中，孝的代表就是乌鸦。同时，古人也发现了动物中一个不孝的典型，那就是鸱枭。宋代，元城人王令，曾写过一首诗，他将孝鸟乌鸦和不孝鸟鸱枭，写在同一首诗中，作为对照，名《乌鸱》，此诗收录在他的文集《广陵集》卷11中：

雄乌无空冲，雌乌无定飞。

一巢不易成，两口千柴枝。

已高惧风颠，已下忧人窥。

欲集更自翔，既安复重移。

乌巢又生乌，复哺犹可期。

鸱枭亦有巢，母死子后飞。

呜呼造物者，于此竟谁尸。

此诗中赞扬了乌鸦对母亲的反哺，同时，也表现出了对鸱枭食母的

谴责。

那么，这种令古人深恶痛绝的不孝之鸟，到底是什么鸟呢？"枭，恶鸟，又名不孝鸟，旧称枭生子以百日，及子长生羽翼，则食母而飞。故古以春祠，用枭祀。黄帝遇至日，则磔枭，悬首于木。说文：谓古制枭字，即以鸟头絓木上，为义惩其恶也。则此哲妇为枭，是恶鸟，非恶声之鸟，恶声鸟是鹗，即鸥鹗，不是枭，鹗与枭两物，不得错认。下文长舌字，以妇之长舌，诬坐鸟也。且枭与鸥，不连名，枭鸥自旧儒作释鸟书者，多鹘突不能分别，每以枭、鸦、鸥三物，混立名色，因有茅鸥、怪鸥、枭鸥、"鸟鸥诸名，致名此枭为枭鸥，别名土枭。"这种解释就像前面谈到过的古人对乌鸦的解释一样，使人难以理解。不过，倒是《五杂俎》给了一个解释，应当最为符合现代人的习惯，它解释说："猫头鸟，即枭也。"绕了一些弯子，终于算是将枭解释清楚了，不过，由于语言的模糊性，在具体的语言中，还得具体地理解才是。

说枭是不孝鸟，就是因为枭长大之后，就将母枭给吃掉。故枭的名声极坏。古人为了表示对鸥枭的不满，就有了吃枭鸟的习惯。贾谊作有《鹏鸟赋》，称鸥枭的"肉甚美，可为羹臛，又可为炙"。汉朝有捕杀枭而食之的说法，通常是在夏至日，赐百官枭羹。且解者云，夏至微阴，始起长养万物，而枭害其母，因以是日杀之。乃《说文》又云：枭食母，不孝，故冬至捕杀枭，首绝其类。许慎也觉得奇怪，何以汉朝人的记载互相有冲突，"汉人不应与汉仪，反岂汉制两至，皆杀枭，而说不厌烦，故两书各记其一"。当然，还有一种说法，古人吃枭的目的，并非是枭的肉肥美，而是因为枭鸟不孝，要将枭给吃光，"本恶鸟，欲绝其类"。《晋书》中有王羲之好鹗炙的记载。

明朝周王朱橚，太祖朱元璋的第五子，初封吴王。洪武十一年改封周，十四年就藩开封。他著述有《普济方》一书，在卷99中，有将枭入药的记载，其中有处方叫"铅丹丸"，治风癫，症状是此病发作时吐涎，起卧不定，及大小便不能知觉，药方中就有将一枚鸱枭头烧为灰入药。在同书的卷100中，有一个处方叫做"神应丹"，此方治诸风心痛病，配方中，就要有一个鸱枭。李时珍在《本草纲目》中有将鸮的眼睛入药的记载，所谓"鸮目，吞之令人夜中见物"。看来，古人对猫头鹰的认识是较深的。

无论哪里出现了鸱枭，就不吉利，大到可以亡国，小到可以破家，古人尽可能地避开鸱枭，并想出了一些办法来对付鸱枭。据《南史》记载，侯景入台城时，在昭阳殿廊下居处，常有鸺鹠鸟鸣呼，侯景很是讨厌这些鸱枭，就叫人穷山野捕。《神仙传》中记载有"符奏鸟死"的故事，说有个叫尹轨的人，字公度，有人奇怪鸟鸣其屋上者，就告诉公度，公度为一奏符放在鸟鸣处，其夕鸟伏符下。看来，道家的符篆是对付鸱枭的最为有效的办法了。据《岭表录异》记载："北方枭，人家以为怪，共恶之。南中昼夜飞鸣，与鸟鹊无异。""闽人最忌之，云是城隍摄魂使者，城市屋上有枭，夜鸣必主死丧。然近山深林中，亦习闻之，不复验矣。好事者伺其常鸣之所，悬巨炮枝上，以长药线引之，夜然其线，枭即熟视良久，炮震而陨地矣。此物夜拾蚤虱，而昼不见丘山，阴贼之性。即其形亦自可恶也，古以午日赐枭羹，又标其首以木，故标贼首，谓之枭首。"

古人在诗文中谈到鸱枭时，往往充满了憎恨的情感。元代余姚人岑安卿撰有《栲栳山人诗集》，在卷中有诗《正月闻鸮有感》："恶人恒多善人少，春来未省听啼鸟。惟有鸱枭最恼人，聒聒五更鸣到晓。鸱枭鸱枭尔何为，万人怪汝千人讥。更有王孙金弹丸，绕林逐尔将安归。"诗中表现了一般人见到鸱枭就会驱赶的那种心态。在有关鸱枭的诗文中，最为著名的恐怕是贾谊的《鹏鸟赋》了，此赋常常为后人提及。贾谊为长沙王太傅三年，有鹏飞入贾谊住的宿舍，止于坐隅。鹏似枭，不祥鸟也。谊既以谪居长沙，长沙卑湿，谊自伤悼，以为寿不得长，乃为赋。以自广其辞曰：

单阏之岁，孟夏庚子，鹏集予舍，止于坐隅。貌甚闲暇，异物来萃，私

怪其故，发书占之。谶言其度曰：野鸟入室，主人将去。请问于鹏，予去何之。鹏乃叹息口不能言，请对以臆曰：万物变化，固无休息，斡流而迁，或推而还沕穆无穷，胡可胜言。斯游遂成，卒被五刑。傅说、胥靡乃相武丁，夫祸之与福何异。纠缨命不可说，孰知其极云。蒸雨降纠错相纷，大钧播物，块圠无垠。且夫，天地为炉，造化为工，阴阳为炭，万物为铜，合散消息，安有常则。

贾谊本来是个多愁善感的人，他对自己被流放到荒野长沙本来就非常敏感，偏偏在闲坐之时，飞来了一只鸱枭，于是，他就与这只鸱枭进行了对话，这只不祥之鸟的到来，甚至于使贾谊想到自己命运的不济。几十年之后，西汉另一位文学家孔臧，杰出经学家孔安国的弟弟，也写了一篇《鸮赋》：

季夏庚子，思遁静居，爰有飞鸮集我屋隅，异物之来，吉凶之符，观之欢然。览考经书，在德为祥，弃常为妖，寻气而应天道，不踰昔在贾生，有识之士，忌兹鹏鸟，卒用丧已。咨我令考信道，执真变怪，生家谓之，天神祸福无门，唯人所求，听天任命，慎厥所修，栖迟养志，老氏之俦。时去不索，时来不逆，庶几中庸仁义之宅，何思何虑，自令勒剧。

孔臧与贾谊一样，也是在夏日闲居之时，飞来了鸱枭。不同的是，孔臧这里飞来的是一群鸱枭，孔臧非常重视，先是查看了经书，接着又翻看了贾谊的《鹏鸟赋》。不过，孔臧与他祖上孔子一样，不太相信宿命论，当然就不相信鸱枭会带来坏运气，人生是祸是福，得听天由命。

古人常常将鸱枭与凤凰等鸟互相比较，若是凤凰出现，则是天下太平的象征，值得喜庆。若是鸱枭现身，那就是不祥之兆，甚至于影响到政治上的决策。齐桓公曾想举行封禅仪式，管仲就说：今凤凰、麒麟不来，嘉穀不生，而蓬蒿藜莠茂，鸱枭数至，而欲封禅，毋乃不可乎！于是，齐桓公只有打消了封禅的念头。据说黄帝用破镜来制服鸱枭，至于破镜，后人的解释是兽名，食母，形如貙而虎眼。《蜀地志》中所说的黄腰，与之近似，兽鼬身，狸首，生子长大能自活，则羣逐其母，令不得归，形虽小，能杀牛鹿及虎。通常的情况是，若政治清明的话，那就不会有鸱枭出现，如《拾遗记》曰：尧在位七年，鸱枭逃于绝漠。又据《水经注》载，曾子居曲阜，鸱枭不入城郭。子产治理郑国时，当时是蒺藜不生，鸱枭不至。

三、不孝者弃市

出土的文物给我们提供了古代一些珍贵的法律资料，如在汉墓竹简中就有"不孝者弃市"的规定，从中可以看出古代对不孝的界定及处罚措施。

《周礼》中"不孝之刑"的记载

先秦典籍，在鼓励孝的同时，也开始谴责不孝的行为，但不孝尚没有作为罪状。如《尚书·周书·康诰》，此篇是周公告诫其弟弟康叔的一段话。康叔当时代替周王统治武庚叛乱之地，周成王对原来殷之遗民进行了谴责："王曰：封原恶大憝，矧不孝不友，子弗祗服厥父事，大伤厥考心。"这里，周成王对康叔说，像殷这类遗民，实在是有大罪恶，更何况，他们是不孝不友。为人子，却不能敬行父亲之事，大大伤害了他们父亲的心。《周礼·地官上》："以乡八刑纠万民，一曰不孝之刑。"这就是所谓的《周礼》中的八刑之说，这八刑中的第一刑，就是"不孝之刑"。曾子关于孝的说教很多，除了《孝经》之外，他有所谓的"三孝"说，而在《礼记·祭义》中有曾子的"五不孝"说："居位不庄，非孝也；事君不忠，非孝也；莅官不敬，非孝也；朋友不信，非孝也；战阵不勇，非孝也。"显然，这些都是采取列举的方式，将不孝的具体行为一一举出来。总体上，先秦有关于不孝的言论，但尚未正式成为法律。《春秋公羊传·文公十六年》中有"冬十有一月，宋人弑其君处臼"。后来何休是这样做注的："无尊上，非圣人，不孝者，斩首枭之。"应当说，春秋之时，下犯上的情况是很多的，但对这些犯上者处以枭首之刑，恐怕是秦汉以来的注家的想法了。

到了秦朝，不孝正式写入了法律，并处以重罪。作为始皇的丞相吕不韦，著有《吕氏春秋·孝行》，这应当可以视为秦朝法律思想的一部分，其中有引《商书》话："刑三百，罪莫大于不孝。"秦时已将不孝罪入律，秦律有"殴大父母（祖父母），黥为城旦春""今殴高大父母（曾祖父母），可（何）论？比大父母"的说法，这是中国古代正式承认不孝是罪状之一。

赵高矫秦二世胡亥诏书，赐死秦始皇的长子扶苏时，所用的理由便是说扶苏为人子不孝，蒙恬为臣不忠。据《史记》卷 87 载，赵高矫诏书，历数扶苏和蒙恬的罪状："今扶苏与将军蒙恬将师数十万以屯边，十有余年矣，不能进而前，士卒多耗，无尺寸之功，乃反数上书直言诽谤我所为，以不得罢归为太子，日夜怨望。扶苏为人子不孝，其赐剑以自裁，扶苏受诏自裁，将军恬与扶苏居外不匡正，宜知其谋为人臣不忠，其赐死。"可见，秦时，不孝是重罪，可定死刑。

1975 年出土的湖北云梦县睡虎地秦墓竹简中就有关于不孝行为而被告发的案例。其中的《法律问答》有："免老告人以为不孝，谒杀，当三环之不？不当环，亟执勿失。"免老是指超过 60 岁（有爵位的为 56 岁）的老人。免老以不孝罪告发，当请求制裁犯罪者的时候，官府可以不经过三环（原）的手续就可以直接捕捉犯罪嫌疑人。又《封诊式》"告子条"有："爰书，某里士五（伍）甲告曰：甲亲子同里士五（伍）丙不孝，谒杀，敢告。即令令史已往执。令史已爰书：与牢隶臣某执丙，得某室。丞某讯丙，辞曰：甲亲子，诚不孝甲所，毋（无）它罪坐。"意思是说，若是做父亲的告发儿子不孝，并提出要求杀死儿子，官府在调查之后，认为做儿子的确实不孝敬父亲，也就是说调查的结果肯定了原告提供的不孝是事实，官府通常会同意父亲的请求。另外，秦律中有"非公室告"的规定，即"子告父母、臣妾告主，非公室告，勿听。可（何）谓'非公室告'？（子盗父母）主擅杀、刑、髡其子、臣妾，是谓'非公室告'，勿听。而行告，告者罪。告者罪已行，它人有（又）袭其告之，亦不当听"。这条规定看上去确实让人感到不公平，原因是对于子女告父母，下告上等行为，官府可以不予受理；若是原告不服，要强行上告，则上告的可能因此获罪。商鞅变法时，在秦国实行邻里连坐制度，鼓励告奸，但对子女告父母等行为，商鞅则采取保留的态度。秦朝对不孝罪的惩处是非常严厉的，睡虎地秦墓竹简为我们提供了直接的证据，据《封诊式》的"迁子条"中就有："士五（伍）咸阳才（在）某里曰丙，坐父甲谒鋈其足，迁蜀边县。令终生毋得去迁所，论之。迁丙如甲告，以律包。今鋈丙足……"这句话的意思是说，父亲状告儿子不孝，并提出了要将不孝的儿子断足，远迁到蜀地，要求儿子终生不得返回。最后，官府就是按照父亲的要求来处理他的不孝的儿子的。

（一）刘爽因不孝而被弃市

入汉之后，以不忠、不孝而获死罪的，首先在王室内部开始。汉武帝时，淮南王刘安，即是以谋反罪而被迫自杀，国被降为九江郡。淮南灭国之后，衡山国顿时紧张起来了，内部争夺王位也日益激烈。衡山王锡先是立刘爽为太子，后又废太子爽而改立刘孝为太子："乃使人上书请废太子爽，立孝为太子。爽闻，即使所善赢之长安上书，言衡山王与子谋逆，言孝作兵车锻矢，与王御者奸。至长安未及上书，即吏捕赢，以淮南事系。王闻之，恐其言国阴事，即上书告太子，以为不道。事下沛郡治。"然而，太子刘孝因与淮南国之间有牵连，汉武帝乘此机会将淮南国一举给灭掉了，淮南王刘安被迫自杀，太子则因坐与王御婢奸，后弃市。而衡山国的前废太子刘爽的命运，似乎有些冤枉，要说谋反的话，应当与刘爽无关，刘爽因被废而不满，到长安去告状，最终还是被废了太子的位置。汉武帝要是杀掉刘爽，还真的找不着理由，问题就出在这里，汉武帝的处理方法是："太子爽坐告王父，不孝，弃市。"原来，汉武帝是以刘爽告发自己的父亲刘锡这一事实作为不孝的依据，杀掉了刘爽，这样，汉武帝达到了灭掉衡山国的目的。看来，不孝可以当作莫须有的罪名来使用。

（二）汉墓竹简中有"不孝者弃市"的规定

地下出土的文物，也给我们提供了汉代一些珍贵的法律资料，从中可以看出汉代对不孝的界定及处罚措施。出土的《张家山汉墓竹简·奏谳书》中就有此类记载。

《张家山汉墓竹简·贼律》对子女杀父母的定罪，都有着很细的规定，如："子牧杀父母，欧（殴）詈父母，父母告子不孝，其妻子为收者，皆锢，令毋得以爵偿、免除及赎。"《告律》中则称："杀伤大父母、父母，及奴婢杀伤主、主父母妻子，自告者皆不得减。子告父母、妇告威（婆婆）公，奴婢告主、主父母妻子，勿听而弃告者市。"可知，杀害、殴伤、辱骂父母、祖父母的，最重的有可能被处以死罪，处罚是非常严厉的。

"（汉景帝）三年冬十二月，诏曰：襄平侯嘉子恢说不孝，谋反，欲以杀嘉，大逆无道。其赦嘉为襄平侯，及妻子当坐者复故爵，论恢说及妻子如法。"以上是汉景帝的一个诏令，景帝何以会赦免一个要谋反叛大逆不道的人，这显然是不正常的。这得先说明这个诏令的背景，才能弄清其中的缘由。这个襄平侯是在高祖刘邦的时候就封了的，高祖于功臣以父死节，封其子者三人，一纪通，以父成战死好畤；一高景侯周成，以父苛守荥阳，骂项王死事；一高梁侯郦疥，以父食其说齐王死事。也就是说，受封襄平侯的第一个人是纪通，他是因为父亲的功劳而受封的。这里的纪嘉，就是纪通的儿子。但是，这又出了一个问题，就是《汉书》中并未提到说纪通有个儿子叫纪嘉的，纪通倒是有个儿子叫纪相夫的，正因为这一疑问无法解释，所以有人以为这个纪嘉就是纪相夫，可能是纪相夫改名为纪嘉了。纪嘉的儿子叫纪恢，就是纪恢，他到汉景帝那里去告父亲，说父亲纪嘉不孝敬父亲纪通，而且还打算谋反。这样的罪状，哪怕是其中的一项，就是死罪，但景帝很宽容，赦免了纪嘉。据颜师古的解释是，纪恢对父亲纪嘉有私怨，于是就告父亲纪嘉不孝、谋反。所以，最后的结果是，有人就提出来，要将纪恢按照不孝、叛大逆的罪状来执行。

景帝在位时，还有一起王室内部因权利之争，最后闹到皇帝那里，告发的理由同样是不孝。事情的经过是这样的：常山宪王刘舜死后，其子刘勃继位。这个刘勃有个异母弟弟刘棁，双方的关系极其紧张，刘勃做了常山宪王后，就是不分财产给刘棁。于是，刘棁就将刘勃告到了皇帝那里，刘棁说："自言宪王病时，王后、太子不侍。及薨，六日出舍。太子勃私奸、饮酒、博戏、击筑，与女子载驰环城，过市入狱视囚。天子遣大行骞验问，逮诸证者，王又匿之。吏求捕勃，使人致击笞，掠擅出汉所疑囚。有司请诛勃。"像这种在父亲死后还在丧期之内的，且通奸、饮酒的，最高可以处以死刑，且当时的官府确实是准备诛杀刘勃的。好在这时宪王王后修出来替刘勃说话了，她上书给皇帝说："修素无行，使棁陷之罪。勃无良师傅，不忍致诛。有司请废勿王，徙王勃以家属处房陵。"王后修承担了责任，并提出了一个折中的解决方案，就是废掉刘勃的王位，将他一家迁走。最后，皇帝就是按照宪王王后修的建议处理的。《汉书》卷47中，载有汉武帝时梁平王家内争之事，治罪的缘由也是因不孝而起。"又王（梁平王）及母陈太后事李太后（梁平王祖母）多不顺，有汉使者来，李太后欲自言，王使谒者中郎胡等遮止，闭门，李太后与争门，措指……不得见汉使者。（元朔年间有人上书告）

天子下吏验问，有之。公卿治，奏以为不孝，请诛王及太后。天子曰：朕不忍致法。削梁五县，枭任后首于市。"事情都因这个任太后而闹得家庭不和，汉武帝的意思是尽可能地不将事态扩大，但仍下诏书处死了任太后，而这个任太后，是最得梁平王的宠爱的，这应当是对梁平王的一种警告。

（三）刘贺因不孝，只做了二十七天皇帝就退位

以上举的几个例子，都是王国的事情，但朝廷发生了一事，也许更能说明问题之所在。汉武帝之后，是汉昭帝。昭帝死，汉武帝的孙子、昌邑哀王的儿子刘贺即位，这是一个新的皇帝，然而这个皇帝在汉代的纪年表中是看不到的。这个刘贺一即位，就行淫乱。当时是霍去病的弟弟霍光当政，霍光与大司农田延年商量对策，最后决定向皇太后请示。要知道，在一个皇帝即位之后，再将他废除，这是没有先例的，除非采取非常手段，如暴力等方式。于是，由霍光牵头，共计三十六位朝中大臣，联名向皇太后上书，此书的片段保存在《汉书》中：

臣敞等顿首死罪。天子所以永保宗庙总一海内者，以慈孝、礼仪、赏罚为本。孝昭皇帝早弃天下，亡嗣，臣敞等议，礼曰"为人后者为之子也"，昌邑王宜嗣后，遣宗正、大鸿胪、光禄大夫奉节使征昌邑王典丧。服斩衰，亡悲哀之心，废礼谊，居道上不素食，使从官略女子载衣车，内所居传舍。始至谒见，立为皇太子，常私买鸡豚以食。受皇帝信玺、行玺大行前，就次发玺不封。从官更持节，引内昌邑从官驺宰官奴二百余人，常与居禁闼内敖戏。自之符玺取节十六，朝暮临，令从官更持节从。为书曰："皇帝问侍中君卿：使中御府令高昌奉黄金千斤，赐君卿取十妻。"大行在前殿，发乐府乐器，引内昌邑乐人，击鼓歌吹作俳倡。会下还，上前殿，击钟磬，召内泰壹宗庙乐人辇道牟首，鼓吹歌舞，悉奏众乐。发长安厨三太牢具祠阁室中，

祀已，与从官饮啖。驾法驾，皮轩鸾旗，驱驰北官、桂宫，弄彘斗虎。召皇太后御小马车，使官奴骑乘，游戏掖庭中。与孝昭皇帝宫人蒙等淫乱，诏掖庭令敢泄言要斩。

显然，这个新皇帝在服丧期间，不但无悲哀之心，还做淫乱之事，这些显然违背礼制的事，激怒了朝中大臣。就是这个刘贺，只做了二十七天的皇帝，就被皇太后逼迫退了位。最后的处理结果是，群臣奏言："古者废放之人屏于远方，不及以政，请徙王贺汉中房陵县。"太后诏归贺昌邑，赐汤沐邑二千户。昌邑群臣坐亡辅导之谊，陷王于恶，光悉诛杀二百余人。看来，皇太后对这个刘贺还算得上是客气的，倒霉的是昌邑王的臣仆，因为他们没有辅佐好昌邑王，几乎全被诛杀。

四、不孝罪位列十恶

前面已经谈到了不孝之罪，在秦朝就已经被列入了法律，将不孝列为重罪加以处罚。自北齐有了重罪十条，其中就有不孝之罪。隋朝正式有了十恶的罪名，不孝之罪位列其中。唐朝将不孝之罪列在十恶之第七条。

从北齐到清朝，不孝之罪一直都作为十恶之重罪之一。但唐朝之前的法律条文都已经不见，我们现在能见到的最早的完整的法律条文是《唐律疏义》。在其卷1中就明确地记载了"七曰不孝"：

"谓告言诅詈祖父母、父母及祖父母；父母在别籍，异财若供养有阙；居父母丧，身自嫁娶，若作乐释服从吉；闻祖父母、父母丧，匿不举哀，诈称祖父母、父母死。"

同样的规定，在《明会典》卷127、《大清律例》卷4中，竟是一字不差地记载着，足见历代统治者对重罪十条的认同。

（一）李惟岳因不孝不忠被处死

唐朝以不孝之罪名而处以死刑的，著名人物之中有李惟岳。李惟岳的父亲是李宝臣，其传在《新唐书》卷211中。李宝臣后追随安禄山之子安庆绪而做了恒州刺史。李宝臣死后，其子李惟岳要继承父亲的位置，手下的人推李惟岳为留后，但遭到朝廷的拒绝。之后，李惟岳要田悦代为上奏章请封，但仍遭到朝廷的拒绝。于是，李惟悦就与田悦、李正己等拒命，联手发动叛乱，最后遭到镇压。唐德宗在镇压了李惟岳等人的叛乱之后，曾发布了一个诏书《削夺李惟岳官爵诏》：

此诏书是在唐德宗建中二年（781年）发的，其中有一句话很值得注意，就是"缞绖之中，擅掌戎务，矫陈悃愊，冀邀爵禄，外结凶党，益固奸谋，不孝不忠"。意思是说，李惟岳在父丧期间，就迫不及待地向朝廷求官，按照唐律的规定，父丧期间，得回原籍服丧三年，之后才能够恢复原任，或派他任。若是在父丧期间任职，就是不孝，属于重罪，仅凭这一条，就足可以处以李惟岳的死刑，更别说是谋反了。所以，德宗皇帝将李惟岳处以死刑，是在情理之中的事。在《唐大诏令集》中，李惟岳是我们能够见到的唯一的一个以不孝的罪名被处以死刑的人。

大臣不孝，皇帝可以以不孝之罪诛杀之，若是皇帝不孝，则只能是谴责而已了。宋朝范祖禹，是《资治通鉴》的主要作者之一，他著述有《唐鉴》一书，范祖禹列举了唐朝皇室之中的两个不孝的皇帝，分别是唐太宗、唐肃宗。唐太宗在玄武门之变中杀害兄弟李建成、李元吉，之后逼迫父亲退位，自己做皇帝，这是人尽皆知的事。范祖禹在谈到此事时，最后发表议论说："臣曰：古之贤人守死而不为不义者，义重于死故也。必若为子不孝，为弟不弟，悖天理灭人伦而有天下，不若亡之愈也。故为唐史者书曰：秦王世

民，杀皇太子建成、齐王元吉，立世民为皇太子，然则太宗之罪着矣。"范祖禹参与撰写《资治通鉴》的目的，是为了借鉴历史，而他独立撰写《唐鉴》的目的，同样是为了借鉴唐朝的历史。唐朝还有一个皇帝取得皇位也是颇有争议的，这就是唐肃宗。安史之乱时，唐玄宗率一批文武官员向四川逃窜，当时的皇太子李亨在灵武（今宁夏灵武西北不远处）即位，由于战乱，直到两个月之后，唐玄宗才知道儿子已经即位为皇帝了。等到唐军收复长安之后，唐玄宗一变而为太上皇，李亨做了唐肃宗，入都长安，但父子俩的关系仍很紧张。高力士仍然跟随着太上皇唐玄宗，而李辅国则辅助唐肃宗，在皇帝父子之间制造了许多的矛盾。李辅国因担心太上皇唐玄宗复位，就对唐肃宗说："太上皇居近市，交通外人，玄礼、力士等将不利陛下，六军功臣反侧，不自安。愿徙太上皇入禁。"但唐肃宗当时并没有悟出李辅国的用意。后来，李辅国干脆矫诏，将太上皇唐玄宗的马由 300 匹减为 10 匹，这下激怒了太上皇唐玄宗，但太上皇无能为力，只得对高力士说："吾儿用辅国谋，不得终孝矣。"李辅国的最后一招是，诈言唐肃宗邀请太上皇回宫中，采取强行的方式，将太上皇引入宫中，完全处在唐肃宗的监控之下，最终达到了将太上皇与高力士等人隔开的目的，彻底断绝了太上皇唐玄宗复位的梦想。虽然我们在新旧唐书中没能看到说唐肃宗如何如何，但这些重大的决定，背后若没有唐肃宗的同意，李辅国是没有能力做到的。故范祖禹以为，唐肃宗是为不孝也。"臣祖禹曰：肃宗以皇太子讨贼，遂自立于灵武，不由君父之命，而有天下，是以不孝令也。及其迎上皇于望贤宫，百姓皆注耳目。则辞帝服，避驰道屑屑焉，为末礼以炫耀于众，岂其诚乎？况其终也，用妇言而保奸谋，迁其父于西宫，卒以愤郁而殒，事亲若此罪，莫且临危则取大利，居安则取小节，以是为孝，亦已悖矣。孟子曰：不能三年之丧，而缌小功之察，放饭流歠而问无齿决，其肃宗之谓乎。"范祖禹对唐肃宗的不孝行为，一一列举，严词批评，是有道理的。

以上我们在探讨唐代不孝之罪时，似乎多与政治目的有着很密切的关系，虽然确实有人因为是不孝之罪而被处以死刑，但多是数罪并罚，不孝之罪更多是处罚的借口而已。不过，到了宋代，情况发生了变化。宋代，大臣对不孝之罪的议论，已经具有普遍性，成为日常政治生活的一部分，稍有不慎，就会遭到弹劾，因此而丢官的不在少数，党派之间的争论，也多借此为手段。

以下，照例先从皇室开始，从中可窥见一斑。当英宗皇帝病重之时，对太后有不逊之语，一时间朝廷内关系紧张，太后及一些大臣议论着要废掉英宗。大臣之中只有韩琦、欧阳修出来做工作，要太后谨慎一些，韩琦说："此病故尔，病已必不尔。子病母不容之乎？"欧阳修也乘此劝说太后："今母子之间而反不能忍邪？"几天之后，欧阳修见到了英宗，英宗皇帝说："太后待我无恩。"欧阳修说："自古圣帝明王不为少矣，然独称舜为大孝，岂其余皆不孝邪？父母慈爱而子孝，此常事，不足道。唯父母不慈而子不失孝，乃可称。但恐陛下事之未至尔，父母岂有不慈者。"英宗皇帝大悟，自是不复言太后短矣。欧阳修在此拿舜来做比方，是有道理的。前面我们已经提到过舜帝，即使他的父亲瞽叟多次谋害他，但舜帝仍然是孝敬父母的。

（二）苏轼因诗讽李定不孝，而与王安石关系紧张

北宋一大公案，就是王安石与苏轼之间的关系很紧张的问题。本来，最初苏轼与王安石之间的关系，虽然谈不上好，至少是可以的。有人说苏轼与王安石之间关系紧张，与欧阳修有关，原因是欧阳修与王安石之间关系紧张，而欧阳修是苏轼的老师，当然就影响到了苏轼与王安石的关系。但苏轼与王安石之间，还夹着一个人，这就是李定。李定是扬州人，王安石的学生，王安石变法时，他坚决支持王的变法。然而，就在李定为泾县主簿闻庶

母仇氏死，匿不为服丧时，朝廷下诏追查此事，李定曾上书奏称父年老求归侍养，但就是不提为母服丧一事。李定辩护说，实不知自己是仇氏所生。就是这件事情，御史陈荐曾上疏弹劾李定，苏轼也撰诗讽刺李定，李定遭到降职的处分。但王安石则力举李定改崇政殿说书，马上就遭到史林旦、薛昌朝的驳斥，说"不宜以不孝之人，居劝讲之地"。朝中大员，因为一个人服丧的事，反复上奏弹劾，这在唐代时还是不曾见的，但宋代已经是常事了。苏轼也因此事，与王安石产生过节，此后成了政敌。

（三）茹孝标匿母丧而被废官

庆历二年，韶州曲江人余靖，劾奏太常博士茹孝标不孝，匿母丧，茹孝标因此官被废，自此不曾出仕。蔡襄曾有《上仁宗论谏官好名好进彰君过三说》的奏章，对朝廷任命王素、余靖、欧阳修三人为谏官非常赞赏，认为这三人皆为特立之士。余靖在做谏官之时，确实敢于直言，不失为一个优秀的谏官。他参劾茹孝标不孝，使得茹孝标因此丢了官，事后遭到了茹孝标的报复。事情是这样的：余靖，本名希古，举进士，未预解，荐曲江主簿。这时，王全知韶州，也亦举制科，两人关系密切。当时的知州在查他俩的罪状，但没有证据。王全因为违反了朝廷的有关规定而被杖责二十大板，希古更名靖，取他州解，及第。景祐中，为馆职，为范文正（范仲淹）讼冤获罪，由是知名，范公（范仲淹）参政引为谏官。茹孝标因余靖的弹劾获罪而深恨余靖，正愁着报复余靖，得知余靖冒籍参加科举一事，于是就举报了余靖，余靖也因此丢了官。

仁宗朝还有一事，被后世传为美谈，这就是所谓的"贾废追服"，此事后来成了历史上一个著名的典故。贾黯，字直孺，邓州穰人，擢进士第一。宋朝对地方官有铨选制度，也就是对地方官进行考核，长时间都是走一走形式。就在贾黯判流内铨时，他发现益州推官桑泽（有的地方写作"乘泽"），在蜀三年，不知其父死，及代还铨吏，不为入选。这时，桑泽知道问题的严重性，就回原籍为父亲补丧。等到三年服完丧后，桑泽要求再行磨勘，但贾黯曰：泽与父不通问者三年，借非匿丧，是岂为孝。最终，贾黯没有替桑泽再行磨勘。自此，桑泽废官归田里，再也没能出仕。

（四）胡寅不为亲母服丧而被参劾

宋代名人之中，因为不孝而遭人指责的，恐怕是胡寅了。但是，文献中对胡寅不孝一事，提到的不多，这可能与胡寅的学问做得太好有关。绍兴二十年壬寅右正言章厦奏左承议郎致仕胡寅，指责胡寅不为生母服丧。此事在朝廷中引起了震动。胡寅因为开罪了秦桧，而被贬官外放到新州，而章厦是秦桧的死党，受秦桧的指使，于此时参劾胡寅不为亲母服丧一事。胡寅为人以气节著称，其父胡安国也是朝中名臣，胡寅为何会不明事理，而不为生母服丧呢？胡寅是崇安人，其父胡安国是他的伯父。胡寅出生时，因其母嫌家中男孩多，就将胡寅送给了胡安国抚养。《宋史》对此事的记载非常简单，"寅将生，弟妇以多男欲不举，安国妻梦大鱼跃盆水中，急往取而子之"。章厦为了达到打倒胡寅的目的，在奏章中历数胡寅的罪状：天资凶勃，敢为不义。寅非胡安国之子，不肯为亲母持服，此其不孝之大罪也。寅初傅会李纲，后又从赵鼎，建明不通邻国之问，其视两宫播迁如越人视秦人之肥瘠。后来，梓宫既还，皇太后获就孝养，寅乃阴结异意之人，作为文记，以为今日仕进之人，将赤族而不悟此，其不忠之大罪也。诏寅责授果州团练副使，新州安置。胡寅为了表白自己的无辜，就给秦桧上书，其《寄秦丞相书》在胡寅的文集《斐然集》卷17中，从中可以看出胡寅不为生母服丧事，是事出有因：

胡寅辩白的焦点，是说过继与遗弃是有差别的，如果自己是过继给了伯父胡安国的话，那当然要给生母服丧。但自己是遭到生母的遗弃，自己与生母的养育之恩已绝，故可以不为生母服丧。随后，胡寅举了福建路某官也是如此，他是有先例可作为依据的，没有违反礼法的规定，所以，不为生母服丧，也是有道理的。客观地说，胡寅的辩白是有些牵强的，后来朝廷追查了下来，给胡寅降职的处分，直到秦桧死后，胡寅才复职。

宋代整个社会，对不孝的行为，都是非常敏感的，对于那些具有不孝行为的官员，尤其如此，一经发现，就动辄参劾、降职。明清之时，基本上沿用了宋代的方法，朝廷对不孝者也是严惩不贷，在此不再赘述。

五、孝法冲突，屈法全孝

杀人者偿命，这是自古以来的铁律。不过，对于有杀父之仇而报仇杀死仇人的，则另当别论。有父仇不报，被视为不孝。故报父仇而杀仇人，向来都得到社会、政府的认同。复仇理论，在原始社会就有，在先秦时，逐渐成了一套理论，《大戴礼》有"父母之仇，不与同生；兄弟之仇，不与聚国；朋友之仇，不与聚乡；族人之仇，不与聚邻"。又如，"父者，子之天，杀己之天，与共戴天，非孝子也。行求杀之，乃止故父母之雠，不与共戴天"。所谓的成语"不共戴天"之仇，就是指的杀父之仇。对于因杀父之仇而杀掉了仇人的，政府并非完全不干预，只是在处理这类事时，很大程度上照顾到了社会的习俗。

（一）赵娥为父报仇，被刊石表彰

据孔演《汉魏春秋》的记载，庞济外祖父酒泉赵君安，被同县李寿所杀。后庞济舅舅兄弟三人都相继病死，李寿非常高兴，以为赵家没有男人，无人来报父仇，举家相贺。庞济的母亲赵娥，暗自感伤，杀父之仇无人报，就自己推着车，袖子里藏着刀，寻找杀死李寿的机会，一等就是十年。终于有一天在都亭前遇上了杀父的仇人李寿，就刺杀了李寿。随后，赵娥自己到了县衙，颜色不变，曰："父仇已报，请授戮。"当时的禄福长尹嘉，解印绶纵娥，娥不肯去，遂强载还。正好遇上了大赦，赵娥得以免死。州郡莫不嗟叹，喜其烈义，刊石以表其间。太常张奂嘉叹，以束帛礼之。此事虽然在《后汉书》中没有记载，但应当是真实的。这个嘉叹赵娥的太常张奂，其传在《后汉书》卷95中，他本是敦煌酒泉人，与被杀的赵君安是同乡。

《晋书·孝义传》中，王谈因报父仇，而入传。晋废帝太和年间，吴兴乌程人王谈，年十岁，其父为邻人窦度所杀，王谈阴有复仇之志，但王谈担心被窦度所疑，故寸刃不畜，日夜监视窦度。直到十八岁，扮农人模样，带利刃去街市寻觅窦度，度常乘船出入经一桥下，谈伺度行，还伏草中，度既过，谈于桥上以锸斩之，应手而死。王谈杀了窦度之后，就去自首。有司太守孔岩义其孝勇，列上宥之。后太守孔廞究其义行，于元兴三年，举王谈为孝廉，时称其得人，谈不应召终于家。王谈为父复仇，私自杀掉了窦度，两度被地方官表彰，并被举孝廉，至唐朝时修《晋书》，将王谈的报杀父之仇写入《晋书·孝义传》中，所以，我们有幸看到这个故事。在魏晋南北朝时期的大家族中，也有复仇而免遭处罚的，此事便发生在武康大家族沈氏身上。南北朝之时的浙江武康（今湖州德清），有一个延续了六百多年的大家族，这就是沈氏。为了有别于北方南迁的大家族，如王羲之这类侨姓，史学界就将沈氏这类土著称做是吴姓。然而，沈氏族人中一个名叫沈充的人，在王敦的叛乱中站在了王敦一边。不久，沈充战败，"败归吴兴，亡失道误入其故将吴儒家。儒诱充内重壁中，因笑谓充曰：三千户侯也。充曰：封侯不足贪也，尔以大义存我，我宗族必厚报汝，若必杀我，汝族灭矣。儒遂杀之充，子劲竟灭吴氏"。沈充的儿子沈劲，本当以连坐受诛杀，但同乡人钱举将沈劲藏匿起来，后被赦免。沈劲就将杀害父亲的仇人吴儒的一家给灭了族。这个沈劲，并没有因为报杀父之仇而受到处罚，相反，沈劲后来以忠义著称，其传在《晋书·忠义传》中。

鹿乳奉亲

唐朝时，大臣对复父仇的看法有两种对立的观点，这既表现在皇帝对复父仇的处理上的不同，也表现在大臣在这问题上的对立的看法。《唐律》对复父仇没有具体的规定，这就给具体操作带来了麻烦，在《新唐书》中，共记载复父仇杀人者七人，其中有三人被赦免，四人被处死刑。

（二）张琇因报杀父之仇而被唐玄宗处死刑

我们先来看唐玄宗时一起著名的复父仇的案例。张琇，河中解人。父张审素，为巂州都督，有个叫陈纂仁的人诬陷张审素冒领战功，私自拥兵。唐玄宗对这起告发案产生了怀疑，就下诏叫监察御史杨汪去查明此事。陈纂仁又乘机向杨汪告发张审素与总管董堂礼谋反。于是杨汪收审了张审素，将张审素关押在雅州监狱。董堂礼对此非常气愤，就杀了陈纂仁，率部众七百人将杨汪围住，要求为张审素昭雪。随后，官兵斩董堂礼，救出了杨汪。杨汪就以谋反罪诛杀了张审素，没其家。张审素被杀时，他的两个儿子张琇、张理还小，被徙迁到岭南。数年之后，张氏两兄弟逃走了。杨汪这时改名万顷。张瑝十三岁，张琇十一岁，兄弟二人夜里在魏王池埋伏刺杀万顷。张瑝以刀砍马，万顷一时惊慌失措，被张琇杀死。两兄弟将杀万顷的缘由写在纸上，系在斧头上，然后向案自首。此事惊动了朝廷，最后，玄宗采纳了裴耀卿的建议，下诏杀张琇。张琇在临刑时，面色自如，说："下见先人，复何恨！"众人都感到很可惜，有人在路边上写上谏文，募钱将张琇葬于北邙。因担心仇人挖墓，做了乌假坟。这起张瑝、张琇兄弟二人为父复仇之事，是唐代几起著名的为父报仇案件中较为复杂的一起。事情一开始，唐玄宗就关注了此事，直到最后，朝廷经过反复讨论，唐玄宗下诏书杀掉张琇。但民间的反应是完全不同的，民间对张琇的死，持同情的态度。

（三）韩愈撰《复仇状》

关于复父仇者是否应当承担法律责任，朝中大臣多参与了其中的讨论。目前能见到文章的有韩愈的《复仇状》一文，载于《昌黎集》卷37中。韩愈上此奏章，是因为在元和六年九月富平县人梁悦，为父报仇杀人，自投县，请罪。敕复仇杀人，固有彝典，以其申冤请罪，视死如归。自诣公门，发于天性，志在殉节，本无求生，宁失不经，时从减死，宜决杖一百，配流循州。对于朝廷免予复父仇者梁悦的死刑，韩愈并没有说对或者不对，而是希望朝廷就此事能拿出一个具体的法律条文出来，以便于操作。朝廷之所以在处理复仇之事时处理结果不一，缘于在法律上没有具体的规定，故韩愈的倡议是较为切合实际的。

韩愈议曰：伏以子复父仇，见于《春秋》，见于《礼记》，又见《周官》，又见诸子史，不可胜数，未有非而罪之者也。最宜详于律，而律无其条，非阙文也，盖以为不许复仇，则伤孝子之心，而乖先王之训。许复仇，则人将倚法专杀，无以禁止其端矣。……然则，杀之与赦，不可一例，宜定其制曰：凡有复父仇者，事发具其事，申尚书省，尚书省集议奏闻，酌其宜而处之，则经律无失其指矣。

韩愈提出了一个临时性的方法，如果在现存法律中没有对"复仇"如何处置的条文时，当有人因复父仇而杀人时，由他自己具状，交给尚书省，再由尚书省集议，最后将集议的意见交给皇帝，由皇帝定夺。这就是韩愈的建议。他这样做，既照顾到现行的法律，又兼顾到经书上的记载。

柳宗元撰《驳复仇议》

不过，就在稍后一些时候，下邽人徐元庆父爽为县尉赵师韫所杀，徐元庆变姓名为驿家保。久之，师韫以御史舍亭下，徐元庆手杀之，自囚诣官。就是这个徐元庆复父仇一事，该如何处理，在朝廷引起了争论。当时的左拾遗陈子昂议进言曰："臣闻刑所以生，遏乱也；仁所以利，崇德也。今报父之仇，非乱也；行子之道，仁也。仁而无利，与同乱诛，是曰能刑，未可以训。然则邪由正生，治必乱作，故礼防不胜，先王以制刑也。今义元庆之节，则废刑也。迹元庆所以能义动天下，以其忘生而趋其德也。若释罪以利其生，是夺其德，亏其义，非所谓杀身成仁、全死忘生之节。臣谓宜正国之典，真之以刑，然后旌闾墓可也。"陈子昂的意思是，徐元庆当杀，处死之后，朝廷再表彰其孝行。陈子昂的言论立马遭到了柳宗元的反驳，柳宗元与徐元庆算得上是同乡，他反对将徐元庆处以死刑，柳也进了一状。

柳宗元不愧为散文大家，他从正反两方面驳斥了陈子昂先杀掉徐元庆，再行表彰的说法。柳宗元以为，要么就是杀，要么就是表彰，不存在既杀又表彰。当然，柳宗元最终的目的是希望朝廷推翻前议，赦免徐元庆。

宋朝时，朝廷一般支持为父复仇者

《宋史》中竟然有"太祖、太宗以来，子有复父仇而杀人者，壮而释之"的记载。如《宋史·孝义》卷215的《李璘传》载：李璘，瀛洲河间人。晋开运末，契丹犯边，有陈友者乘乱杀璘父及家属三人。乾德初，璘隶殿前散祗候，友为军小校，相遇于京师宝积坊北，璘手刃杀友而不遁去，自言复父仇，案鞫得实，太祖壮而释之。同传中有《刘斌传》。刘斌，定州人。父加友，端拱中为从弟志元所杀。斌兄弟皆幼，随母改适人，母尝戒之曰：

"尔等长，必复父仇。"景德中，斌兄弟挟刀伺志元于道，刺之不殊，即诣吏自陈。州具狱上请，诏志元黥面配隶汝州，释斌等罪。同样的事情，在宋仁宗皇帝时，单州民刘玉复父仇，杀死了王德，仁宗的处理方式是"帝义之，决杖、编管"。随后的神宗元丰元年，青州民王赟将杀父的仇人断肢首祭父墓。神宗皇帝是"以杀仇祭父，又自归罪，其情可矜，诏贷死，刺配邻州"。不难发现，宋代对复父仇者杀人多持支持的态度，这与唐代有一些不同，故我们在《宋史》中见不到因杀父之仇杀死仇人而处以死刑的记载。

《明会典》卷127中，规定亲属得相为容隐。凡同居，若大功以上，亲及外祖、父母、外孙妻之父母；女婿，若孙之妇夫之兄弟，及兄弟妻，有罪相为容隐；奴婢、雇工，人为家长隐者，皆勿论。若漏泄其事，及通报消息，致令罪人隐匿、逃避者，亦不坐。其小功以下，相容隐及漏泄其事者，减。凡人三等，无服之亲，减一等。若犯谋叛以上者，不用此律。明代法律非常干脆，直接按照亲属关系的亲疏程度，规定必须得为亲者讳，鼓励帮助亲属逃避罪责。

《大清律例》明确规定，复父母之仇者，不得处死刑。清朝的《大清律例》卷28中的条例规定：凡祖父母、父母为人所杀，本犯拟抵后，或遇恩遇赦免死，而子孙报仇，将本犯仍复擅杀者，杖一百，流三千里。一人命案内，如有父母被人殴打，实系事在危急，伊子救护情切，因而殴死人者，于疏内声明援例两请候旨定夺。其或有子之人与人角口，故令伊子将人殴死者，仍照律科罪，不得概议减等。

如果将明朝和清朝的法律进行对照，不难发现，明朝是明文规定亲属之间可以互相祖护，但没有关于复父仇的规定。清律则不一样，明确规定了复父仇者不得处以死刑，只能是"杖一百，流三千里"。这应当是中国历史上最早的关于复父仇的规定了。《清史稿·孝义》卷498中，就记载一起典型的复父仇的案例：

任骑马，直隶新城人。父为仇所戕，死以四月八日，方赛神，被二十八创。骑马时方幼，至七岁，问母，得父死状，恸愤，以爪刺胸，血出。悲至，辄如是，以为常。其仇姓马，因自名骑马。长，虑仇且疑，乃字伯超，诡自况马超也。母欲与议婚，力拒。母死，治葬，且营祭田。年十九，四月八日复赛神，骑马度仇必至，怀刃待于路。仇至，与漫语，指其笠问值，骑马左手脱笠授仇，蔽其目，右手出刃急刺，洞仇胸，亦二十八创乃止。仇妻子至，怖甚，骑马曰："吾杀父仇，于汝母子何与？"乃诣县自首。知县欲生之，曰："彼杀汝，汝夺刃杀之耶？"骑马对曰："民痛父十余年，乃今得报之，若幸脱死，谓彼非吾仇，民不原也。"因袒，出爪痕殷然，见者皆流涕。狱具，得缓决。在狱十余年，知县尝使出祭墓，辞，怪而问之，曰："仇亦有子，假使效我而斫我。我死，分也，奈何以累公？"新城人皆贤之，请于县，筑室狱傍，为娶妻生子。久之，赦出。知县后至者欲见之，辄辞。闻其习形家言，以相宅召，又谢不往，曰："官宅不同于民，若言不利，且兴役，是以吾言扰民也。"既卒，总督曾国藩旌其庐曰"孝义刚烈"。

这个任骑马，得到了官府和社会的广泛的同情，知县想方设法来帮助他，新城人竟然帮他在监狱外娶了一个老婆生孩子。任骑马死后还得到像曾国藩这种朝中大员的表彰，足见当时对复父仇的态度与往朝无异。

第十七章 孝的种类

中国历史上第一个应当谈到的忠臣是夏桀手下的关龙逢，此后，忠臣便不绝于史书。朝廷、国民对于愚忠通常持肯定的态度。对于郭巨埋儿、刲股疗亲等愚孝，历朝的态度通常是矛盾的，朝廷多取否定的态度，民间多较宽容。历史上的孝子虽然以男性居多，但也不乏孝女，曹娥即是典型的代表。

一、国孝与国忠

忠与孝本身是不可分割的。中国历史上，忠义之士极多，不可胜数。这些，都得益于孝道的推行。

（一）中国第一忠臣关龙逢

唐朝玄宗朝时的张谓，与李白同时，且两人有交往。张谓，字正言，河内人，曾写有《夏大夫关公碑阴文》：

禹成九功，诞受天命。桀丧一德，悖于人心。为虺为蛇，如豹如虎，既毒螫焉，又吞噬焉。重之以昆吾，因之以妹喜，匹夫丑夏，多士怀殷。万方嚣然，九州岛危矣。公，夏后之诤臣也。以谓为臣之礼，不择其利，食君之禄，不避其害，亦知直言之贾，祸国蠥时，危欲其行之速也。亦知讽谏之徵，福里迁车，远恐其效之迟也。由是犯帝座，排天门，谋成深心，药进苦口，石可转也。不可夺其坚贞，身可杀也。不可掩其忠义，夫生死者。必然

之常数，忠义者，不易之大节，位卑则迹远，禄厚则恩深，恩深则义重，于生全义可也。迹远则生，重于义全生可也。

这里只是节录了此篇碑文的前部分。张谓所谓的夏大夫指的是夏桀手下的忠臣关龙逢，此碑文正是歌颂关龙逢对夏桀的一片忠心，最后换来的是杀身之祸。比张谓稍晚一些的唐朝另一位诗人欧阳詹，所做的《吊关龙逢赋》（也叫《怀忠赋》）比起张谓的《夏夫关公碑阴文》更为著名一些。欧阳詹，字行周，泉州晋江人，与韩愈、李观、李降、崔群、王涯、冯宿、庾承宣联第，皆天下选，时称龙虎榜。福建第一个中进士的，就是欧阳詹。欧阳詹做官做得很不顺，经过多次的努力，于贞

欧阳詹雕塑

元十五年（799 年），任国子监四门助教，率其徒伏阙下，举韩愈为博士。不久北上山西，《吊关龙逢赋》就是在这时所写。赋前有序言，说明了写此赋的缘由。序曰："丙寅岁，因受遣，季冬之月，次于殷墟，历关龙逢墓焉。昔聆其风，未尝不回肠霣涕，睹夫茔垄，心又增伤，遂写愤于言为赋，以吊先生以忠谏致命，故以怀忠命篇。"

赋中所说的"炮烙"，是指关龙逢受炮烙之刑而死。这一节之所以要首先谈关龙逢，就是因为关龙逢是中国历史上最早的忠臣，尽管他没有后来的比干那样著名，但我们谈中国历史上的忠臣时是回避不了关龙逢的。

由于先秦时期的资料缺乏，关于关龙逢的情况并不是很清楚。关龙逢，山西人，其墓在安邑县。孔子、李斯都提到过他，尤其是李斯，曾自比关龙逢。事情的经过是这样的，李斯当郎中令，赵高案治李斯，李斯拘执束缚，关在监狱中。他仰天叹息说："嗟乎，悲夫不道之君，何可为计哉？昔者，桀杀关龙逢，纣杀比干，吴王夫差杀伍子胥，此三臣者，岂不忠哉？然而不

免于死，身死而所忠者，非也。今吾智不及三子，而二世之无道过于桀、纣、夫差，吾以忠死宜矣。且二世之治，岂不乱哉？日者夷其兄弟，而自立也，杀忠臣而贵贱人，作为阿房之宫，赋敛天下，吾非不谏也，而不吾听也。"从李斯的这段话中，说明他对秦二世还是忠心的，他对秦二世的残暴是极为不满的，将自己比作关龙逄、比干、伍子胥式的忠臣，将秦二世比作暴君桀、纣、夫差。

至于关龙逄到底是死于何种刑法，宋朝时的罗泌撰有《路史》一书，在卷37中，他对关龙逄之死，提出了异议和推测。

罗泌在文中列举了关龙逄的谏瑶台、谏酒池、谏长夜之宫，因这三种不同记载的进谏而导致夏桀处死了他，死的方式则有两种，裂其四肢和炮烙之刑。不过，关于关龙逄受炮烙之刑而死的说法，流传得最广。

后世常常有人写诗文纪念关龙逄，除了刚在上面提到的唐人的两篇赋之外，唐朝王绩（太原祁人），有《祭关龙逄文》，文中提到了一个典故，"冯河暴虎"。这个典故源于《诗经·小雅·小旻之什·小旻》中的最后两句："不敢暴虎，不干冯河。"对于这两句诗，有人这样解释：徒，搏，曰暴虎徒涉；曰冯（渡河）河小人。智虑不能及远，暴虎、冯河之患近在目前，则知避之。丧国、亡家之祸，远在岁月而不知忧也。故曰：战战兢兢，如临深渊，如履薄冰，临渊恐坠，而履冰恐陷，善为国者常如是矣。王绩文中引用此典故，是想说明夏桀只能看到眼前的危险，但不能像关龙逄那样有远见，能够预见到国家未来的危险。

（二）比干剖心

先秦时期，谈到更多一些的忠臣恐怕是商朝的比干了，他比关龙逄更加受人关注。有关比干的资料稍微多一些，但仍很模糊。最早提到比干的是孔子，孔子在《论语》中有"微子去之，箕子为之奴，比干谏而死"的说法。微子、箕子、比干这三人，就是孔子所谓的"殷有三仁"。后来的《史记》卷3中，有较为详细的记载：西伯滋大，纣由是稍失权重。比干谏，弗听。商容贤者，百姓爱之，纣废之。及西伯伐饥国，灭之，纣之臣祖伊闻之，而咎周，恐，奔告纣曰："天既讫我殷命，假人元龟，无敢知吉，非先王不相我后人，纣王淫虐用自绝，故天弃我，不有安食，不虞知天性，不迪率典。今我民罔不欲丧，曰：'天曷不降威，大命胡不至？'今王其奈何？"纣曰："我生不有命在天乎！"祖伊反，曰："纣不可谏矣。"纣愈淫乱不止。……微子数谏不听，乃与太师、少师谋遂去。比干曰："为人臣者，不得不以死争。"乃强谏纣。纣怒，曰："吾闻圣人心，有七窍。"剖比干，观其心。箕子惧，乃佯狂为奴，纣又囚之。殷之太师、少师乃持其祭乐器奔周。周武王于是遂率诸侯伐纣。纣亦发兵拒之牧野。三人与纣王之间的关系是，微子是纣庶兄，箕子、比干是纣的叔父。

由于关龙逢、比干都是山西人，后人常常将此两人并称。有意思的是，南宋的金华人吕祖谦，在他所著述的《左氏博议》卷24中，有一个子目"晋不竞于楚"，意思是说，在春秋之时，晋楚争霸时，晋国之所以不敌楚国，原因是"举夏之恶，皆归桀，举商之恶，皆归纣。虽有龙逢、比干之徒，持一篑而障横流，终莫能遏其归也。君子不幸而立暴君之朝，蹙頞疾首，坐视其君为恶之所归而不能遏，则有之矣。怙乱肆行，推恶于君，忍以其君为归恶之地者，是诚何心哉！晋灵公之不君，固众恶之所归也"。在吕祖谦看来，晋之失败，全在于其君王不听忠臣的劝告所致，而代表性的忠臣，就是关龙逢和比干。

《汉书》卷67中有朱云传。朱云，字游，鲁人。汉成帝时，张禹用事，朱云对皇上曰："臣愿赐尚方斩马剑断佞臣一人，以厉其余。"上问谁也？朱云回答说："安昌侯张禹。"皇上大怒曰："居下讪上，罪死不赦。"御史将云下，云攀殿槛，槛折。朱云曰："臣愿从龙逢、比干游于地下。"此后，朱云辞官回老家，不复出仕。朱云以忠直著称，后世思其人而不可得，则作为韵语，以声其美。唐肃宗时，元载用事，故杜子美诗云："千载少似朱云人，至今折槛空嶙峋。"武则天时，傅游艺当道，朝中大臣都不满，当时的卢照邻为此写了一首诗云："昔有平陵男，姓朱名阿游。直发上冲冠，壮气横三秋。愿得斩马剑，先断佞臣头。天子玉槛折，将军丹血流。捐生不肯拜，视死其若休。"这里只是诗的前半部分，卢照邻在此咏朱云，是说当时立朝之士都不如朱云。不过，还是有人将元载、傅游艺这两个恶人告到皇上那里。

（三）绝食而亡的刘宗周

中国的二十五史是最能够反映朝廷意见，代表官方意识的。在这些正史中，首列忠义传的是《晋书》，《晋书》编自唐朝，唐太宗亲自参与修编《宣帝纪》（司马懿）《武帝纪》（司马炎）《陆机传》及《王羲之》的《论赞》。此后的正史，多有忠义传，而且在编排上多在孝友传之前，说明朝廷对忠义是非常重视的。中国历史上，忠义之士极多，不可胜数。明末刘宗周在其著作《论语学案》卷9中有一段话，是专门讨论忠孝问题的，可以视为是明末具有代表性的看法。

刘宗周（1578—1645年），字启东，号念台，山阴人。万历三十一年（1603年）二十六岁，刘宗周到德清师事许孚远（敬菴）（1535—1604年）先生。万历四十年（1612年）三十五岁，过梁溪拜谒东林党魁高攀龙，时东林党独尊程朱，激烈反对王门左派之空谈。万历四十五年（1617年）四十岁时，著《论语学案》。天启六年（1626年）四十九岁，读书韩山草堂，于草堂中专用"慎独"之功。刘宗周所谓的"慎独"为存养之功，而先儒之"慎独"是所谓的省察之功不同。刘宗周不事清朝，表现对亡明的忠心，于顺治二年（1645 年）六十八岁，绝食而死，实现了他四十岁时在《论语学案》中的誓言，以死报国。至于其绝食的过程，黄宗羲有详细描述。黄宗羲那时很年轻，他自家乡余姚步行二百多里，到刘宗周家时，刘宗周已经绝食二十多天了，黄宗羲面见刘宗周时，刘宗周只是以点头表示打招呼，未能说一句话，几日后死去。其实，像刘宗周这样的，在明朝末期极多，只不过刘宗周因在学术上的成就非常突出，特别引人注目罢了。黄宗羲的学生万斯同于《儒林宗传》中列出了刘宗周较为著名的弟子十二人，这十二人都仿照老师刘宗周的做法，坚决不仕清廷，或死节，或落发为僧，或闭门著述。当然，这可能与刘宗周的学术也有一定的关系，"宗周虽源出良知，而能以慎独为宗，以敦行为本，临没犹以诚敬诲弟子，其学问特为笃实"。刘宗周之为人，"姜桂之性，介然不改，卒以首阳一饿，日月争光。在有明末叶，可称完人，非依草附木之流所可同日语矣"。刘宗周的学问与做人是最完美的结合，所以深得后人的好评。

（四）愚忠

后世对愚忠一词多持贬义。但最早"愚忠"一词并非贬义，至少是中性词，甚至有褒奖之义。古籍中，《管子》之《七臣七主》最早提到"愚忠"一词："愚臣深罪厚罚，以为行重赋敛多兑道，以为上使身见憎，而主受其谤，故记称之曰：愚忠，谗贼此之谓也。"其次是《战国策》的《赵策》，苏秦读赵王说的话中有"臣故敢献其愚效愚忠。为大王计，莫若安民元事，请无庸有为也"。后来，司马迁在写《史记》有关赵武灵王胡服骑射一段时，所用材料是抄录《战国策》的，其中有"公子成再拜稽首曰：臣固闻王之胡服也，臣不佞寝疾，未能趋走，以滋进也。王命之，臣敢对因竭其愚忠"。这里的"公子成"，是赵武灵王的叔父，他最初反对赵武灵王的胡服骑射的政策。显然，古籍中最早所谓的"愚忠"，都无贬义，是作为一种谦词使用的。后世有直接将自己的奏疏冠以"愚忠"二字的，这种现象主要是在明代。明胡世宁撰《略陈治要以献愚忠疏》《陈言治道急务以效愚忠疏》。罗钦顺有《献纳愚忠疏》，此奏章写于正德六年秋，当时，罗钦顺为南京国子司业。罗钦顺是江西泰和人，是王阳明的最为重要的学生之一，因不满刘瑾而乞终养，刘瑾怒夺其职为民。刘瑾被诛杀之后，罗钦顺复官，上此疏，但不报。明朝刘麟撰有《陈言以献愚忠疏》，任工部尚书时上。明朝滁州人吏部尚书胡松《愚忠疏草》，此是他在陕西任职时的奏疏。明朝杨名时有《昧死陈言以效愚忠疏》，杨名时对皇帝任命汪鋐为吏部尚书一职极为不满，故冒死上此疏："而臣愿忠之初心，亦自负矣，故敢不避诛，殛谨以所闻见，出于臣民之公论者，为皇上明言之。臣惟吏部诸曹之首，尚书百官之表，而汪鋐（婺源人）者小人之尤者也。往者，吏部尚书有缺，皇上亦慎重其任，不肯轻予。今乃属任于鋐，岂不以鋐为贤于诸臣耶。然而命下之日，大小臣工罔不惊愕，虽间阎细民，亦切切不已，皆曰：此地非鋐所宜处也，盖以鋐之为人心行反复。"杨名时在奏疏的最后说道："故慎独之功确乎不可忽也。"显然，这是明末受到刘宗周的"慎独"之说的影响，"慎独"讲实践，讲忠仁。

今人一讲到愚忠，第一个反应，就是将岳飞拿出来说事。岳飞之愚忠，一直是一个争论不休的问题。其实，古人对岳飞的看法与今人是完全不同的，明朝克新有诗《岳飞墓次吴府判韵》："湖上孤坟青草生，一门忠孝擅嘉名。力扶社稷还归正，誓取山河不用盟。先帝终天仇未复，大臣欺国志中倾。丈夫自昔皆如此，感激英雄万古情。"克新此诗，只不过是无数歌咏岳飞精忠报国中的一首。明朝人喜欢代替古人拟写书信，其中，浙江鄞县人屠隆就替岳飞写了一封致秦桧的信，《拟岳武穆从军中遗秦相国书》，中有："相国何亲于敌？陛下何负于相国哉？是役也，即出陛下意，相国何不强谏？

陛下必听相国，相国之言，行则功在社稷，名留天壤，此万世一时也，愿相国图之。飞为陛下取中原，还二帝，非以己也。陛下今召臣，臣业已还师，即归死司寇，身首异处，臣请受而甘心焉。"屠隆替岳飞写的此信，仍旧不忘报效皇帝。这些都代表了一般人对岳飞的正面评价，通常，后人到西湖见岳飞墓或岳王祠时多留有诗篇，无非是表达对岳飞的忠孝义节的赞扬，对秦桧的鄙视。

现在，有人将屈原、杜甫、方孝孺等人都视作是愚忠，这只是代表了今人的一种看法。分析这些人的忠孝观，必须将他们的事迹放在当时的文化背景之下来看，离开了当时的文化背景来看忠孝问题，就只是随意发表议论而已了。值得注意的是，清代以前的人从来也没有谁将愚忠视为不祥之事，而大臣在给皇帝上奏章之时，通常也是以"愚忠"自居，并感到自豪。

（五）诈忠

诈忠正好与愚忠相对，是愚忠的反义词。古籍中最早提到"诈忠"二字是在《史记》卷122中。张汤，杜人。我们都知道他是中国历史上最为著名的酷吏，汉武帝元狩四年（前119年）之时，匈奴要求和亲，武帝将此交给大臣议论。博士狄山赞成和亲，当武帝问到张汤时，张汤说："此愚儒，无知。"狄山反驳说："臣固愚忠，若御史大夫汤乃诈忠。若汤之治淮南、江都，以深文痛诋诸侯，别疏骨肉，使蕃臣不自安，臣固知汤之为诈忠。"这就是诈忠的最早的出处，在这里，狄山实际上是将自己的"愚忠"与张汤的"诈忠"相比较的。

《贞观政要》卷3《论君臣鉴戒第六》引齐景公与晏子的一段对话，此段对话涉及君臣之间的关系，晏子对诈忠下了一个定义："齐景公问于晏子曰：忠臣之事，君如之？何晏子对曰：有难不死，出亡不送。公曰：裂地以封之，疏爵而待之，有难不死，出亡不送，何也？晏子曰：言而见用，终身无难，臣何死焉？谏而见纳，终身不亡，臣何送焉？若言不见用，有难而死，是妄死也。谏不见纳，出亡而送，是诈忠也。"唐朝的宋申锡，曾被唐文宗误认为是诈忠，而被外放，事见《旧唐书》卷167。宋申锡充翰林侍讲学士时，当时朝中党派林立，尤其是宦官当权，太和五年，宋申锡被宦官所陷害，宦官诬申锡谋立漳王，贬开州司马。至开成元年，李石到延英召对皇上，李石从容对皇帝说："陛下之政，皆承天心，惟申锡之枉，久未原雪。"文宗皇帝流涕曰："此事朕久知其误，而诈忠者，迫我以为社稷计尔，此皆朕之不明。向使遇汉昭，当不坐此。"于是，就恢复了宋申锡的官爵。

宋刘敞在《公是集》卷4中有一首诗，可视为对忠信的一种解读：

古风不可复，习俗已久敝。

咄嗟忠与信，流荡为诈术。

诈忠惑其君，诈愚安其身。

色厉内以荏，行违貌取仁。

三年始横流，后来更日新。

至公弃涂炭，正道败荆榛。

已矣千载后，谁能反其身。

二、孝子之师范

历史上，学者对割肝、卧冰、刲股等这类极端的孝行的态度，一般分为对立的两派，有支持的，也有反对的。

前面已经谈到，古代孝行有许多种类。《孝经》非常明确地提出了"五孝"，即天子、诸侯、卿大夫、士、庶人五等人所行之孝。实际上，日常生活中谈得最多的，还是庶人之孝。二十四孝中，虽然有舜的天千之差，但后世已是很少提及了，至于诸侯、卿大夫、士，由于时代的变迁，这些等级已不复存在了。

在中国长达两千多年的孝的历史中，最为突出的，最为引人注目的，就是后来被称作为愚孝的郭巨埋儿、王祥卧冰、刲股、割肝，以下就这几个典型的例子展开讨论。

（一）郭巨埋儿

郭巨之事，最早见于晋朝干宝的《搜神记》，其实只有短短的几行字：

郭巨，隆虑（今河南林县）人也，一云河内温（今河南温县）人。兄弟三人，早丧父，礼毕，二弟求分，以钱二千万，二弟各取千万，巨独与母居客舍，夫妇佣赁以给公养。居有顷，妻产男，巨念与儿妨事亲一也；老人得食喜分儿孙，减馔二也。乃于野凿地，欲埋儿，得石盖，下有黄金一釜，中有丹书曰：孝子郭巨，黄金一釜，以用赐汝。于是名震天下。

《搜神记》是中国古代著名的神话著作，记载的事情多不可靠，不过，就是这个传说故事，使古人信以为真，并当做楷模。郭巨出名之后，对于他的籍贯就有些混乱了，这也算得上是惯例吧。《大清一统志》卷143将郭巨的籍贯改为肥城，不过故事的内容倒是没有改，郭巨的庙也移到了肥城。郭巨得到黄金的那个地方，则在内邱县（今山东）。但是，同样是在《大清一统志》的卷161中，又将郭巨归还到了原籍河南温县。《畿辅通志》卷81中，说郭巨是内邱人。《山西通志》卷147中，说郭巨是河南彰德人。

历史上，对郭巨持褒义要占多数，如后人有诗曰："九月初九是重阳，郭巨埋儿两商量，郭巨埋儿天送宝，天送黄金分爷娘。"明朝钱塘于谦有《过孝义县（今山西孝义市）有感》诗：

茫茫烟树绕孤城，千古犹传孝义名。

郭巨墓荒春草合，比干台古野烟生。

落花飞絮迷征旆，剩水残山恼客情。

鞍马匆匆无限意，不堪回首暮云平。

正是由于郭巨埋儿的巨大榜样力量，所以，历史上确实出个模仿者，但这种极端的做法并不多。有据可查的便是《南史》卷73中的郭世通埋儿一事。据《南史》载，南朝刘宋事，"郭世通，会稽永兴（今浙江萧山）人也。年十四丧父，居丧殆不胜哀。家贫，佣力以养继母。妇生一男，夫妻恐废侍养，乃垂泣瘗之。母亡，负土成坟，亲戚或共赙助，微有所受，葬毕，佣赁还先。直服除后，思慕终身如丧者，未尝释衣。帼仁孝之风行于乡党，邻村小大莫有呼其名者"。郭世通的埋儿一事，得到了文帝的旌表。

（二）王祥卧冰

王祥卧冰一事，不像郭巨埋儿那样具有神秘色彩，其事在《晋书》卷33中有确凿记载：

王祥，字休征，琅琊临沂人，汉谏议大夫吉之后也。祖仁，青州刺史，父融。公府辟，不就。祥性至孝，早丧亲，继母朱氏不慈，数谮之，由是失爱于父，每使扫除牛下，祥愈恭谨。父母有疾，衣不解带，汤药必亲尝。母常欲生鱼，时天寒冰冻，详解衣将剖冰求之，冰忽自解，双鲤跃出，持之而归。母又思黄雀炙，复有黄雀数十飞入其幕，复以供母。乡里惊叹，以为孝感所致焉。有丹柰结实，母命守之，每风雨，祥辄抱树而泣，其笃孝纯至如此。

王祥由汉入晋，武帝践祚，拜王祥为太保，晋爵为公，加置七官之职。王祥退休之后，位至保傅，在三司之上。其实，在晋朝干宝的《搜神记》卷

11 中，也记载有一起卧冰求鲤之事。不过，此事发生在王祥之后：楚僚，早失母，事后母至孝。母患痈肿，形容日悴，僚自徐徐吮之血出，迨夜即得安。寝，乃梦一小儿语母曰：若得鲤鱼食之，其病即差可以延寿，不然，不久死矣。母觉，而告僚。时十二月，冰冻，僚乃仰天叹泣，脱衣，上冰卧之，有一童子决僚卧处，冰忽自开，一双鲤鱼跃出，僚将归奉其母，病即愈。寿至一百三十三岁，盖至孝感天神昭应如此。此与王祥王延事同。卧冰一事，在古代效仿的较多，有的由此得到了政府的认可，并由此而做官。《明史》卷296载有李德成卧冰行孝的故事。李德成，涞水人，幼年丧父。元朝末年，年仅十二岁的李德成随母避元兵的追赶，母子俩逃到河滨时，元骑兵迫使李德成母亲投河而死。李德成长成人之后，娶妇王氏。李德成因思念父母，就抟土做成父母的像，与妻朝夕事之。正值严冬，大雪冰坚至河底。李德成梦中梦见母亲对自己说："我处冰下，寒不得出。"李德成醒后感到很悲痛，等到天明，就与妻子赤脚在冰上行走了三百里，抵达母亲死处的河滨，在那里卧冰七日，冰果融数十丈，李德成恍惚中好像见到了他的母亲，而其他处坚冻如故，好久之后夫妻俩才回家。洪武十九年，李德成举孝廉，经屡次提拔至尚宝丞。洪武二十七年，李德成被旌表为孝子。建文中，燕兵进逼济南，李德成往谕令燕兵退还，燕兵不退，李德成回南京复命，以辱使命而下吏，已为释之。永乐初，复官，屡迁陕西布政使。看来，李德成是较为典型的王祥卧冰的效仿者，因孝而举孝廉，因孝最终做到陕西布政使。

（三）刲股疗亲

刲股一事，不知起于何时，史载互相矛盾。《古今事文类聚》后集卷3中"刲股和药"条有："张密学奎，性笃孝，为御史时，母病，乃斋戒，刲股肉和药进之，母病遂愈。"但不知这个张密是何时、何地人氏。《御定佩文韵府》卷37之3中的"刲股"条记载："《魏书》孝子传，张密至孝，为御史时，母病乃斋戒，判股肉和药进之，遂愈。"但查《魏书》孝子传，并无张密其人，也无谁做过刲股的事。正史中有明确记载的是在《新唐书》卷114孙从的传中，据孙从的传记载，孙从，山西人，少孤贫。宪宗时，做过山南西道节度使。穆宗长庆初，由尚书左丞领鄜坊节度。敬宗宝历初为东都留守。因与宰相李宗闵不和，请求致士，后复授检校尚书左仆射淮南节度副大使、知节度事扬州。孙从为官清廉，对下属很好，年72岁时卒，下属中"刲股肉以祭者"。这就是所谓的刲股肉，只是这个刲股肉，是用于祭祀的。《新唐书》卷168中，也记载刲股肉之事，其事在乌重胤的传中。乌重胤，字保君，河东人。唐宪宗时，因功擢河阳节度使，封张掖郡公。穆宗以乌重胤为太子太保。长庆末，以检校司徒，同中书门下平章事，为山南西道节度使。召至京师，改节天平军。唐文宗初年，拜司徒。后在李同捷手下兼节度沧景以齐州隶军。不久之后就死了，年六十七岁。乌重胤出行伍，善抚士，与下同甘苦。待官属有礼，当时有名士，如温造、石洪皆在幕府。死后，手下有二十余人刲股以祭。但是，《旧唐书》乌重胤的传中是这样记载的：长庆三年二月，乌重胤病，牙将王赟割股肉以疗。显然，欧阳修在重编《新唐书》时，将这条记载给删去了。从时间来看，孙从、乌重胤应当属于同时期的人，看来，《新唐书》中所载的这两起刲股祭祀之事绝非偶然。孙从比乌重胤稍微早死，故最早的刲股祭祀，当是祭祀孙从的。

　　严格意义上的刲股疗亲是在唐朝。《旧唐书》隐逸传中，记载有王友贞割股疗亲的事，这是中国历史上最早的刲股疗亲的事了。"王友贞，怀州河内人也。父知敬，则天时麟台少监，以工书知名。友贞弱冠时，母病笃，医言：唯啖人肉乃差。友贞独念无可求治，乃割股肉以饴亲，母病寻差。则天闻之，令就其家验问，特加旌表。"这是一条非常明确的记载，王友贞因刲股疗亲而得到了武则天的旌表。从时间来看，刲股之事在唐朝初年就有了。单就文献资料来看，唐朝时祭祀和疗亲中都有。到了唐朝中后期，刲股疗亲的事越发普遍。王友贞刲股是遵医嘱，这说明这种方法最初可能是由医生发明的。到了唐玄宗的时候，判股疗亲的方法，就直接记载在了陈藏器所著述的《本草拾遗》一书中，是书"谓人肉治羸疾"。自此开始，民间以父母疾多刲股肉而进。《新唐书》列出了受到朝廷表彰的刲股疗亲的共有二十九人，这二十九人是：

京兆张阿九、赵言，奉天赵正言、滑清泌，羽林飞骑啖荣禄，郑县吴孝友，华阴尹义华，潞州张光珌，解县南锻，河东李忠孝、韩放，鄠陵任客奴，绛县张子英，平原杨仙朝，乐工段日升，河东将陈涉，襄阳冯子，城固雍孙八，虞乡张抱玉、骨英秀，榆次冯秀诚，封丘杨嵩珪、刘浩，清池朱庭玉、弟庭金，繁昌朱拵，歙县黄芮，左千牛薛锋及河阳刘士约。

朝廷的表彰方式是："或给帛，或旌表门闾，皆名在国史。"

到了五代，民间有断指祭母的做法，《旧五代史》卷3中有一处材料：棣州蒲台县百姓王知严妹，以乱离并失怙恃，因举哀追感，自截两指以祭父母。帝以遗体之重，不合毁伤，言念村闾，何知礼教。自今后所在郡县，如有截指割股，不用奏闻。是年（五代后梁太祖朱晃开平元年，即907年），诸道多奏军人百姓割股，青、齐、河朔尤多。帝曰："此若因心，亦足为孝。但苟免徭役，自残肌肤，欲以庇身，何能疗疾？并宜止绝。"从后梁太祖的这段话中，可知，当时的老百姓断指、刲股，不完全是为了尽孝，还有想免税的目的，这也说明了最初朝廷多采取鼓励的措施，其鼓励的方法就少不了减免赋税。有关这一点，《新五代史》卷56中，则交代得很清楚：五代之际，民苦于兵，往往因亲疾以割股，或既丧而割乳庐墓，以规免州县赋役。户部岁给蠲符，不可胜数，而课州县出纸，号为"蠲纸"。泽上书言其敝，明宗下诏悉废户部蠲纸。原来，五代早期阶段，对于割股疗亲或割乳等行为，户部为了奖励，专门发给"蠲纸"，以作为免税的凭证，到了后唐明宗时，就将这一政策取消了，原因是这一鼓励孝行的政策，会减少国家的税收。

宋朝，刲股之事不绝于史，这与朝廷的态度有着密切的关系。宋朝刲股之事，朝廷多采取鼓励的方式，地方官员积极地褒奖。以下，我们来看几起典型的刲股的事例。

《宋史》孝友传载，同县有朱云孙妻刘氏，姑（婆婆）病，云孙刲股肉作糜以进而愈。姑复病，刘亦刲股以进，又愈。尚书谢谔为赋《孝妇诗》。谢谔（1121—1194 年）是南宋临江军新喻（今江西新余）人，字昌国，号艮斋。绍兴进士。光宗即位，他疏请近执政大臣、理学名儒、经筵讲官，官至权工部尚书。然谢谔之诗文集《艮斋集》及其《孝妇诗》皆不传。又吕仲洙女，名良子，泉州晋江人。父得疾濒殆，女焚香祝天，请以身代，刲股为粥以进。时夜中，群鹊绕屋飞噪，仰视空中，大星烨煜如月者三。越翼日，父瘳。女弟细良亦相从拜祷，良子却之，细良恚曰："岂姊能之，儿不能耶！"真德秀嘉之，表其居曰"懿孝"。真德秀（1178—1235 年）本为南宋建州浦城人（今福建浦城人），著名的《大学衍义》就是他的著作，当时真德秀正好在晋江做官，故有他表彰刲股孝女良子一事。至于刘孝忠，是宋初时人，他刲股一事，有幸得到了皇帝的褒奖。刘孝忠是并州太原人。母病经三年，刘孝忠割股肉、断左乳以食母；母病心痛剧，刘孝忠燃火掌中，代母受痛。母寻愈。后数岁母死，刘孝忠佣为富家奴，得钱以葬。富家知其孝行，养为己子。后养父两目失明，孝忠为舐之，经七日复能视。以亲故，事佛谨，尝于像前割双股肉，注油创中，燃灯一昼夜。刘钧闻而召见，给以衣服、钱帛、银鞍勒马，署宣陵副使。开宝二年（969 年），太祖亲征太原，召见慰谕。刲股疗亲一事，自唐朝开始，是不绝于史，以上只是仅举数例，加以说明。元明清时，民间刲股疗亲，非常普遍，这里就不再引述。不过表现在正史中，各个朝代的处理方式各有不同。

至于刲肝疗亲一事，始于何朝，还有待考证。文献中关于割肝（刲肝、刳肝）的记载语焉不详，互相矛盾的地方很多。单就正史来看，前面的《新唐书》中列举了刲股的二十九人，受到朝廷的表彰，但都未能具体说明时间。《元史》卷105中有"诸为子行孝，辄以刳肝、刲股、埋儿之属为孝者，并禁止之"，根据这条记载，可知刲肝疗亲在元朝已经有了。但正史有明确记载的刲肝事例是在宋朝，这两则资料都来源于地方志。根据《宝庆四明志》卷9的记载，杨庆，鄞人。父病，贫不能召医，乃剔股肉啖之，良巳。其后父母每病，辄以为常。自绍圣（北宋哲宗年号）至宣和（徽宗年号）刲肝、割乳以为馈亲者，凡五。最后，母病不能食，庆取右乳焚之，以灰和药进焉，入口遂差。久之，乳复生如故。每胜日，辄以笋舆载其母行数十里，祷于阿育王山佛祠。年六十余，视听聪敏，负担行远，如四十许人。宣和三年（1121年），守楼异尝以其事闻于朝，不报。姑名其坊曰：崇孝。绍兴七年（南宋高宗年号，1137年），守仇念申前请。十二年（1142年）有旨，旌表门闾，蠲免赋税。绍熙初，守林栗为一新其门台。从这条记载来看，朝廷最初是不认同刲股疗亲的做法的，后来，经过后任郡守的再次推荐，最终得到了朝廷的认可，这应当是得到朝廷旌表的最早的刲股记载。另据《景定建康志》卷16载有"乾道四年（南宋孝宗年号，1168年）邑人（指溧水县）伊小乙，以疗母疾，知县陈嘉善榜其居，旌之"。这是有明确时间记载的由地方官表彰的刲股事件了。从文献资料来看，地方官员为了捞取政绩，往往比起朝廷更加积极地鼓励刲股事迹，而朝廷似乎对这类事情较为谨慎。

以上谈到的主要是被称作愚孝的几种典型的孝行：卧冰、埋儿、刲股、割肝。对这四种特殊的孝行，古人从一开始就表现出不同的看法，朝廷是时而表彰，时而禁止的，一般的官员也是分成了对立的观点，各自有不同的看法，只有地方官员，更多地持支持态度。

（四）鄠人对

唐朝时，封股事情应当已经盛行，但没有准确的记载，韩愈曾对这类孝行提出了批评。韩愈有文章曰《鄠人对》，鄠就是今天的陕西户县，在今西安的西南不远处。此文不长，可引如下：

鄠有以孝为旌门者，乃本其自于鄠人曰：彼自剔股以奉母疾，瘳大夫以闻其令尹，令尹以闻其上，上俾聚土以旌其门，使勿输赋。以为后劝鄠大夫常曰：他邑有是人乎？愈曰：母疾则止于烹粉药石，以为是未闻毁伤支体以为养，在教未闻有如此者。苟不伤于义，则圣贤当先众而为之也。是不幸因而致死，则毁伤灭绝之罪有归矣，其为不孝得无甚乎？苟有合孝之道，又不当旌门，盖生人之所谊为，曷足为异乎？既以一家为孝，是辨一邑里皆无孝矣，以一身为孝，是辨其祖父皆无孝矣。然或陷于危难，能固其忠孝，而不苟生之逆乱，以是而死者，乃旌表门闾，爵禄其子孙，斯为为劝已矧，非是而希免输者乎？曾不以毁伤为罪，灭绝为忧，不腰于市，而已黩于政，况复旌其门。

韩愈这篇文章被后世常常提到，成为反封股的经典之作。但这篇文章为我们提供了重要的信息，说明唐朝朝廷虽然直接表彰过的有二十九个封股尽孝的孝子，但政府官员中，仍有人持有不同的看法，其中就包括韩愈这样的大文人。

宋朝基本上没有公开禁止封股这类极端的孝行，说明朝廷对此是比较谨慎的。元朝开始公开禁止封股等极端的孝行，但从资料来看，封股在民间还是盛行的。

（五）明清时期朝廷对刲股的态度

从文献资料看来，明朝初年，朱元璋最初对刲股这类孝行持鼓励态度，但不久就改变了看法，持比较谨慎的态度。前面提到的涞水人李德成，就是因为卧冰而于洪武十九年举孝廉，最终迁陕西布政使。接下来，沈德四，直隶华亭人。祖母疾，刲股疗之愈。已而祖父疾，又刲股作汤进之，亦愈。洪武二十六年，被旌，寻授太常赞礼郎。上元姚金玉、昌平王德儿，亦以刲肝愈母疾，与德四同旌。洪武二十七年（1394 年）九月发生了一件事，改变了朱元璋对刲股这类孝行的态度。事情的经过是这样的：山东守臣言，日照民江伯儿，母疾割股以疗，不愈，祷岱岳神，母疾瘳。愿杀子以祀，已果瘳，竟杀其三岁儿。帝大怒曰：父子天伦至重，礼父服长子三年，今小民无知，灭伦害理，亟宜治罪，遂逮伯儿，杖之百，遣戍海南。因命议旌表例礼臣议曰：人子事亲，居则致其敬，养则致其乐，有疾则医药，吁祷迫切之情，人子所得为也。至卧冰、割股，上古未旌，倘父母止有一子，或股肝而丧生，或卧冰而致死，使父母无依，宗祀永绝，反为不孝之大，皆由愚昧之徒，尚诡异骇愚俗，希旌表，规避里徭。割股不已，至于割肝，割肝不已，至于杀子，违道伤生，莫此为甚。自今父母有疾，疗治罔功，不得已而卧冰、割股，亦听其所为，不在旌表例。制曰：可。

看来，明初奖励孝行的政策，很快像往朝一样，演变成了逃避徭役的怪圈。山东日照江伯儿实在是走向了极端，为了尽孝，刲股不说，还要埋儿，才引起了朱元璋的不满，最终下诏书禁止。这条法令生效之后，在具体执行中仍有弹性。永乐间，江阴卫卒徐佛保等，复以割股被旌，而掖县张信金吾右卫总旗张法保，援李德成故事，俱擢尚宝丞，迨英、景以还，即割股者，亦格于例，不以闻，而所旌大率皆庐墓者矣。也就是说，虽然朱元璋后来下诏对刲股者不再予以奖励，但在成祖朱棣时，并未执行。实际上的情况是，永乐皇帝对刲股者仍是援用前例，大加奖赏。据明朝《礼部志稿》卷65中，有"例外不准旌表"：宣德元年（1426年）五月，行在礼部，奏锦衣卫总旗衡整女，母病笃，刲肝煮液饮之而瘥，宜旌表。上曰：为孝有道。孔子曰：身体发肤，受之父母，不敢毁伤。剖腹刲肝，此岂是孝，若致杀身，其罪尤大。况太祖皇帝已有禁令，今若旌表，使愚人效之，岂不大坏风俗。女子无知，不必加罪，所奏不允。这是自朱元璋的禁令发布以来，三十多年间，第一次由宣德皇帝执行，标志着刲股之事正式被朝廷否认。虽然朝廷不予表彰割肝、刲股、卧冰、埋儿者，但民间应当仍有这几类情况。

明朝一般学者通常能比较理智地反对割肝、刲股、卧冰、埋儿等极端行为，或者至少表示怀疑。明朝杰出的文学家王世贞在《弇州四部稿》续稿卷6中，有一首诗，可清楚地看出，王世贞对割肝等行为是持怀疑态度的："割肝救父疾，父愈丧其身。舍身喂饿虎，虎饱噬千人。怨亲虽殊致，违道恐亦均。孝者信其孝，仁者信其仁。古圣贤为之，我则何敢论。"虽然早在唐朝时的陈藏器就将人之股肉作为孝亲的最好药品，但明朝李时珍则完全持否定的态度，他在《本草纲目》写道："父母虽病笃，岂肯欲子孙残伤其肢体，而自食其骨肉乎？此愚民之见也。"

清朝时朝廷对割肝、刲股、卧冰、埋儿等仍然持否定态度。不过，清朝正式由皇帝发布上谕，法律上禁止割肝、刲股等孝行，则是在世宗雍正皇帝时了，此时，距满族入关，已经有六十多年了。雍正皇帝对割肝、刲股发布上谕，禁止此类行为，也是由特殊的事例引发的，事见《世宗宪皇帝圣训》卷6，雍正六年（1728年）的上谕：

内阁览福建巡抚常赍奏称，罗源县孝子李盛山，割肝救其母，病伤重身，故请加旌表。部议，以割肝乃小民轻生愚孝，向无旌表之例，应不准行。朕思我世祖章皇帝、圣祖仁皇帝，临御万方，立教明伦，与人为善，而于此例，慎予旌表者。诚天地好生之盛心，圣人觉世之至道，视人命为至重，不可以愚昧而误戕。

此篇上谕引经据典，对割肝之事，不仅不予表彰，还认为，这类行为是愚民轻生的恶习。不过，五代、明朝在禁止割肝、刲股等行为中，通常都提到的小民割肝、刲股多源于逃避徭役，倒是在此篇上谕中没有提到，这也就间接地说明了清朝自一开始，处理得还是较为理性的。

不过，清朝的一些学者对割肝、刲等这类极端的孝行的态度与明朝的文人学者一样，也是分成对立的两派，有支持的，也有反对的。如镶黄旗汉军范承谟在《忠贞集》卷7中，表现出对割股、割肝这类孝行的怀疑态度，他在此文中说："史氏曰，割股、割肝，古多有之。然亦有验有不验，夫天之佑善人。以其诚孝耳，非谓股肉有治疾之功也。古之贤妇，若姜庞者，何限然亦与亲周旋，久未有若孝妇之始结，其褵操刀而吁，谓非天植之性而然哉。其子尝自伤，贫贱不获申母懿为恨。夫世仁、孝，譬犹麟凤之与芝醴也，阐发幽芳，表厥宅里，非司风者之责而谁归？"

不过，赞扬割肝、刲股这类孝行的也大有人在，如顺治进士宣城人施闰章，因丰城诸生名杨天锡者，割股疗亲，其母绝而复苏者七日，咏《杨孝子刲股诗》：

谁言一片肉，报得三年乳。

谁言七日苏，寸心不终古。

慈乌口流血，湿尽坟上土。

黄泉母有知，双泪亦如雨。

在清初的杰出的学者之中，浙江萧山的毛奇龄是一个好为新论、怪论的人，不过，他对割肝、刲股这类孝行持赞扬的态度。由于他的学问渊博和威信，常常有人请他写墓志、传记类的文章，正是从这些文章之中，体现出了毛奇龄的思想。以下，引用两篇毛奇龄给别人写的传记，从中可以窥探出这位学者对割肝、判股所表现出的赞扬心态。毛奇龄尝为浙江上虞人杨文蔚写有《杨孝子传》，传中提到，"康熙丁未，父病时，年八十七，孝子走厕牏，尝其粪甘，号于天，请身代不得，竟死。越十年，母痢见血，中死。法医者凡数辈，皆前后相顾去。孝子独念父危，死不救，今复然生男何为也。世已无针石熏灼，岂汤醴亦告绝者？阖户判左臂，以其肉杂参汁渫之，三渫三进，母初进而体下，再进而渧泽以去，三进而愈"。字里行间，可以看出毛奇龄对杨文蔚的判股行为的赞扬。尤其值得注意的是，此传中，提到了判股的细节，颇有资料价值。毛奇龄所撰写的《吴文学暨烈妇戴氏合葬墓志铭》，比《杨孝子传》要晚出，毛奇龄在此文中，清楚地表达了他对割肝、判股的赞扬的态度。

清朝从一开始便对割肝、判股、卧冰、埋儿等极端行为不予旌表，但民间行为却极为盛行。清朝文人、地方官员为这种民间行为立传很多，文献资料中，随处可见，此处不再赘述。在这四种极端的孝行中，判股最为普遍，其次是割肝，再次是卧冰，最次是埋儿。尤其是判股行为，由于自唐朝开始就被视为治病的药方，加之能够尽孝，故大受鼓励，不绝于史载。地方官员在此类行为中，起到了推波助澜的作用，像上面的毛奇龄为杨文蔚所立的传，实是应地方官员的邀请。结果是，朝廷对判股、割肝等行为只是采取了默认的态度，故这类孝行，一直延续到了民国时期。

三、女孝

《女孝经》产生于唐朝时期，女孝与男孝之间有着不同的要求，内涵的差异较大。

之所以将女孝单独列出来谈，是因为自古对女孝有着不同的要求。古人将孝子与孝女是分开来看的。二十四孝中，只有两个是女性，一是晋朝的杨香，一是唐朝的唐夫人。杨香的事迹出自《孝子传》，但不知出自哪本《孝子传》，单《新唐书》所列《孝子传》就有萧广济《孝子传》、师觉授《孝子传》、王韶之《孝子传》、宗躬《孝子传》、虞盘佐《孝子传》、徐广《孝子传》、梁武帝《孝子传》，共七种，且这些《孝子传》多已失传。杨香的故事非常简单，说的是杨香的父亲被虎所噬，杨香愤怒地与老虎搏斗，结果父亲得救了。还有一孝女搏虎救父的故事，与此相似，说有个叫杨丰的，被虎所噬，其女儿年十四岁，手无刀刃，直接与虎搏斗，猛击虎头，救了父亲。杨香"扼虎救父"的故事，后来广为流传，最终成为二十四孝之一。但总的说来，杨香"扼虎救父"的故事在古籍文献中出现的频率并不高，这可能是因为一般人，尤其是女人，很少有机会去搏虎救父，杨香的孝行事迹是很特别的。

（一）乳姑不怠

二十四孝之一的唐夫人"乳姑不怠"的故事，在文献中出现的频率极高，唐夫人后来成了一般家庭女性的榜样。唐夫人出自唐朝五大姓氏之一的崔氏家，所以，要将唐夫人的事情说清楚，还得费一些笔墨。先看两则资料，这两则资料都是出自《新唐书》：

乳姑不怠

昭国里崔山南管子孙之盛，仕族罕比。山南曾祖母长孙夫人年高无齿，祖母唐夫人事姑孝，每旦，栉缲笄拜阶下，升堂乳姑，长孙不粒食者数年。一日病，言无以报吾妇，冀子孙皆得如妇孝。然则崔之门安得不大乎？

《新唐书》卷 182：诸崔自咸通后有名，历台阁藩镇者数十人，天下推士族之冠。始，其曾王母长孙春秋高，无齿，祖母唐事姑孝，每旦乳姑。一日病，召长幼言："吾无以报妇，愿后子孙皆若尔孝。"世谓崔氏昌大有所本云。

所谓的唐夫人"乳姑不怠"的故事，就是出自这两段文字。不过，要将唐夫人的背景弄清，还得旁及其他的资料。唐夫人是崔氏家族的媳妇，这个崔氏不是一般家族，崔姓是当时唐朝的五大姓氏之一。五大姓氏分别是崔、卢、李、郑、王。由于唐朝是刚刚从六朝时期的门阀士族制度中过渡过来的，士族的习惯势力仍然很强大，就连国姓李氏，对当时的大家族都得礼让三分，当时曾出现过大家族不愿与皇族通婚的事例，让李氏大掉面子。所以，唐朝自立国开始，就多次重编姓氏谱，大力打击大家族的势力。上面所引的《新唐书》卷 163 中的这段话，是柳玭为了告诫自己的子孙所说的一段话，柳玭意思是说，像崔氏、裴氏、窦氏这样的大家族，为了保持家族的名誉、地位，也得以孝治家。于是，柳玭就拿崔南山的祖母唐夫人为例，说明豪门家族一样出孝子。柳玭何以要拿唐夫人的例子来告诫自己的子孙呢？这个柳氏，是关中大家族，他担心这个柳氏家族会治家不当而衰落，故叫子女多尽孝道。至于柳玭，并无多少名气，一般人不曾听说过，他的父亲是柳仲郢，因著述《尚书二十四司箴》，而深得韩愈的赞赏。柳仲郢、柳玭父子都无多大的名气，但柳玭的叔祖柳公权则是颇有名气的，尤其是练书法的人多对他很熟悉。

唐夫人因自己的婆婆老龄无牙而乳姑（姑为母亲，这里也可以解释为婆婆），被后世广为传颂，"乳姑"也就成了一个著名的典故，故后世说，崔氏家族的昌盛，原因就在于唐夫人的孝行。后世文人为女性写墓志或写传记时，往往少不了引述"乳姑"的典故。文天祥在给自己的同乡、庐陵罗融斋居士的母亲写的《封孺人罗母墓志铭》的最后就有：

昔唐夫人之为崔母兮，逮事长孙皇姑兮，姑年高齿落以枯兮，升堂乳之劬劬兮。姑曰：妇恩之不可孤兮，愿世世子孙之不渝兮。夫人吾世崔如兮，母年逾百崔所无兮，胡不与寿为徒兮，为此母忧兮，为夫人吁兮。

（二）中国第一孝女曹娥

正史中提到的第一个女孝子，是《后汉书》卷114中所谈到的曹娥。曹娥虽不见于我们今天常常说的二十四孝，但她的知名度，要远远大于杨香，在古籍中出现的频率很高。《后汉书》中记载的曹娥的事迹很简单，"孝女曹娥者，会稽上虞人也。父盱，能弦歌为巫祝。汉安二年（东汉顺帝143年）五月五日，于县江沂涛迎婆娑神溺死，不得尸骸。娥年十四，乃沿江号哭，昼夜不绝声，旬有七日，遂投江而死"。也就是说，曹娥的父亲是一个男巫，在举行迎接婆娑神时溺死，不见尸体。曹娥在寻找父亲的尸体时溺水而亡。曹娥死后十年，即桓帝元嘉元年（151年），上虞县令度尚，将曹娥的墓改葬到江南道旁，并为她立碑。度尚最初委托魏郎写碑文，这个魏郎也是上虞人，在东汉时，他是浙江仅有的几个入传的人物之一，当时的名气要远在另一个上虞人，《论衡》的作者王充之上。魏郎虽然号称是东汉时著名的八俊之一，通五经，但写文章并非他的专长。魏郎写好曹娥碑文之后，尚未出示于人。这时，度尚又委托自己的外甥邯郸淳写曹娥碑文，以表彰孝烈，碑文成后，魏郎自愧弗如，就毁掉了自己写的碑文。后来，我们通常所说的曹娥碑，就是出自邯郸淳之手。其碑文如下：

伊惟孝女，晔晔之姿，偏其反而令色孔仪。窈窕淑女，巧笑倩兮。宜其家室，在洽之阳。大礼未施，嗟丧慈父。彼苍伊何无父，孰怙诉神告哀，赴江永号，视死如归。是以渺然轻绝，投入沙泥，翩翩孝女，载沉载浮，或泊洲屿，或在中流，或趋湍濑，或逐波涛。千夫失声悼痛，万余观者填道。云集路衢，泣泪掩涕，惊动国都，是以哀姜哭市，杞崩城隅。或有刻面引镜，剺耳用刀，坐台待水，抱柱而烧于戏。孝女德茂，此俦何者？大国防礼自修，岂况庶贱露屋草茅不扶。自直不断，自雕越梁，过宋比之，有殊哀此贞励。千载不渝，呜呼哀哉！铭曰：名勒金石，质之乾坤。岁数历祀，立庙起坟，光于后土，显昭天人生。贱死贵利之义门，何恨花落飘零，早分葩艳窈窕永世，配神若尧二女为湘。夫人时效仿佛以昭后昆。

蔡邕（蔡文姬的父亲），陈留人，因卷入派系之间的斗争，而流亡到江南，避难于吴会地区。作为著名的文学家、书法家，蔡邕在吴会地区，只夸奖过四样东西，会稽的竹子、王充的《论衡》、赵晔的《诗细》，最欣赏的便是邯郸淳的曹娥碑文。蔡邕与曹娥碑文之间还有一个著名的典故。蔡邕初见碑文时，评语是八个字："黄绢幼妇外孙齑臼。"至于这八个字是什么意思，一时无人能够解读。后来，曹操、杨修见到此八个字，两人都来解释蔡邕的这八个字。曹操谓杨修曰：解否？答曰：解。魏武曰：卿未可言，待我思之。行三十里，魏武乃曰：吾已得之。令修别记所知，修曰：黄绢，色丝也。幼妇，少女也。外孙，女子也。齑臼，受辛。所谓"绝妙好辞"。魏武亦记之，与修同，乃叹曰：我才不及卿，乃较三十里。曹操的意思是说，你杨修聪明，一见到这八个字，就能知道它的意思，但我曹操得在马上思考三十里的路程，才能想出这八个字的含义，我的智力，与你杨修相差三十里。当然这是一种比喻的说法，据说曹操后来杀掉杨修，就是因为杨修能够未卜先知，能够看透曹操在想些什么。

曹娥碑因名气太大，非常引人注目，书写曹娥碑的，多是中国历史上的著名书法家。第一个为曹娥写碑的是蔡邕。蔡邕是东汉著名的书法家，他书写的曹娥碑在二百年之后失传。据《碑薮》载，东晋王羲之，再以小楷书写曹娥碑，碑刻两通，但也失传。距蔡邕书写曹娥碑约九百年，北宋尚书仙游人蔡卞，于元祐八年（1093 年）再次以行书书写曹娥碑文。又经过 430 年，在明朝嘉靖元年（1522 年），李邕再次以行书书写曹娥碑文。

曹娥的孝行，深得后人的欣赏与赞扬。据《宋史》卷 425 载，南宋时，信州弋阳人谢枋得，不仕于元。至元二十六年（1389 年）被强征到京师大都，问谢太后攒所及瀛国所在，再拜恸哭。已而病，迁悯忠寺，见壁间《曹娥碑》，泣曰："小女子犹尔，吾岂不汝若哉！"留梦炎使医持药杂米饮进之，枋得怒曰："吾欲死，汝乃欲生我邪？"弃之于地，终不食而死。

在会稽，曹娥的遗迹很多，除了曹娥碑文之外，像曹娥庙、曹娥祀、曹娥江等。历代地方政府，都注重修葺曹娥遗迹。

南宋初温州乐清人王十朋，为了重修曹娥庙，上书皇帝，其呈词及诗文都完好地保存在其文集《梅溪后集》卷 25 中，其中就有《与陆会稽修曹娥旌忠庙》。

以上所述，只是挑选的中国历史上较有代表性的女孝子的代表，这远远不能说明全部。女孝与男孝之间，有着不同的要求，内涵上的差异较大。唐朝时产生的《女孝经》中，表达得非常清楚。但《女孝经》是仿照《孝经》所作，由于时代的差异，《女孝经》所说的大部分内容，已经不符合现实了。正史或现实中所推重的孝女形象，正是《女孝经》中的《事舅姑章第六》及《孝治章第八》这两章所表达的内涵，第六、第八章的内容是：

女子之事舅姑也，敬与父，同爱与母，同守之者义也。执之中礼也，鸡初鸣，成盥漱衣服，以朝焉，冬温夏清昏定。

大家曰：古者淑女之以孝治九族也，不敢遗卑幼之妾，而况于娣侄乎？故得六亲之欢心，以事其舅姑。治家者，不敢侮于鸡犬，而况于小人乎？故得上下之欢心，以事其夫。理闺者，不敢失于左右，而况于君子乎？故得人之欢心，以事其亲夫。然故生则亲安之，祭则鬼享之，是以九族和平，蓁菲不生，祸乱不作。故淑女之以孝治上下也。如此，《诗》云：不愆不忘，率由旧章。

《女孝经》中这两章的内容，是最贴近孝女日常生活的，一是事姑舅，也就是处理好婆媳之间的关系；一是治家，使家庭和睦。从文献资料来看，表彰得最多的孝女、孝妇的事迹，多与此有关。而真正像以上谈到的杨香"扼虎救父"、曹娥投水寻父的故事，只能是体现了一种精神，在现实的生活中，是难以模仿的，以上举例的这三个典型孝女的事迹在文献资料中出现的频率很少，就能说明问题。杨香"扼虎救父"在文献中出现的最少，曹娥的故事出现频率较高，尤其是南宋之后，多是一些政府官员用曹娥的典故来表达自己的忠君爱国思想。只有唐夫人"乳姑不怠"的事迹才是屡屡出现在一般孝女的传记或墓志铭中，只因唐夫人的事迹，对一般的女人来说是最容易做到的，也是最易模仿的。

给孝女立传，合传目前只见到武后《孝女传》一种，而所见的唐朝以前的《孝子传》则不下七种。当然，《孝子传》中，也含有孝女，但孝女是个别的。所以，如果我们以《孝子传》来说明孝女的话，显然不够典型。另外，这些《孝子传》《孝女传》多已不传。再就是在正史中的《孝友传》中，记载有一些孝女的感人的孝行事迹，可资参考。中国自宋元以后，流行给个人立传，尤其是在明清时期，给个人立传成了风气，以下是为文献中所见的给个人所立的孝女传：

元陈高《不系舟渔集》卷13有《胡孝女传》，元朝周原诚《新安文献志》卷99有《蜀源鲍孝妇传》，元谢应芳《龟巢稿》卷14有《钱孝女传》，明宋濂《文宪集》卷16有《丽水陈孝女传碑》，明沈鲤《亦玉堂稿》卷9有《孝女传》，明王祎《王忠文集》卷21有《陈孝妇传》，明朱右《白云稿》卷3有《杨孝妇传》，明徐一《始丰稿》卷14有《席孝妇传》，明祝允明《怀星堂集》卷19有《崔孝妇传》，清朝范承谟《范忠贞集》卷7有《沈孝妇传》，清朝汪文端《松泉集》卷19有《鲁孝妇传》。

这些孝女的孝行，多有一个共同的特点，就是诚心地侍奉父母、舅姑

（公公婆婆）。如元陈高所撰的《胡孝女传》中胡孝女，即泰秀之，浙江海盐人，"母沈氏，患手足挛不能行动，举持积年不愈，家人侍疾者颇厌倦。泰尚幼，乃戚然自卑曰：吾力稍能任，岂令无人养母哉？及长，即日夕侍奉母侧，饮食、药物必手进之，盥栉必躬为之，溲矢起卧必亲抱扶之。父及兄日出佣业，药膳皆其所供具，凡母所需者未尝不给"。后来，泰秀之为了便于侍奉母亲，就与丈夫留在母家，照顾母亲的起居。为了彻底将母亲的病治好，泰秀之先割股肉，再割胸肉喂食母亲，照顾了母亲三十多年。如明初著名文学家王祎所作《陈孝妇传》中的陈孝妇，本名徐妙梓，明州象山县人，后嫁与同里陈氏为妻，"事其舅姑尽妇道大德。丁未岁大祲，人相食，孝妇尽出奁，具以易粟，择其精凿者，用为养，而自食疏粝，以率群下，或采蕨根荠叶，以取给，未尝使舅姑知之"。

元刘敏中的《中庵集》卷5中，收录有他曾特咏北京一叫宋子正的女子的孝行诗二首，诗序称："孝妇者，北京宋子正女也。幼有才行，能诗，适同郡张氏。其姑寝疾，衣不解带四十余日。姑死，攀枢长号，一恸而绝。明日与姑并枢埋焉，时年十九岁矣。"刘敏中特赋诗云：

才如蔡琰诗尤雅，学若班昭义更深。

一恸从姑九泉下，世间方识向来心。

私心既起不复公，区区节义同一聱。

朝来忽见孝妇传，洒若执热濯清风。

四、动物之孝

古人认为，动物是有孝心的。比较典型的是乌鸦。乌鸦自古以来被称为慈乌。

慈乌失其母，哑哑吐哀音。

昼夜不飞去，经年守故林。

夜夜夜半啼，闻者为沾襟。

声中如告诉，未尽反哺心。

百鸟岂无母，尔独哀怨深。

应是母慈重，使尔悲不任。

昔有吴起者，母殁丧不临。

嗟哉斯徒辈，其心不如禽。

慈乌复慈乌，鸟中之曾参。

此诗是唐朝大诗人白居易的《慈乌夜啼》。乌鸦自先秦时就被中国古人视为孝鸟，白居易的这首诗只不过是无数咏乌鸦的诗中的一首。白居易在诗中提到了一个人，就是吴起，意思说，吴起不孝，比不上乌鸦。查《史记》卷65，吴起本是卫国人，但到鲁国做将军，他娶了一个齐国女子做妻子，遭到了鲁国人的猜忌。吴起为了表示对鲁国是忠心的，就将自己的齐国老婆杀了。之后，鲁国国君真的任命他为将军，吴起打败了齐国。但是，许多人都议论，说吴起好猜忌。吴起家里很富有，他带上许多的钱外出仕宦，但未能求得一官半职，结果败完了家产，家乡的人都嘲笑他。吴起就一怒之下，杀了三十多个人，东出卫国国门，与母亲诀别时，咬破手臂，发誓对母亲说，若是不做卿相，决不回来。到了鲁国后，就成了曾子的学生。"顷之，其母死。起终不归，曾子薄之，而与起绝，起乃之鲁学兵法，以事鲁君。"白居易所谓的"母殁丧不临"，就是说的此事。

动物有孝，这是古人的一般的看法。宋朝福清人林同写了一本诗集《孝诗》，除了前面将宋朝以前的古代孝子歌咏一通之外，有意思的是，林同在这本诗集的末尾写有十首关于动物孝的诗，这十种动物是：乌、鹤、燕雀、虎狼、猿、犬、羊羔、豺獭、蛇、青蚨。排在首位的仍然是乌鸦，林同的

《乌》诗是：灵乌噪何许，反哺向中林。人可不如乌，而无爱母心。林同有一咏《羊羔》的诗，前有序言，曰：唐屠者王中，将刲一母羊，忽失其刀，寻觅次蹴起见羊羔，所失刀藏腹下。故林同根据此传说，吟诗一首：已分几上肉，谁藏腹下刀，安知羊不死，乃复自羊羔。在林同吟十种动物孝诗的最后，有宋朝著名的藏书家、钱塘人陈起对此的一段评语：善乎！诚斋先生之言曰：人而禽虫如焉？非甚也。人而不禽虫如焉？非甚乎。伊欲上诣圣贤，下免禽虫，奚为而可，曰学同。曰：孝书之坐右，日以自省。

（一）慈乌

在古人看来，动物与人一样，也是有孝心、孝行的。在中国古人的心目中，有一种鸟，被称作孝鸟，这就是乌鸦。乌鸦为何是孝鸟，历史上有各种解释，可谓五花八门。要将这个问题弄清，得先看看中国最早的字典《尔雅》一书的解释。《尔雅》中有三处提到乌鸦，这三处是，第一种，"鹥斯，鸭鸥是也"，即鸦乌不反哺，巨喙，腹下白。第二种是燕乌，似鸦乌，而大白项，而群飞，又名鸥，即《尔雅》所说的，"燕，白脰乌是也"。第三种是山乌，似鸦乌而小，赤嘴穴乳，出西方，即《尔雅》所谓的"鸒，山乌是也"。但《尔雅》中独独不提慈乌，也就是孝鸟。可能是由于《尔雅》中没有提到孝鸟慈乌，宋代罗愿在注的《尔雅翼》卷13的解释是："乌，孝鸟也。始生，母哺之六十日，至子稍长，则母处而子反哺，其日如母哺子之数，故乌一名哺公。"乌鸦在先秦是孝鸟，是当时的一般常识，先秦文献频繁地提到。由于乌鸦是孝鸟，孔子在解释语气词"呜呼"二字时是这样说的：乌，盱呼也，取其助气，故以为"乌呼"，盖乌之呼如人之叹声，故古者记人之叹，辄书"乌呼"以记之。看来，乌鸦因孝，而影响到了我们的语言发音。古人称太阳是三足乌，意思是说，太阳早上每每从东方升起时，是有一只三只脚的乌鸦带动飞行的，太阳因此而得了这么一个名称。《穆天子传》中提到后羿射日，就有太阳中有乌鸦的说法：于鹊，与处是也。戏即呼也。古者言，日中有乌，尧时十日，并出，羿射落九。日中之乌有三足，故说者以为乌三点者，法三足。然《说文》鸟，乌之足，似匕，皆从匕，无三足之义。且舄焉，皆乌名，从乌之类。后来，有人在解释乌鸦为何有三只脚时说，是要模仿马的脚，因马是三趾。由于乌是孝鸟，所以太公说：爱人者，爱其屋上乌；憎人者，憎其储溃。成语"爱屋及乌"即由此而来。传说商代的少暤氏，就将"司徒"官名称作"祝鸠"。我们知道，司徒就是"司土"的意思，本意是管理老百姓，显然，这是《孝经》中所谓的天子之孝的含义。祝鸠又名鹏鸠，似斑鸠而臆无绣采，又头有赘物之拙者，不能为巢，才架数枝，往往破卵无巢，不能居，天将雨，则逐其雌，霁，则呼而反之。从这些不同的解释中，似乎使我们越来越糊涂，一时不知道到底什么是乌。但总体上的情况，一是古人未能完全弄清乌的种类，一是古人在解释时，免不了总是想将乌鸦与孝能够联系起来，这使得乌鸦的解释较为混乱。

（二）养老之杖：鸠杖

由于古人以为乌是慈乌，所以，这一意识影响到了古代生活的各个方面，从日常生活到政治活动，都有慈乌乌鸦的影子，如养老之杖的把柄，就是仿照着鸟的形状。"汉仲秋之月，县道皆按户比民，年始七十者，授之以玉杖，铺之糜粥；八十、九十，礼有加，赐玉杖，长尺端以鸠鸟为饰。鸠者，不噎之鸟也，欲老人不噎。古之养老，祝鲠在前，祝噎在后，以为养老之备。此所以取鸠而又名鸠为祝鸠也。"有关鸠杖的起源可能与楚汉战争有关。相传汉高祖刘邦与项羽争夺天下，两军在京都咸阳对垒，刘邦常听到斑鸠夜间鸣叫，斑鸠一叫，就有敌情发生，时间一长，成了规律。因此，他对

斑鸠产生了感情。他做了皇帝后，为了纪念、敬重斑鸠，下令匠工做了鸠杖，赐予老人，是让斑鸠像当年为他报敌情一样，保护老年人长命百岁。还有一种说法，养老之杖起源于舜帝时。据《琴操》载，"舜耕历山，思慕父母，见鸠与母俱飞，鸣相哺食，感思作歌。"文献中，汉朝是最早使用鸠杖的，后世朝廷赐予鸠杖的规模都不及汉朝。开元二年九月丁酉，唐玄宗"宴京师侍老于含元殿，赐九十以上几杖，八十以上鸠杖，妇人亦如之"。鸠杖在考古发掘中，出土了许多，甚至在一些小墓中也有发掘。1989 年 8 月，在甘肃武威的柏树乡发掘的一座汉墓中出土了一根鸠杖。发掘时，此鸠杖置于棺盖之上，已成三截，残长 110 厘米。材质是杨木，杖首是完整的斑鸠，作蹲伏状，腹部下有一小孔，作系绳用。这样的发掘物，在中国已有多处发掘，这些是鸠杖存在的直接物证。

（三）慈乌满庭

由于乌鸦是孝鸟，故所到之处，都会带来吉祥、喜庆。有关乌鸦救人的一个最为著名的传说，是关于介之推的，说的是晋文公为了逼迫介之推出来做官，就"焚林以求介子推，有白鸦绕烟而噪，或集之，推之，侧火不能烧。晋人嘉之，起一高台，名曰：思烟台"。若是某人出生时，家中有乌鸦造访，那一定是吉祥的事。唐朝青州益都人崔信明就是在出生时，有雀到访，带来了好运。据《旧唐书》卷190 上载，崔信明以五月五日日正中时生，有异雀数头，身形甚小，五色毕备，集于庭树；鼓翼齐鸣，声清宛亮。隋太史令史良使至青州，遇而占之曰："五月为火，火为《离》，《离》为文彩。日正中，文之盛也。又有雀五色，奋翼而鸣。此儿必文藻焕烂，声名播于天下。雀形既小，禄位殆不高。"及长，博闻强记，下笔成章。乡人高孝基有知人之鉴，每谓人曰："崔信明才学富赡，虽名冠一时，但恨其位不达耳！"崔信明在出生时，有孝鸟给他带来好运，但他的名气并不是很大，虽然他自认为文章独步当时，然终于没有留下什么值得骄傲的东西。然而，正史中还有一位人物，因在出生时，慈乌满庭，给他带来了好运，甚至改写了中国学术史，这人便是北宋时的邵雍（1011—1077年）。邵雍是北宋时杰出的道学家，与二程齐名，其著作《皇极经世》《伊川击壤集》对中国哲学史影响深远。据《邵氏闻见录》载，邵雍出生时，带有几分神秘的色彩："伊川丈人与李夫人，因山行于云雾间，见大黑猿，有感，夫人遂孕。临蓐时，慈乌满庭，人以为瑞，是生康节公。公初生，发被面，有齿，能呼母。七岁戏于庭蚁穴中，豁然别见天日，云气往来。久之，以告夫人，夫人至无所见，禁勿言。既长，游学晋州，山路马突同坠深涧中，从者攀缘，下寻公，无所伤，唯坏一帽。"从这段文字来看，邵雍出生时，乌鸦满庭，确实给他带来了好运。

　　一般说来，居所之处若是来了乌鸦，也会给自己带来好运。据《北齐书》卷33记载，萧放，字希逸，随父亲萧祗到邺。结果，父亲萧祗死于邺，萧放居丧，以孝闻。就在萧放的庐室前有二只慈乌，各据一树为筑巢，自中午以前，驯庭饮啄，中午后便不下树。每到喂食的时间，就舒翅悲鸣，全似哀泣，家人伺之，从来没有阙时的时候，大家都以为是至孝之感。等到萧放服阕结束，就袭父亲的爵位。武平中，待诏文林馆。萧放性好文咏，颇善丹青，因此在宫中，披览书史及近世诗赋，监画工作屏风等杂物，见知遂被眷待，累迁太子中庶子散骑常侍。唐朝的时候，玄宗开元二十八年（740年），慈乌筑巢于宣政殿棋，鹁鸽则集聚于麟德殿，唐玄宗及其大臣，都认为这是吉祥之意，令狐楚为此特地写有《贺白乌表》。明朝嘉兴人姚谷庵，居所前有群乌栖集于树，早晚必飞鸣，盘绕而后去，止意若省候于主人者。姚谷庵为此赋《乌来巢诗》，叫浙江海宁人张宁为之作序，张宁所作之《乌来巢诗卷跋》，收录在《方洲集》卷20中，其序程："予闻，乌能返哺，谓之孝乌，岂以谷庵诚孝其母，教刑于家而物亦感兆耶？旧说，御史府为乌台柳，仲郢每一迁官，辄致乌。谷庵以御史出尹，乌之来，将复始发祥耶？夫鹊巢避岁，燕垒去愁，乌之灵于吉凶也久矣。地安人和，乌于是乎来巢，余或未足征也。而谷庵之家信，将日益于平康矣。予素过谷庵，得诸目激用，识实语于诗后，他日当有验者。"张宁在序言中提到一个典故，说的是在御史府，每有人升迁，就会招来乌鸦。张宁在此将姚谷庵的孝行、升迁等都与乌鸦联系上了，是乌鸦给姚谷庵带来了运气。

（四）《瑞乌诗》

明代有将乌鸦作为瑞鸟来饲养的，养乌之余，不忘以吟诗作赋，以表心迹。明朝毕嘉会，曾养了两只乌鸦，并为此邀集了一批人，写诗作赋，汇集成卷，邀请上元倪岳特为作序。今诗集虽不存，但倪岳所作之序言收录在其文集《青溪漫稿》卷19中的《扬州鹾司瑞乌诗序》，其序曰：乌以瑞名，志非常也。莫黑匪乌，而有白其雏，非常乌也。斯谓之瑞欤，粤稽古昔乃若国君，以之纪元，孝子以之名邑，《诗》有爰止之瞻，《传》有人屋之爱。而或者遂谓鸟之灵，大者，凤，小者。乌则乌之重于他鸟，亦久矣。两淮都转运使济南毕君嘉会，尝植槐于厅事之前，有乌来巢其颠，今年忽产二雏，一白一黑，取而蓄之，驯扰不惊，维扬之人咸以为瑞。或曰：君廉以守，己清白弗易其操，其征则然欤。或曰：君明以烛，理黑白弗混，其施其征则然欤。于是相率颂歌之，裒辑成卷，乡友贝君琪持以畀予，且道之故，遂需一言弁其端。

（五）《古木慈乌图》

历史上有多幅乌鸦题材的绘画，其中不乏名画。明代长洲人，号称明世第一的"吴门画派"之祖沈周，曾画过《古木慈乌图》，后此图藏于明长洲人吴宽家，吴宽为此作有《题沈云鸿藏其父所写古木慈乌图》，对沈周作此画的原委做了一个简单的交代："石田（沈周）作此，盖偶写其西庄景物耳。其子云：鸿遂藏，谨甚以予父之执也。奉以乞言，夫其哑哑而鸣，翩翩而集，相覆以羽相哺以食者云，鸿固有感于乌之孝矣。"明代另一位杰出的画家，号称"江南第一风流才子"的吴县人唐寅，作有《晓林慈乌图》，并自题诗一首：慈乌呜呜闹晓林，羽毛单薄雪霜深。世间人子非枭獍，闻得谁无反哺心。除此之外，有沈启南的《慈乌图》并题：风劲月满地，林虚叶亦枯。君家有孝义，树树着慈乌。

第十八章　孝的应用

一、做一个孝顺与修养并存的员工

正直是忠孝之人共有的品质

《孝经》讲谏诤，是指对于一件事，错误的要勇于提出来。所以历史上有魏徵、包拯等正直的人。荀子说，从道不从君，从义不从父，人之大行也。你要敢肯定你确实站在道义的立场上，你才有"违"的资格。孝子都有一颗正直的心，是平常百姓也好，是为官者也罢，在他们的言行当中，都是正直的，值得别人赞赏的。

宋钦宗靖康二年（1127年），金兵南下，如入无人之境，迅速攻破了汴梁（今河南开封），并俘虏了徽宗和钦宗二帝，史称"靖康之耻"。

事变后，钦宗赵桓的弟弟赵构，在大臣们的拥护下，在应天府（今河南商丘）当起了皇帝，建立了南宋王朝。此后，又迁都临安（今浙江杭州），为了苟延残喘，对金人提出的无理要求全部答应。到了宋理宗时，他任用奸臣贾似道为相，而使得朝政更加混乱。

贾似道，字师宪，因其姐姐被选入宫中做了贵妃，依靠裙带关系才得以入朝为官。贾似道此人极善奉迎之事，很快就做了地方大官，之后，升任参知政事、知枢密院事，逐渐掌握了朝中大权。

理宗开庆元年（1259年），鄂州被蒙古人围困。贾似道领兵增援，还没开战，他就私下向蒙古人称臣纳贡。得到了实惠的蒙古人很快就退了兵，贾似道却谎报此战"大捷"，理宗不明究竟，还升他做了右丞相。之后，贾似道用计除掉异己势力，独揽了整个朝政大权。

贾似道

理宗死后，度宗即位，贾似道被加封为太师，朝中一切政事都在他的私宅中商议。襄阳被围四年，他只是一味地向蒙古乞怜。

朝中的大臣们大多都是他的心腹，只有一个叫陈仲微的人敢站出来揭露他的罪行。陈仲微。字致广，他不满贾似道的罪行，揭发他，后因贾似道势力太大而被罢官。

他复官后，依然上书指责时政，说："君道相业，两有所亏！"批评国君和宰相的昏庸，还说宋徽宗和宋高宗的时候，也是如此，君是昏君，相是奸相，那些佞臣起初竭力奉承皇帝，享受荣华，到头来却又投降敌人，向敌人称臣。陈仲微要求宋度宗和贾似道等人以徽宗、高宗时的旧事为鉴，切勿把国家大事继续耽误下去。

陈仲微在其向度宗的谏书中，用"俯首吐心，奴颜婢膝"来形容那些奸佞的权臣。可是昏庸的宋君根本不放在心上，后来没过多久，南宋就灭亡了。

俗话说："男儿膝下有黄金。"从这一句千百年来流传的话语中，我们便可窥得历代人们心中的一种观念——骨气是一个人的"脊梁"。

越是面对沉重的苦难，越是要挺起我们的脊梁。心手相连、团结互助、永不言弃、众志成城，这就是中华民族的骨气。我们之所以崇拜那些流传千古的英雄，是因为他们都有不屈的"脊梁"。

但在这个世上，总是会有那么一些人，他们像软骨动物一样，随意地改变自己，他们没有可以挺立的"脊梁"，没有值得称道的骨气，所以，他们的人生是可悲的。

有胆量的人是不惊慌的人，有正义的人是考虑到危险而不退缩的人。在危险中仍能保持正义的人是勇敢的，因为他站在了"理"的立场上，相信自己的出发点是好的，总可以打动对方内心去改变一些事情。魏徵就是一个这样的人。

魏徵，是历史上有名的谏臣。有一年，唐太宗派人征兵。宰相封德彝建议：把16岁到22岁的人全部征来当兵。魏徵觉得这样做很是不妥，他严肃地对唐太宗说："若是把16岁到22岁的人全部征来当兵，那他们的地谁种？国家又从哪里征收租、赋、调和徭役呢？"唐太宗听了，恍然大悟："你说得对。"于是他没有采纳封德彝的意见。

唐太宗曾经问魏徵说："历史上的君王，为什么有的人明智，有的人昏庸？"

魏徵说："多听各方面的不同意见，就会明智；而如果只听一方面的意见，肯定就会昏庸。"他还举了历史上尧、舜和秦二世、隋炀帝等人的例子，说："治理天下的君王如果能够采纳下面的意见，那么下情就能上达，他的亲信要想蒙蔽也蒙蔽不了。"唐太宗听了连连点头。

有一次，唐太宗听信谗言，批评魏徵包庇自己的亲戚。经魏徵辩解，唐太宗知道是自己错怪了他。魏徵乘机进言道："我希望陛下让我成为一个良臣，不要让我做一个忠臣。"

唐太宗惊讶地问："难道良臣和忠臣有区别吗？"

魏徵说："有很大区别。良臣拥有美名，君主也得到好名声，子孙相传，千古流芳；忠臣因得罪君王而被杀，君王得到的是一个昏庸的恶名，国破家亡，而忠臣得到的只是一个空名。"唐太宗听后十分感动。

魏徵进谏，不管唐太宗是否乐意，往往触怒龙颜。就是当唐太宗雷霆震怒时，他仍能神色镇定，从容陈词。

有一次上朝的时候，魏徵跟唐太宗争得面红耳赤。唐太宗憋了一肚子气回到内宫，见了长孙皇后，抱怨道："总有一天，朕要杀死那个乡巴佬！"

长孙皇后很少见唐太宗发那么大的火，便问道："陛下想杀哪一个？"

唐太宗说："还不是那个魏徵！他总是当着大家的面侮辱朕！"

长孙皇后听了，回到自己的内室，换了一套朝见的礼服，向唐太宗下拜。唐太宗不知何意，便问她这是干什么。长孙皇后说："臣妾听说有英明的天子才有正直的大臣，现在魏徵这样正直，正说明陛下的英明，我怎么能不向陛下祝贺呢！"长孙皇后的一番话令唐太宗的怒火平息了下去。

正是在魏徵的辅佐和劝谏下，唐太宗避免了一些劳民伤财之举，并且取得了贞观之治的大好局面。

公元643年，魏徵去世后，唐太宗十分怀念他，对左右大臣说："以铜为镜，可以正衣冠；以古为镜，可以知兴替；以人为镜，可以明得失。魏徵去世，朕失去了一面好镜子啊！"

有人说过，做有益的事、说有胆量的话、期望美好的事，这对人的一生足矣。见到错误的东西不敢管、不愿管，"事不关己，高高挂起"，这并不是宽宏大量，而是胆小怕事。对于坏人坏事，一味退让、姑息养奸是不行的，必须坚决与之斗争。即使有时必须为此付出昂贵的代价，也要毫不动摇地坚持原则，宁可丢掉个人利益，也不能丢掉一身正气。

古代那些谏臣至今受人称颂，这表明历史和后人都是承认像魏徵这些谏臣的价值。正直是孝子的难能可贵的品质，孝顺需要正直，就如同生命需要水源一样。正是正直才使得孝顺更加珍贵。

淡泊名利，才能保证做到忠孝

古人云"以孝养志"，所谓志向，需有一颗干净的心灵，君子淡泊名利，以孝养志，君子的成功都摒弃侥幸心理，他们视名利如浮云，把侥幸从他们的人生中剔除。所谓孝道就是人道，人道即是安身行道，一个人如果找到自己的志向与定位，那么必能有安身之道。

庄子为我们讲了这样一个故事：有一天，他拿着鱼竿，在濮河边钓鱼，这时远处来了两个人，驾着华丽的马车，走过来对庄子说："请问您是庄周先生吧，我们是楚国的大夫，国王派我们来，请您前去做官。希望您能随我们前往，到了那里，富贵荣华就不用提了。"

可是庄子拿着鱼竿，连头也不回地说道："我听说楚国有一只神龟，死了已有三千年了，国王用锦缎把它包好，放在竹匣中，珍藏在宗庙的堂上，早晚还向它朝拜，请问，这只神龟，它是宁愿死去留下骨头让人们珍藏呢，还是情愿活着在烂泥里摇尾巴呢？"

那两个人说："情愿活着在烂泥里摇尾巴。"

庄子说："请回吧！我要在烂泥里摇尾巴。"

于是两个官员只好灰溜溜地离开了。

庄子是一个睿智的哲人，他看到，富贵给人带来的乐趣，远没有自己在自然中获得的乐趣大，自己置身山水之中、天地之内，自己做自己的国王，心灵控制自己的身体，何苦要放弃这个国王的位置，去做别人的奴仆呢？即使他真的做了世俗的国王，又怎能比自己天地中的国王自由呢？庄子一生，追求的是无限的自由，他歌颂本真，痛恨虚伪，在他那里，自然把世俗的名利看作浮云一般。

可是现实中的我们呢？看一看自己的生活，年纪轻轻的我们也不免发出

"人在江湖，身不由己"的感慨：为了成绩和名次，我们已经不堪重负。

庄子知道，一旦用心谋取功名，就必然会失去自由。人在这个世界上，地位最崇高的，莫过于当皇帝了，可是，即使做了皇帝，也不一定自由，反而是被束缚在深宫大院中，不得舒展。

历史上的皇帝有几百个，生活养尊处优，可是长寿的不多，夭亡的倒不少。超过80岁的，只有包括清朝乾隆皇帝和唐朝武则天在内的五个人；相反，50岁以下就死去的倒有一半以上。与此形成鲜明对比的是历史上的书画家、文学家，在他们的生活中，一本好书就是一杯清茶，名利在他们眼中就如同过眼烟云，所以他们反而能够不受名利的束缚，自得其乐。杜甫就曾写下"丹青不知老将至，富贵于我如浮云"的诗句。这样看来，优裕的生活、显赫的地位与幸福的程度并不成正比。

人在追求名利和地位的时候，难免会说违心的话，做出违心的事情。我们都知道蒲松龄笔下的画皮的故事，一个不属于人类世界的鬼狐，披上人皮去赢得赞美和爱慕，最终还是要将这一切奉还。在名利场上角逐的人也是这样，他们的外表虽然伪装得很高尚，但剥下体面的外表，内心却是狰狞的面目。包裹在名利之中的幸福也是如此，看上去如同钻石，真正得到了，却会幻化成烟，烟消云散。

对年轻人来说，名利的滋味可能还很少感受，但是对名利的直观好感已经产生了：我们会羡慕舞台上的明星受人追捧，羡慕有显赫身世的同学，羡慕比尔·盖茨的富有，羡慕电影上那些开着自己的游艇逛海洋的富人。我们只看到了他们光鲜的一面，却看不到他们努力的一面，或者是孤独的一面。

很多年轻人都把名利看得很重，他们认为，名利可以光宗耀祖，可以给父母的脸上贴金，所以，他们往往抱着侥幸的心理去做事情，然而事实证明这种做法是不对的。

一个农夫养了一只小狗。每天农夫要到田里劳作，小狗就会在家忠实地守护着主人的财产。尤其是夜里，小狗更是恪尽职守，替主人看护家门，以防贼人闯入。主人善待小狗，小狗忠于主人。

一天晚上，农夫和家人早已经熟睡，只留下小狗守在门外。这时候一个小偷蹑手蹑脚地走近农夫家，然后翻过围墙，跳进庭院。狗儿看见有个黑影闪过，发觉有人闯了进来，于是大声地吠叫起来。小偷看到狗一直叫个不停，恐怕惊醒主人，坏了他偷东西的计划，于是从口袋中拿出一块面包丢到狗的面前，然后轻轻地对狗说："嘘！别再叫了，这块面包给你吃。"

狗看了小偷一眼说："你的企图我还会不清楚吗？你给我面包的目的就是希望我别把主人惊醒，好让你顺利偷走主人家的财产。可是你想错了，如果你偷走主人的所有财产，甚至将他们一家人都杀了，那么，我自己也将无法活下去了。我的职责就是要叫醒主人，告诉他们有陌生人来侵犯。我不能只顾眼前的利益而不替将来打算，更不会为了一块面包而丢掉自己的性命！"说完又大声吠叫起来，小偷就这样被吓跑了。

人在贪图某些小利益的时候往往将期望侥幸的人性展现得淋漓尽致。这种取小失大的行为是不足取的，也正好给了别人抓空当儿趁机下手的机会。寓言中忠实的小狗清晰地认识到贪图眼前小利益的严重后果——主人财产被盗，主人被杀，自己也无法生存。它没有被面包所诱惑，不但保住了主人的财产，也使自己的生活有了保障。

很多人终其一生都抱着侥幸心理去寻找名利，在不久于人世的时候，才发现最重要的是如何生活，如何去爱别人，并得到别人的爱。我们的人生之路还很漫长，不如从现在开始，就放开功利的想法，踏踏实实地开始自己的生活，这样才有机会让自己光宗耀祖，从而更好地孝顺父母。

孝是明理之源

《孝经》写道："士有争友，则身不离于令名；父有争子，则身不陷于不义。故当不义，则子不可以不争于父，臣不可以不争于君；故当不义，则争之。从父之令，又焉得为孝乎！"可见，直言秉正是孝子需要品质，正所谓，大丈夫光明磊落，无论对父母，还是对国家，都需要有这种无畏的精神。

想做一个孝子，做事情就要有原则、是非分明，这一点上，包拯就是一个优秀的榜样，很值得我们学习。

包拯是宋朝一个刚正不阿的清官，赴任扬州天长知县时写诗自勉："清心为治本，直道是身谋。"他一生敢于犯颜直谏，不谋私利，执法如山，铁面无私，不畏权贵，坚持为民除害，受到了百姓的爱戴。

包拯很小的时候父母就去世了，他是由年长他很多岁的兄嫂养大的，所以他对兄嫂一直很孝顺。此外，包拯办案更是铁面无私、刚正不阿，备受赞誉。

话说开封城里有一条惠民河，河两岸的居民，既有平民，也有达官贵人。包拯任开封府尹的时候，天下大雨，河水泛滥，淹没了街道，许多平民无家可归。

经过调查，包拯知道河水泛滥是因为河塞不通，不能排水，而这都怪贵族们在河上筑起了堤坝，将坝内的水面据为己有，和住宅连成一片，简称水上花园。要为民造福，只有疏通惠民河，只有将这些堤坝挖掉。

贵族们能答应吗？包拯画了地图，拿出有关证据，下令将所有堤坝与花园拆毁。有人自恃权大位显，告到宋仁宗那里。包拯毫不畏惧，拿出证据证明他们是非法建造水上花园。宋仁宗也只好睁一只眼闭一只眼，不能为皇亲贵戚们说话。

这样，惠民河很快被疏通。包拯不畏权势，维护百姓利益，为老百姓做了许多好事，成为历史上的名臣，人称"包青天"。

是非分明的人时刻都会坚持自己的原则，不管对方是谁，他们都能公正地对待，而不是像那些溜须拍马的人，一见了大人物就忘了自己的原则。在人格上平等才能在精神上对话，这是求真务实的人一贯尊崇的理念。

清朝名臣于成龙，素有大志，44岁接受清廷的委任，到遥远的边荒之地广西罗城担任县令。罗城地处偏远，天朝威严鞭长不及，因此罗城境内盗贼蜂起。于成龙到任时，罗城遍地荆棘，城中只有几户居民而已，堂堂县衙也不过三间破茅屋。于成龙只得寄居在关帝庙中，以荆棘做门，以土堆为案几。后来身边的随从或死或逃，于成龙孤身一人，危机四伏，夜晚睡觉时都要头枕着刀，并在墙边放置一杆枪，用以防备盗贼。于成龙殚精竭虑，终于肃清了匪盗，数年之后，罗城大治。

于成龙在罗城的生活异常清苦，每天只吃两顿甚至是一顿，生性嗜酒的于成龙夜里用四钱沽酒一壶，却没有下酒菜，于是边饮酒边读唐诗，每至痛哭流涕，不知道喝下的是泪还是酒。有时候酒瘾作祟，经常接济穷苦百姓的于成龙无钱买酒，只好将清水倒入酒壶，喝着略带酒味的清水来解解酒瘾。

一年，于成龙的儿子从远在千里之外的山西来到罗城探望父亲，告知祖母病重，要父亲告假回乡探母。儿子从家乡带来了一只腊鸭，给父亲下酒，时值中秋，父子二人没钱买菜，于是将那只腊鸭割下半只，草草过了中秋节。节后，于成龙请假获准，于是父子上路回家，但是盘缠不够，路上吃饭没钱买菜，于是又将另外半只腊鸭当菜。此事传回罗城，当地百姓深受感动，并称之为"半鸭知县"。

康熙六年（1667年），政绩卓著的于成龙被两广总督金光祖举荐为"卓异"，之后被擢升为四川合州（今四川合川区）知州。在离开罗城时，于成龙竟然连赴任的路费都没有。当地百姓齐来路上送别父母官，百姓呼号：

"现在您要走了，我们再无天日了。"追送数十里，然后才哭着回来，场景十分感人。

在合州任职的两年间，于成龙招民开垦荒地，政绩显著，于康熙八年（1669年）被擢升为湖广黄州府同知。在黄州的四年间，于成龙政绩突出，再次被举为"卓异"。

之后，于成龙又升任湖广下江陆道道员。在此期间，各种条件都得到了提升，但是于成龙清苦节俭的作风不减当年。在灾荒岁月，于成龙以糠代粮，把节省下口粮和俸禄全部用来救济灾民，他甚至把身边仅剩的一匹代步的骡子也卖了，将所得的十余两银子，在一日之内施舍给了灾民。因之百姓在歌谣中唱道："要得清廉分数足，唯学于公食糠粥。"

康熙十七年（1678年），于成龙升任福建按察使。离开湖北时，依然只有简单的一个行囊和两袖清风，赴任途中只以萝卜充饥。康熙十八年（1679年），于成龙第三次被举荐为"卓异"，升任省布政使。福建巡抚吴光祚还专疏向朝廷举荐于成龙，称其为"闽省廉能第一"。此后，于成龙得到康熙帝破格招用。康熙十九年（1680年），康熙帝"特简"于成龙为畿辅直隶巡抚。第二年，康熙帝召见于成龙，当面褒赞他为"今时清官第一"，并"制诗一章"表赐白银、御马以"嘉其廉能"。

两年之后，于成龙被擢升为总制两江总督。据载，当他出任两江总督的消息传出后，南京布价骤然上涨，南京全城百姓全部换上布衣，士大夫则减少奴仆，全城一改奢靡景象。

于成龙仕宦20余年，历任知县、知州、知府、道员、按察使、布政使、巡抚和总督、加兵部尚书、大学士等职。尽管他的官阶越做越大，他的生活作风却越加清廉俭朴。在直隶做巡抚时，于成龙用屑糠杂米做粥，与奴仆同食；在江南做总督时，每日粗茶淡饭，只以青菜下饭，终年不知肉味，因此被江南百姓称为"于青菜"。总督衙门的官吏在于成龙的约束下，也难以吃到蔬菜，于是把衙门后槐树上的叶子采来生吃，槐树因此变秃。

于成龙天南地北为官 20 余年，只身天涯，从来不携带家眷。在老家的结发妻子，与之阔别 20 余年后才得以相见。于成龙清廉俭朴的节操为世人敬重，逝世时，其家中除了冷落的菜羹和破旧简单的衣物，此外一无所有。于成龙逝世后，南京城内的百姓，无论男女老少皆痛哭流涕，并为之罢市。每日手持香火去拜祭于成龙的百姓多达数万，贩夫走卒、和尚道士也为之伏地而哭。

康熙帝破例亲笔为于成龙撰写碑文，为了表彰其清苦廉洁的一生，赞之为"天下廉吏第一"。

廉洁作为一种道德标准，价值取向，始终在社会中占据着主导地位，从古至今，但凡清廉的人都得到人们的尊敬。因为他们常常以身作则，清廉在世，所以才会有天下太平之盛世。

有人说，孝顺只要孝顺父母就行了，不需要是非分明。然而，如果没有这种品质，那么孝从何来呢？是非分明是明辨是非的能力，如果我们不具备这些能力，那么就会有愚孝、不正当的行孝等行为。所以，作为孝子，我们应该具备有明辨是非的能力。

孝顺的人怀着感恩去工作

感恩，不只要感恩父母，更要感恩于社会上那些莫名相助的人，父母给予我们的爱无法用世上任何的称量工具来衡量，我们需要感恩，领导与同事给予我们的知遇与关怀，我也需要感恩。这也是孝道的体现。

自古圣朝以孝治天下，这种美德衡量着一个国家的精神素养。试问连父母都不尽孝道的人，又怎么能对一个国家尽忠尽责呢？

有一家公司，每逢仲夏都要举行名为"感谢周"的庆祝活动，是专门为了庆祝公司在激烈的竞争中得以生存下来而举办的。

在"感谢周"中，最热闹、最富有吸引力的地方是一个有趣的游戏：员工们在一台老式"泡水"游戏机边玩掷球击目标游戏，这种游戏是一旦有人掷球击中目标，就有一位漂亮的女郎被抛入水中。而在"感谢周"期间，一旦员工掷球击中目标，扔进水里的不是女郎，而是其公司的部门经理。这些经理，轮流坐在"泡水"游戏机里，等待着被员工们往水中抛。

这一游戏，似乎很让经理丧失"尊严"。然而，正是这种管理人员的"卑下"，换来了员工的心理平衡，上下级之间的鸿沟消失了，在一片欢乐声中，人心得以凝聚。文化风俗不同，我们当然不一定都要通过这种"感谢周"的方式，来获取员工的心理平衡，但一定要做到"珞珞如石"。这样一来，员工与领导都会以感恩的心态来工作，为企业创造价值，同时也实现了自己的价值。

家庭最大的悲剧是培养出个自私的"白眼狼"；企业最大的悲剧是培训出没有责任感的员工。孝子们认为，无论你现在从事的是什么工作，都要记住，要做一个让父母放心的员工，既然你选择了这个职业，就必须接受它的全部，而不仅仅只享受它给你带来的益处和快乐。每一份工作中都有许多宝贵的经验和资源，员工对于公司的栽培更要怀着感恩之心，每天怀着感恩的心情去工作，你一定会收获很多。

一个企业的员工，可以拥有体面的生活，可以定期地去世界各地旅游，享受阳光海滩，可以带着父母去世界各地去旅游……如果说这一切都是上帝慷慨的赐予，那么这位万能的上帝就是工作！

离开了工作，离开了企业对员工的帮助，你将一无所有。是工作给了你一切，你应该并且必须对工作、对企业、对提携你的老板和关心你的同事抱有一种感恩的态度！但是，很遗憾，职场上的很多人却忽视了这一点！

"这份工作简直糟透了，像待在监狱里一样，上帝啊，解救我吧！""我能有这么大的成就，完全是我自己的功劳，和别人一点关系没有！""感激公司？不是开玩笑吧？我和公司只是简单的雇佣关系，凭什么感激他们？"

如果一个员工抱着这样的心态去工作，让嫉妒、不满甚至憎恨始终占据着内心，那么他离被解雇也就不远了。

小洁毕业于名牌大学，与她相处过的同事都对她的微笑、善良和勤劳留有深刻的印象，几乎每一个和她相处过的人都成了她的朋友。

有人不解，就问小洁有什么和人相处的秘诀。小洁微笑着说："一切应该归功于我的父亲，在我很小的时候他就教导我，对周围任何人的给予，都应该抱有感恩的心情，而且要永远铭记，要使自己尽快忘记那些不快。""我幸运地获得了这份工作，有很多友善的同事，虽然上司对我的要求很严格，但是私人生活方面对我却很照顾。所有的这一切，我都铭记在心，对他们心存感激。""一直带着这种感激的态度去工作，很快我就发现，一切都美好起来，一些微不足道的不快也很快过去。我总是工作得很顺利，大家都很乐意帮助我。"

每家企业都是一样，所有同事都更愿意帮助那些知恩图报的人，老板也更愿意提携那些一直对公司抱有感恩心情的员工。因为这些员工更容易相处，对工作更富有热情，对公司更显忠诚！

通用公司在一次招聘中有两个年轻人脱颖而出，最后主考官单独约见了他们，问了他们同一个问题："你觉得以前你工作的那个公司怎么样？"

一个面试者抱怨说："糟透了，同事像一群吵闹的母鸡，主管简直就是一头嚎叫的驴子！真难以想象我在那里是怎么度过了两年！"

另外一个面试者却说："虽然我原来工作的是一家很小的公司，管理也不是很规范，不过在我工作的那段时间里，学到了不少的东西。正因如此，我现在才有勇气坐在这里，我很感激原来工作的公司。"

最后被录取的，毫无疑问，当然是后者！感恩是一种积极的心态，同时也是一种随时准备奉献的精神体现，它更是一种力量，当你以一种知恩图报的心情去工作时，你会工作得更愉快，也会更有效率！

感恩不是虚假的奉承，而是发自内心的真诚的感激。虚假的奉承只会让别人厌烦，真诚的感激却能为别人和自己带来快乐！

在家里我们感恩父母，在外更要用同样的感恩去对待同事与领导，在公司里常说"谢谢你！""我很感激！"你会发现，会有好的回报。当你微笑而真诚地把这些话说出去之后，在你自己和别人的心里就已经埋下了快乐的种子，而快乐是比任何物质奖励更宝贵的一种礼物！

当你带着感恩的心情去工作时，你的态度无疑会是快乐而积极的，你会有一个好的心情去工作，人一旦有了好心情就会感染你的朋友，你的家人。所以，作为企业的一分子，无论是才华出众的"领导人物"，还是默默无闻的小职员，都应当对自己的工作、对企业、对老板保持感恩的态度。

有的公司选择员工，从很大程度上是选员工的人品，如果一个人连自己的父母都不知道感恩，那么他又怎么去感恩别人呢？始终抱有感恩态度的人很容易成为一个品德高尚的人，也就会更有亲和力和影响力，这会给工作带来很大的益处，更能让家人放心。

孝子都怀揣一颗责任心

现代企业看重的"孝"绝非封建时代的"愚孝""孝忠"，而是一种能够见微知著的人文品质，并且可能是道德之基。自觉孝敬父母的人，意味着个人责任感的充盈、爱心的充沛、精神气质的挺拔与道德意识的健康向上，这样的人可以在短时间内融入任何工作团队，并把孝发扬光大。

李素丽，北京人，是一个对人友善、对父母孝顺的人。她把这种孝道传播出来，所以，在她的工作岗位上爱老人、爱同事、爱他人。她1981年参加工作，1984年加入中国共产党，先后在北京市第一客运分公司60路、21路任售票员，1998年到总公司及"李素丽热线"工作，2000年被评为"全国劳动模范"。

李素丽在近20年的售票工作中，在岗做奉献，真情为他人，用真情架起了一座与乘客相互理解的桥梁，把微笑送给四面八方，被广大群众誉为"老人的拐杖，盲人的眼睛，外地人的向导，病人的护士，群众的贴心人"，体现了公交行业"一心为乘客，服务最光荣"的宗旨，赢得了广大乘客的尊敬和爱戴。

她有针对性地为不同乘客提供满意周到的服务：老幼病残孕，怕摔怕磕怕碰，李素丽搀上扶下；"上班族"急着按时上班，李素丽尽量让他们上车；外地乘客容易上错车或坐过站，李素丽及时提醒他们；中小学生天性活泼，李素丽提醒他们车上遵守公共秩序，车下注意交通安全。李素丽习惯在车厢里穿行售票，车里人多，一挤一身汗，可她说："辛苦我一个，方便众乘客。"李素丽售票台的抽屉里总是放着一个小棉垫，那是她为抱小孩的乘客准备的，有时车上人多，一时找不到座位，李素丽就拿出小棉垫垫在售票台上，让孩子坐在上面。

她以强烈的首都意识、服务意识和公交窗口意识，在三尺票台和车厢服务中，把社会主义的道德风尚传送到每个乘客的心坎里，净化了社会风气和人们的心灵，把流动的车厢变成了展示社会主义精神文明的窗口。她亲切、诚恳、朴实、大方、得体的服务，使平凡的售票工作升华为一种艺术化的服务。

一个人无论从事何种职业，都应该像李素丽一样全心全意，尽职尽责，这不仅是作为孝子的原则，也是人生的原则。

无论是孝顺父母，还是职场工作，都离不开三个字："责任心"。这份责任心不仅是企业留你的资本，更是你走向成功的保证。

在大雁的世界里，大雁对待父母是十分忠贞的。孩子与父母会朝夕相伴，永不分离。飞，就要飞在同一片蓝天；歇，也要歇在同一块沼泽。如果，有父母因为疾病或受伤，暂时不能高飞，那么孩子就会寸步不离地守护着它，直到父母恢复了元气。这就是大雁的忠贞！

其实，这里所说的"忠贞"并不是简单的生死相随、从一而终，这样的理解是狭隘与肤浅的。其实，"忠贞"的本质就是一种义务和责任。

责任是永恒的生存法则，无论是自然界还是人类社会，如果失去了责任，就失去了赖以生存的基础。

我们的社会是建立在责任的基础上的。每一个人都是社会的一分子，有人这样比喻：我们每个人都有一个圆心，被许多同心圆所围绕，从自己的圆心出发，由内及外，第一圈是由父母、妻子、儿女组成的；第二圈是由各种亲朋好友；然后是自己所属族群的同胞关系；最后是与整个社会的关系。许许多多这样的圆圈，依靠责任交织在一起，相互关联、相互作用，从而构成社会。

每一个人总是与家庭、社会相联系的，每一个人不仅仅为自己而生存，同时也为别人而生存，一切痛苦和幸福、赞美和谩骂无不体现在这些关系中。正是这样的交替过程，给社会和他人带来了利益，同时也赋予了我们自己应尽的责任。

不孝的人难以独自成功

孝顺不仅可以作为管理者激励员工的方式，也可以是一种自我激励方式，也是最适合东方"家文化"的方式。一个不孝顺的人，他是自私的，他想把所有的东西都归为自己，他不知道团队的重要性，也不懂得分享，更不可能去融入集体，所以，他很难获得成功。

孝子们都知道，团结就是力量，没有一个人能独自成功，在家庭中也如此。家是一个团体，家庭的和睦，不只是因为一个人开心、快乐，而是全家人一起享受幸福。

大雁是一种极讲求团队合作的动物，从不会脱离雁队单独行动，它们的集体意识与协作精神远远胜过人类。只要我们细心观察，就能发现：在飞行的过程中，雁群始终保持一个整齐的队列，即使是一只平时顽劣至极的大雁在沿途遇到新奇无比的景色时，也不会因为贪恋美景而脱离雁群。它们始终保持一种整齐有序的状态，朝着同一个目标飞行。就像一个家一样，不放弃彼此，对家人不离不弃。

人类社会同样如此，无论是家，还是公司的团队，都需要合作。

在家里，有人负责操持家庭，有人负责工作挣钱，有人负责照顾孩子，这需要分工与合作，可见，一个幸福的家庭是与合作分不开的。

合作不仅与家庭分不开，更与工作分不开。如今，专业化分工越来越细、竞争日益激烈，靠一个人的力量是无法面对千头万绪的工作的。如果没有其他人的协助与合作，任何人都无法取得持久性的成就。当两个或两个以上的人在任何方面都把他们联合起来，建立在和谐与谅解的精神上，这一团队中的每一个人将因此让自己的能力倍增。

某公司要招聘一个营销总监，报名的人很多，经过层层考试，最后只剩下三个人竞争这个职位。为了测验谁最适合担任这个角色，公司出了一道怪题：请三名竞争者到果园里摘水果。

三名竞争者一名身手敏捷，一名个子高大，还有一名个子矮小。看来，前面两个最有可能成功，但正好相反，最后获胜的竟然是那个矮个子。这到底是为什么？

原来，这次考试是经过精心设计的，竞争者要摘的水果都在很高的位置，很多都在树梢。个子高的人尽管一伸手就能摘到一些果子，但是毕竟有限。身手敏捷的人，尽管可以爬到树上去，但是树梢的一部分，他就够不着了。而个子矮小的人看来毫无优势可言。但是他意识到这次招聘非同寻常，也许个个都是考官，也许处处都是考场，所以在刚进门时，他就很热情地和果园的守护老头打了招呼。他很谦虚地请教老头是怎样摘这些树梢上的水果的，老头回答说有梯子。于是，他向老头提出借梯子，老头十分爽快地答应了。有了梯子，摘起水果来自然不在话下。结果，他摘得比谁都多。因此，他赢得了最后的胜利，获得了总监的职位。

无论是企业、组织还是家庭，都不可能是完美无缺的，都不可能是万能的，总会存在这样或那样的缺陷，在家里，你不可能一个人照顾所有的人，一家人中肯定有孝顺父母多一点的人，也有出去工作多点的人。在公司里，一个企业的成功不是靠一个人或几个人，必须靠全体员工的努力。只有借助他人的力量，和许多志同道合的人一起合作，把个人的目标融合在一起，形成一个共同的目标，并为之奋斗，才能取得更好的效果，赢得最后的成功。

无论是家庭还是公司，我们都要记住一点：没有完美的个人，只有完美的合作。所以，每一位家庭的成员或每一个公司的员工都必须主动加强与家人和同事之间的合作。下面的几条建议或许对你提高合作精神有所帮助。

第一，主动交流。交流是协调的开始，你与家人或同事之间的想法肯定会有某些差别，善于把自己的想法说出来，多听听别人的想法。

第二，保持乐观心态。在家里，即使遇到困难也不要退缩，要与家人一起面对，保持乐观心态。这样才会让家人和父母放心。

在工作上，即使遇到了麻烦，也不要悲观丧气，要乐观积极地面对，对同事说："我们是有能力的，肯定会把这件事解决好的。"

第三，谦虚友善。纵然是你的家人，也要谦虚友善，热爱自己的家人，孝顺自己的父母。同样在工作中也要有一个谦虚友善的心。即使你在各方面都比同事优秀，即使凭借你一个人的力量就可以解决眼前的工作，也不要过于张狂，要明白，你以后并不一定能独自完成一切。

第四，坦然接受别人的批评。父母的批评是因为他们爱自己，我们应该坦然地去接受，从而改正自己的缺点。在单位里，请把你的同事当成你的朋友，坦然接受他的批评。一个对批评暴跳如雷的人，每个人都会对他敬而远之的。

第五，相互信任，坦率沟通，正视并解决问题。家除了"爱"，还需要信任。无论是夫妻之间还是与父母之间，都需要信任。当你们之间互相信任的时候，那么你们就形成了坚实的同盟，可以共同经营幸福的家庭。

在公司，每一位成员只有主动地表达不同看法，才能有效地解决问题。例如，你把对优质服务的看法分享给大家，就可以使工作伙伴更加有效地工作。

有句俗话说得好，"众人拾柴火焰高"，一家人需要合作才会经营出幸福的家庭，一个公司更离不开团队的力量。个人的力量毕竟有限，只有融入集体，融入家庭，才能"孝"于家庭，"孝"于公司，从而把行孝做得更好。

团结友爱，孝子的品质

据有关新闻报道，在黄河附近某湿地，有人利用大雁的团队精神，用一种叫连环夹的工具，大量活捉大雁。附近的居民说，雁群很有孝顺和团结的精神，一旦有一只大雁或老雁觅食时"中招"，被铁夹夹住，其余的大雁多数不忍离去，它们哀鸣着，滞留在受伤的老雁周围伺机救助同伴或父母，可它们想不到，在它们的周围，是更多的"连环陷阱"……

当看到这些时，我们不禁为大雁担心，同时也对大雁的团结友爱、孝顺的精神敬佩不已。

其实，每个团队都似一个大家庭，每个成员都是这个家庭中的一员，当人人都具备团队精神，都互帮互助，让团队整齐划一，协同对外时，才有可能获得重生的机会。关于互帮互助，有这样一个流传很广的故事：

远古的时候，上帝创造了人类。随着人类的增多，上帝开始担忧，他怕人类的不团结会造成世界大乱，从而影响他们稳定的生活。为了检验人类之间是否具备团结协作、互助互帮的意识，上帝做了一个试验：他把人类分为两批，在每批人的面前都放了一大堆可口的食物，却给每个人发了一双细长的筷子，要求他们在规定的时间内，把桌上的食物全部吃完，不许有任何的浪费。

比赛开始了，第一批人各自为政，只顾拼命地用筷子夹取食物往自己的嘴里送，但因筷子太长，总是无法够到自己的嘴，而且因为你争我抢，造成了食物的极大浪费。上帝看到此，摇了摇头，感到很失望。

轮到第二批人了，他们一上来并没有急着用筷子往自己的嘴里送食物，而是大家一起围坐成一个圆圈，先用自己的筷子夹取食物送到坐在自己对面的人嘴里，然后，再由坐在自己对面的人用筷子夹取食物送到自己的嘴里。就这样，每个人都在规定的时间内吃到了食物，并丝毫没有造成浪费。

第二批人不仅仅享受了美味，还建立了彼此之间的信任和好感。上帝看了，点了点头，为此感到欣慰。

但世界总是不完美的，于是，上帝在第批人的背后贴上五个字：利己不利人；而在第二批人的背后贴上另外五个字：利人又利己！

在每一个家庭里，都需要团结友爱的人。在每一个快速成长的企业中，领导们都希望自己团队的员工都是那种利人又利己的人，而绝不是那种损人利己人。

在家庭中，我们团结友爱，与家人一起朝着共同的目标努力。在职场中，我们与同事互帮互助、精诚合作，就犹如顺风航行的船，顺风可助你劈波斩浪，全速前进，而逆风只会使你备感阻力，甚至于你驾驭的小船也会颠簸不已。

　　与家人之间，相互扶持，患难与共，孝顺父母，亲爱家人，不但可以营造一个和谐的家庭，更能让父母开颜并长寿。同事之间的互相帮助，不但能够为公司创造出一种和谐融洽的工作氛围，增加公司内部的凝聚力，加速公司的发展，也能使人们品尝到许多友谊的快乐。

　　孝子，无论他怎样伟岸、强壮和智慧，凭借他个体的力量，也不可能让家庭和睦、父母周全，要想有一个幸福的家庭，就必须把自己融入家庭里，把家当成一个团队，帮助自己的家人，然后大家齐心协力，让家成为最幸福的港湾。

踏踏实实，戒浮躁

　　《孝经》有云："在上不骄，高而不危；制节谨度，满而不溢。高而不危，所以长守贵也。满而不溢，所以长守富也。富贵不离其身，然后能保其社稷，而和其民人。盖诸侯之孝也。"

　　孝子的生活重心多放在父母和家庭身上，他们下班就回家，踏实工作，很少浮躁。孝子们认为每个人要想实现自己的梦想，就必须调整好自己的心态，打消投机取巧的念头，从一点一滴的小事做起，在最基础的工作中，不断地提高自己的能力，为自己的职业生涯积累雄厚的实力。

　　人们爱称象为大笨象，意思是说它又大又笨。大是肯定的，非洲象的体重最高纪录达七吨半，亚洲象的最大体重为五吨，毫无疑问，即使是最轻的象，也堪称当今陆地上兽类的"巨人"、体重的冠军。

　　重量级的体重致使它行走没有足够的轻盈灵活，有点笨拙。但是笨归笨，慢归慢，大象走起来却是一步一个脚印，每一步都蕴含着雄厚的实力。不像职场中的许多人，说得天花乱坠，却无法一一落实。只有脚踏实地的人才会让别人有安全感，也愿意将更多的责任赋予他。因为这个社会有点浮躁和急功近利，所以总会有不少人每天都在想办法寻求成功的捷径，一行动起来，就尽可能地钻空子、占便宜，而不愿踏踏实实地按照正当的程序去做，白白地丢掉了成功的机会，也丧失了更多的自我发展的可能。

脚踏实地是职场人士必备的素质，也是实现梦想、成就一番事业的关键因素，自以为是、自高自大是脚踏实地工作的最大敌人。你若时时把自己看得高人一等，处处表现得比别人聪明，那么你就会不屑于做小事、做基础的事。

无论多么平凡的小事，只要从头至尾彻底做成功，便是大事。

我们都是平凡人，只要我们抱着一颗平常心，踏实肯干，有水滴石穿的耐力，那么我们获得成功的机会，肯定不比那些禀赋优异的人少到哪里去。

有一位老教授说起过他的经历：

"在我多年来的教学实践中，发现有许多在校时资质平凡的学生，他们的成绩大多在中等或中等偏下，没有特殊的天分，有的只是安分守己的诚实性格。这些孩子很低调，对父母很孝顺，对同学很友爱，这些孩子走上社会参加工作，不爱出风头，默默地奉献。他们平凡无奇，毕业后，老师同学都不太记得他们的名字和长相。但毕业后几年、十几年后，他们却带着优秀的工作成绩回来看老师，而那些原本看来会有美好前程的孩子，却一事无成。这是怎么回事？

"我常与同事一起琢磨，认为成功与在校成绩并没有什么必然的联系，但与踏实的性格密切相关。平凡的人比较务实，比较能自律，所以许多机会落在这种人身上。平凡的人如果加上勤能补拙的特质，成功之门必定会向他大方地敞开。"

一个人如果有了脚踏实地的习惯，具有不断学习的主动性，并积极为一技之长下功夫，成功就会变得容易起来。一个肯不断扩充自己能力的人，总有一颗热忱的心，他们甘于做凡人小事，肯干肯学，多方向人求教；他们出头较晚，却在各种不同职位上增长了见识，扩充了能力，学到许多不同的知识。

脚踏实地的人，能够更好地孝顺父母，照顾家庭。脚踏实地的人懂得控制自己心中的激情，避免设定高不可攀、不切实际的目标，也不会凭借侥幸去瞎碰，而是认认真真地走好每一步，踏踏实实地用好每一分钟，甘于从基础工作做起，在平凡中孕育和成就梦想。

孝子是勤劳的"蜜蜂"

孝子们都明白一句名言：一勤天下无难事。他们早出晚归，像辛勤的蜜蜂，为父母，为家操劳着。他们在年轻时，就培养出"勤勉努力"的习性，并且在工作中永远不减勤勉且更加努力，那么这种无形的财产和力量将会成为终生受用的法宝，更让父母与家人的生活得到了保障。

孝子如蚂蚁一样勤劳，而无论是对家庭而言，还是对企业而言，都需要"勤劳"这一品质。蚂蚁占据着地球上1%的生物量和1/3的动物量，所有蚂蚁的重量与所有人的重量大致相等。蚂蚁还是举世公认的"大力士"，它能举起300倍于自己体重的物体。

长久以来，勤劳而又守纪律的蚂蚁一直是意识上和教育上的一个榜样，蚂蚁被作为各种寓言的源泉。它们给人以勤劳、互相依赖、谦卑、孝顺、俭朴、耐心等种种教诲，它们被用来在我们整个社会道德领域中指导我们。佛教把蚂蚁奉为不畏艰辛、坚忍不拔的榜样；在犹太教法典中，蚂蚁是真诚的化身；在高卢克尔特人的传说中，蚂蚁又是个执着而不知疲倦的仆人，辛勤劳苦，又无怨无悔。

在家庭里，勤劳的儿女帮助父母解决困难，勤劳的儿女让父母放心、宽心。作为子女只要有一双勤劳的双手，才有资本孝顺父母。如果你懒惰，那么你就很难给父母一个安稳的生活，让父母受苦受累。

在职场中，有很多人渴望赢得成功，但又不愿意去努力工作，这些人都希望工作轻轻松松、一帆风顺，可是天下哪有这么便宜的事？在当今竞争十分激烈的时代，要想在职场中获得成功，必须保持勤奋的工作态度，要像蚂蚁一样勤劳并兢兢业业地工作，你才会因此拥有辉煌而充实的家庭和工作。

人生中任何一种成功的获取，都始之于勤并且成之于勤。勤奋是成功的根本，既是基础，也是秘诀。没有勤奋，任何一项成功都不可能唾手可得。

一位成功人士曾经说过："我不知道有谁能够不经过勤奋工作而获得成功。"寓言中守株待兔的人，曾经不费吹灰之力就得到一只兔子，但此后他就再也没有得到半只兔子。所以，不要指望不劳而获的成功，只有经过勤奋得到的成功才能持久。

勤奋刻苦是一所高贵的学校，所有想有所成就的人都必须进入其中，在那里可以学到有用的知识，培养独立的精神和坚忍不拔的习惯。其实，勤劳本身就是财富，如果你是一个勤劳、肯干、刻苦的孩子，那么你的父母和家庭会因你的勤劳而幸福，如果你是一个勤劳的员工，就能像蜜蜂一样，采的花越多，酿的蜜也越多，你享受到的甜美也越多。

二、恪尽职守，行分内之事

尽本分，勿伤亲

古往今来，攀上皇亲国戚，总是骄傲自大的人多，本分低调的人少。但讽刺的是，骄傲自大往往不仅给自己招来祸患，也殃及自己的后台；而行事本分的人，不仅能保住自己的名誉，也让亲人得到别人的尊敬。

汉武帝时期，卫子夫得汉武帝宠爱，其弟弟卫青被任命为大将军，率领大军攻打匈奴。右将军苏建战败，只身逃回，按汉律当斩。

卫青问众官员："如何处置苏建？"

议郎说："将军自从带兵出征以来，未处置过一名将领，苏建败军而回，应当斩不怠，以立军威。"

卫青道："我因是皇上亲戚而成为大将军，并不担心无威严，但是杀苏建以此立威则失掉了做臣子的本分。我虽掌管军内生杀大权，但是这等杀大将的权力我还是应当还给皇上，以此来显示我虽得宠但并不敢专权杀将，岂不是更好吗？"

卫青将苏建押回了长安，汉武帝惜才，并未杀苏建，令其将功赎罪，而对卫青的做法也甚是满意。

后来苏建又跟随卫青出兵，他对卫青说："将军地位值得尊重，但是天下贤士却无人赞颂您的威名。不如向皇上举荐贤臣良士，这样您的名声就可以被广泛传颂了。"

卫青摇摇头，说："之前有武安侯、魏其侯各自门下迎客，结群成党，来彰显自己的名声，皇上大怒。选择贤臣良士乃是皇上的权力，我们做臣子的，只要履行好自己的职责就好。"

汉武帝非常宠爱卫青，下令群臣对卫青行跪拜礼。群臣不敢抗旨，皆对卫青跪拜行礼，只有主爵都尉汲黯不为所动。有人劝说汲黯："抗旨不遵，会让皇上恼怒。"

汲黯说："群臣都跪拜将军，少我一个，就不能显示他的尊贵了吗？"卫青听说后，甚是高兴，登门拜访汲黯，并说："承蒙大人看得起，愿交为朋友。"

卫青此举感动了汲黯，两人成了好朋友。卫青以后有困惑，都会虚心向汲黯请教。汉武帝也很赏识卫青的谦逊，便不再计较汲黯的抗旨不遵。

我们在日常生活中要恪守本分，不让自己的父母担忧。同样，在工作和职场中也要守本分，做自己分内的事，兢兢业业，一丝不苟，这样才能获得事业上的长远发展。

尽本分，是一个人行为处世的基础。懂得自己的本分所在，在生活、工作中认真对待，做好该做的事情，完成该完成的工作。在这个基础上，才能发挥出更多的能力，做出更多有利于自身进步和企业发展的成绩来。

本分为人，规矩行事

徐孝克，隋朝东海郯人，陈左仆射陵第三弟。徐孝克的家境十分清寒，父亲去世时为了埋葬父亲用光了全部积蓄。

徐孝克和母亲相依为命，十分孝顺。动乱时期，民不聊生，他连一碗稀粥都无法拿回来给母亲吃。无奈之下，他做了和尚，讨来食物给母亲吃。那时的南朝皇帝宣帝很赏识徐孝克，任命他为国子祭酒。可是宣帝宴请群臣的时候，徐孝克从来不吃任何东西，等到酒宴结束，他便把食物带回家。宣帝发现后，觉得十分奇怪，就问管斌徐孝克为什么不吃东西。管斌也不明白原因，就去问徐孝克，才知道原来徐孝克把食物带回家是为了侍奉母亲。管斌十分感动并将此事禀告宣帝，宣帝听说后下令以后再宴请朝臣的时候，允许徐孝克先把他母亲喜欢吃的食物挑出来。

徐孝克的孝行令人感动，他宁愿自己不吃东西也要将美食带给母亲。他身为高官，却不忘孝顺母亲，既能尽到为人子女的本分，又不逾越朝堂的规矩而行事，得到皇帝的称赞。

本分为人，规矩行事是良好的行为规范。

晚清名臣张之洞任山西巡抚时，泰裕票号的孔老板要送一万两银子给他，张之洞婉言谢绝了孔老板的好意。当张之洞考察了当地的情况之后，决心铲除罂粟，让百姓重新种植庄稼。改种庄稼需要一笔资费，但山西连年干旱、歉收，加上贪官污吏中饱私囊，老百姓连救济款都拿不到。这时，他第一个想到的就是孔老板。

张之洞想，如果说服孔老板把银子捐出来，为山西的百姓做善事，以银子换美名，他或许会同意。经过商谈，孔老板表示愿意捐出五万两银子，但必须满足他的两个条件：一是让张之洞为他的票号题写一块"天下第一诚信票号"的匾；二是要捐个候补道台的官衔。

刚开始张之洞觉得孔老板的这两个条件都不能答应，第一，自己对他的票号一无所知，又怎么能说它是天下第一诚信票号呢？第二，他认为捐官是一桩扰乱吏治的坏事。可是不答应，他又到哪里去弄五万两银子呢？

经过反复思考，张之洞决定采用折中迂回的手段，答应为孔老板的票号题写"天下第一诚信"，这六个字意味着：天下第一等重要的是"诚信"二字，并没有明确说泰裕票号的诚信是天下第一。

至于孔老板的第二个要求，张之洞最后给自己找了一个台阶：一来，捐官的风气由来已久，不足为怪；二来即使孔老板做了道台也不过是得了个空名而已。再者按朝廷规定，捐四万两银子便可得候补道台。

于是，张之洞成全了孔老板，孔老板使张之洞顺利推行了自己的计划，得到了百姓的称赞。张之洞也因此受到了朝廷的嘉奖，官运乘势而上，皆大欢喜。

张之洞的故事说明，在自己的职位上，规矩行事，按章法出牌，就能让事情圆满完成。本分为人，即遵守自己的本职，做应该做的事情，并且不遗余力地完成它；规矩行事，即在一定范畴内行事，不盲目不逾越，有效地完成分内的工作。能够做到这一点的人是可贵的，在生活工作中会有很多身不由己的状况发生，在各种情况下仍能泰然自若，做好自己的事，是很高的修养。很多人正是因为无法做到这点，而在工作中败下阵来。本分为人，规矩行事，看似困难，实则简单，有一颗热爱工作的心，有一份努力工作的信念，向着目标不断奋斗，就可以获得成功。

在工作中，做自己职责之内的事情，不逾越规矩顺利妥善地完成任务，这是职场中应该遵循的行为准则。本本分分为人，规规矩矩行事，将会帮助人们在职场上获得成功。

孝亲乃爱其根，敬业乃爱其本

父母是给予我们生命、抚养并教导我们的人，他们为我们付出了毕生心血，是我们生命之根；而企业为我们提供了工作和施展才华的平台，是我们安身立命之本。孝亲是爱我们的根，敬业是爱我们的本。

孝敬之心，来自对父母的感恩，是对生我们养我们的父母的一种爱。爱是相互的，得到了爱也要用爱亲人、敬亲人来回报。

热爱工作是我们努力工作的前提。著名戏剧表演艺术家常香玉说："戏比天大。"简单的四个字蕴涵了她对戏剧表演的无限热爱，更透露出她的敬业态度。卢浮宫藏有一幅莫奈的油画，画的是女修道院厨房里的场景。画面上正在劳动的不是普通人而是天使，一个正在烧水，一个正优雅地提起水壶，另外一个穿着厨娘的服饰，一只手去拿餐具——这是日常生活中最平常的劳作，天使们却做得全神贯注、一丝不苟。这就提醒我们应对自己所从事的工作充满热爱之情。

詹妮刚开始做新闻主播时，被委任的工作是报时和节目介绍，不仅每天的工作内容一成不变，就是一天之中相同的事情也要重复好几遍，因此，那个时候她的心情糟透了，每天都相当郁闷，表情暗淡。时间长了，她的同事、朋友开始慢慢地疏远她，这使她的心情更加沉重，并形成了恶性循环。

后来，詹妮找到了改变自己工作态度的办法，她发现，每周两次的晚间节目介绍的前 10 秒钟是她的自由空间。因为，在那之后的台词她无权更改，而此前的 10 秒钟则说什么都行。

于是，在这 10 秒钟之内她加上了亲眼目睹、亲耳所闻、真心所感的一些小事情，如"今天的天气真不错""昨天的棒球的比赛很精彩"……从时间上讲，只是短短的 10 秒钟，但是，从这以后，她的心情彻底改变了，每日一句成了她一天中最大的乐趣。不论是走路还是坐公交车，只要一有空闲，她就思考着今天的 10 秒钟说什么好，怎样表达更好些。这样，她又重新开朗起来。而她那颇具创意的每日一句也在听众中赢得广泛好评，原本僵硬死板的节目介绍，因为她的一句妙语而变得温馨无限，使人闻之如饮甘泉。同时，周围的朋友对她也大加赞赏："干得不错嘛！看你，真是神采飞扬！"周围人的赞美令她激情无限，工作越做越好。不久，她就被提拔到了更重要的工作岗位。

由此可见，无论从事什么样的工作，只要你看重自己的本职，就也能像詹妮那样，主动在工作中加入自己的创意，那么即使平凡单调的工作也能变成一件充满意义和乐趣的事情。

热爱自己的本职是努力工作的第一步。工作没有高低贵贱之分，关键是你在工作中付出多少努力。人重在务本，而职场重在做好本职工作。这是完成其他目标的前提，只有对本职充满热爱之情，才能安守本分做好该做的事，打好根基，迎接更多的挑战和获得更多的机遇。

行孝重在务本，为事重在本职

孝顺之心是发自肺腑的，不仅是一个人应有的品质，更是一个人的本分。我们对待工作就应当如同行孝道一样，将之视为自己的本分。在工作中要守本分，做好自己的工作，这不仅是一种职业精神，也是一种为人的准则。

韩非子讲过这样一则故事：

一次，韩昭侯和朋友在家喝酒之后，躺在椅子上睡着了。韩昭侯身边有为他管帽子和管衣服的人，两人分工，各司其职。管帽子的人看见韩昭侯衣服单薄，怕他着凉，就帮他披上了斗篷。韩昭侯醒来时，发现身上披着斗篷，很高兴。问道："谁帮我披上斗篷的？"侍卫答道："管帽子的。"韩昭侯听后，十分生气，立刻将管帽子和管衣服的人都抓进了天牢。

有人对韩昭侯的做法表示费解，韩非子对此解释说："管衣服的人该做的事情就是管衣服，他没做好，自然要受罚；管帽子的人该做的事情就是管帽子，他却去做管衣服的事情，也该罚。"

这个例子体现的是法家的思想，虽然有些极端，但也说明了一个问题：一个人应该知道自己该做什么，不该做什么，时刻提醒自己，做好该做的事，不要越权做不该自己做的事情。

在美国某个城市，有一位先生搭一部出租车去某个地方。这位乘客上了车，发现这辆车外观光鲜亮丽，司机服装整齐，车内的布置也十分典雅。车子一发动，司机很热心地问车内的温度是否适合，又问他要不要听音乐或是收音机。

车上还有早报及杂志，前面是一个小冰箱，冰箱中的果汁及可乐可以自行取用，如果想喝热咖啡，保温瓶内有热咖啡。这些特殊的服务，让这位先生大吃一惊，他不禁望了一眼这位司机，司机愉悦的表情就像车窗外和煦的阳光。不一会儿，司机对乘客说："前面路段可能会塞车，这个时候高速公路反而不会塞车，我们走高速公路好吗？"

在乘客同意后，这位司机又体贴地说："我是一个无所不聊的人，如果您想聊天，除了政治及宗教外，我什么都可以聊。如果您想休息或看风景，我就会静静地开车，不打扰您。"从一上车到此刻，这位常搭出租车的乘客就充满了惊奇，他不禁问这位司机："你是从什么时候开始这种服务方式的？"司机说："从我觉醒的那一刻开始。"原来这位司机以前也经常抱怨工作辛苦，人生没有意义。但有一次他听到广播节目里正在谈一些人生的态度，大意是你相信什么，就会得到什么。如果你觉得日子不顺心，那么所有发生的事都会让你觉得倒霉；相反的，如果你觉得今天是幸运的一天，那么今天所碰到的人，都可能是你的贵人。就从那一刻开始，他开始了一种新的生活方式。目的地到了，司机下了车，绕到后面帮乘客开车门，并递上名片，说道："希望下次有机会再为您服务。"

结果，这位出租车司机的生意没有受到经济不景气的影响，他很少会空车在城市里兜转，总是有客人预订他的车。他的改变，不只是创造了更多的收入，更在工作中体现了自己的价值。

人必须意识到这一点，要做好自己的本职工作。不论身处什么职位，一个人工作的好坏取决于是否安守本职。各司其职不是随便说说，如果每个人都去做其他人职位上的事，就会导致混乱。只有各自做好自己的工作，企业才能井然有序地发展下去，才能给我们更广阔的发展空间和更好的发展前景。

做好自己的本职，守好自己的本分，这是至关重要的，也是考验一个职场人的关卡。

坚守本分，是自我克制的修养

西汉刘邦的第四个儿子刘恒，即后来的汉文帝，非常孝顺父母。

有一次，刘恒的母亲得了重病，一病就是三年，他非常焦急，一直在床

孝的应用

边侍奉。刘恒亲自为母亲煎药，日夜守护在母亲身旁。每天都等母亲睡着了，他才在床边睡一会儿。刘恒每次为母亲煎完药，都会自己先尝一尝，看汤药是否苦或烫，自己觉得可以了，才端给母亲喝。

刘恒孝顺母亲的故事，在西汉广为流传。

刘恒对母亲的爱是值得称颂的，身为皇帝，他以身作则，恪守自己为人子女的本分。

齐格勒说："如果你能够尽到自己的本分，尽力完成自己应该做的事情，那么总有一天，你能够随心所欲地从事自己想要做的事情。"反之，如果凡事得过且过，没有努力把自己的工作做好，不用心做好在职的每一天，就永远无法达到成功的顶峰。

职场中不会有一步登天的事情发生，任何人要想脱颖而出，唯一的方法就是把现在的工作做好，在普通平凡的工作中创造奇迹。

许多经常跳槽的人，工作越换越差，因为他们根本无暇在自己的专业领域里积累经验，难以使自己的技能不断精进；反倒是那些平常不以跳槽为念、全心全意工作的人，往往能够大展宏图。

用心做好在职的每一天，踏踏实实做好现在的工作，做一名优秀的员工，才能积累经验、提升能力、增长学识，从而获得职业发展的机会。一个人如果连本职工作都做不好，必然蹉跎岁月、虚度人生。做好本职工作是一个人应具备的最基本的职业道德，也是最起码的标准。

一个人坚守在自己的岗位上，多年如一日兢兢业业、任劳任怨地工作，才是一名负责任的员工；如果干不好本职的工作，则只能认为他是一名失职的员工。忠于自己的本职，用心做好在职的每一天，平凡之中也孕育着伟大。

坚守本分，是一种修养，会促使员工更努力、更完善地做好本职工作，从而使自身进步，也推动企业的发展。

三、兢兢业业才是真正爱敬亲人之道

敬业之心，始于侍奉父母

汉朝时陈留有个人叫李信，十分孝敬父母。李信三十八岁的时候，梦见鬼来取命，把他带到阴间。经过阎王面前时，李信向阎王诉说道："李信从小丧父，与母亲相依为命。既然命已尽，不敢有抗。只是母亲年迈，李信死后，无人照料，但愿阎王开恩，让我死在母亲之后。"

阎王问鬼使："李信母亲的寿命是多少？"鬼使说："九十岁，还有二十七年。"

阎王说："只有二十七年，那就放李信回去吧。"鬼使说："像李信这样的情况，天下有很多，今天若放了他，怕别人不满。"

阎王听了觉得有道理，仍判李信死。

众鬼使恨李信上告，截了他的头和手，扔到锅里煮。正好阎王差人来，要放李信回去，孝敬老母亲。鬼使对李信说："你的头和手在锅中煮了，不能再捞起来，只能借别的头和手给你，等见过阎王就回来换你的头和手，不要直接走了。现在先给你胡人的头和手。"李信听到能回去，十分高兴，见过阎王后就回去了，没有去换头和手。李信醒来发现头和手都是胡人的，他十分懊恼，问妻子："你听得出我的声音吗？"

妻子说："声音和平时一样，没什么变化。"李信又说："昨夜我梦见一桩怪事，你早上时用被子把我的头脸罩住，送饭来就放在床前，出去时关好门。"

早晨的时候，妻子听从李信的话，用被子给他盖好就走了。等到送饭时，妻子问李信："有什么怪事？"然后把被子掀开，却见一个胡人睡在里面。妻子大惊，赶忙告诉婆婆。婆婆拿起棒槌敲打李信，不听李信解释。邻里听到声音赶来询问，李信这才抓住机会解释，母亲才知道是自己的儿子。

汉帝听说了这件事，惊讶地说："从古至今，从未发生过这样的事，李信换了胡人的头和手，说明他的孝顺已经感动神明了。"

于是汉帝封李信为孝义大夫，李信最终侍奉母亲终老。

李信的孝心确实令人动容，在孝子心中，首先要做的事是侍奉好自己的父母，然后才是工作的进步，和追寻自己的人生成就。孝是一个人事业的起点，只有在家庭中尽到了孝的义务，才能更好地服务社会、成就自身，才能拥有敬业的品质，这是一个人工作的起点。

敬业，顾名思义就是敬重并重视自己的职业，把工作当成自己的事业，并对此付出全身心的努力，抱着认真负责、一丝不苟的工作态度，克服各种困难，做到善始善终。

在职场之中，一个人是否敬业是考量其工作态度端正与否的基本标准。敬业的人，才能把公司当成自己的，从而激发出其内在的勤奋和进取之心，完成工作任务。反之，没有敬业心的人，没有目标，散漫懈怠，对公司交代的任务就不能按时按标准完成。

礼的含义，即为敬

中国自古是礼仪之邦，礼仪更是一门必修课。在人的成长过程中，礼仪首先来自父母。

张嵩是个非常孝顺的人。在他八岁的时候，他的母亲得了重病不吃不喝。有一天她忽然想吃堇菜，张嵩听说，连忙到野地里寻找。

那时候是冬天，外面一片荒凉，没有一棵野草。张嵩找了很久都没有发现母亲想吃的堇菜，于是他放声大哭："娘啊，您辛辛苦苦把我养大，我却不能报答您。现在您生病了，什么时候才能康复啊。上天如果怜悯我，就让堇菜生长出来吧。"

他十分伤心，大哭一天，天空为之变色，渐渐乌云密布下起了大雨。雨过天晴，张嵩惊奇地发现有无数棵堇菜破土而出。原来老天爷也被他的孝心感动了。

张嵩摘了很多堇菜回家给母亲吃，母亲吃后病很快就好了。

后来，张嵩的母亲去世时，张嵩家境富裕，仆役成群，但是对于母亲的棺材、坟墓的置备，张嵩全部亲力亲为。送葬时他也不许别人帮忙，由他与妻子二人把母亲的棺材背上车，然后让妻子在前拉车，他在后面推，一起向坟地走去。

那天正是雨天，路上一片泥泞，有的地方深陷膝盖，但他们送葬的路上没有泥泞，干干净净。

张嵩安葬母亲之后，痛哭一场。此后他经常为母亲修坟扫墓，经常一边做一边哭，头发都白了很多，这样一转眼便是三年。

有一次，张嵩正趴在墓碑上痛哭，正北方向忽然响起沉闷的雷声，伴随着雷声又有一道风云来到张嵩身旁，将他推到东边距坟八十步远的地方。然后一道闪电从天而降，将坟墓劈开，露出了棺木。张嵩很是惊骇，忙爬到棺材旁，见棺材上写着："张嵩的孝心通达于神明，念你一片至诚之心，暂放你母亲回去，她还可以再活三十二年，你要好好地孝顺她。"

知道这件事的人都觉得十分神奇，后来连皇帝也知道了，十分感动，便封张嵩为金城太守。

张嵩在富有的时候还坚持亲自送葬，这是对母亲尽孝，同时也是对母亲尽礼，其孝心感动上天。

在职场中，我们也要有"礼"，即敬业之心。敬业意味着尊重自己的工作，能够投入自己的全部身心，并且能够善始善终。一个人如果能这样对待工作，那么一定有一种神奇的力量支撑着他的内心，这就是我们所说的敬业精神。敬业精神一贯为人们所重视，而在社会发展日新月异的今天，它更是一切想成就一番大业者不可或缺的重要条件。

有句话是这样说的："你看见辛苦敬业的人了吗？他必站在君主面前。"履行工作的劳动既是造物主赋予每个人神圣的义务，也是人进入天堂的通行证。阿尔伯特·哈伯德说："一个人即使没有一流的能力，但只要拥有敬业的精神，同样会获得人们的尊重；若你的能力无人能比，却没有基本的职业道德，也会遭到社会的遗弃。"当你以一颗虔诚的心对待自己的工作，视工作为生命的信仰时，你将从中学到更多的知识，积累更多的经验，在全身心投入工作的过程中获得更多的快乐。

谅公司之苦衷，解自己之抱怨

在与父母相处之中，总会出现一些小摩擦，然而，在生活大大小小的事情中，我们要学会将心比心，学会换位思考体谅父母。

父母离婚了，父亲离开了这个城市，他和妹妹、母亲相依为命。母亲常常发呆走神，不能正常工作。那个时候，他还小，却因无力承担家庭重担而常常伤心。为了省钱，他便去野地打草。母亲渐渐精神失常了，他看着日益憔悴的母亲只能咬着牙坚持。

他因为要照顾家庭而没有考上大学，却在机缘巧合下做了一名体育老师，然后认识了一个女孩。结婚之后，妻子非常照顾精神失常的母亲，他对这样的生活感到很满足。

过了一段时间，父亲再次出现了。那个女人花光了父亲所有的钱，又跟别人跑了。父亲声嘶力竭地说："你是跟我有血缘关系的儿子。"他说："在需要你抚养的时候，你离开我们。现在需要有人赡养你了，你就回来了。"母亲看见这一幕，对他说："让你父亲回来吧。"他没有说话，沉默许久问母亲："你不恨他吗？"母亲没有作声。

已是寒冬，他来到父亲那个勉强可以称之为家的地方，只有一张单人床，一个热水壶和几袋方便面。父亲看到他，说："请进吧。"他进到屋子里，发现自己比父亲还要高，他环视四周，说："我过两天来接你回去。"

他给父亲重新租了房子，凡事亲力亲为，买家具、挑床单，甚至碗筷他都亲自去买。在忙这些的时候，他渐渐觉得自己心里的恨已经没有了。

不久，妹妹回来了，她说："哥，你不恨父亲了？"他点头，道："自从父亲回来，母亲很久都没有发作了。父亲现在待母亲不错，帮她梳头，帮她洗衣，叫母亲老伴的时候，母亲都会微笑。"

爱和恨只是一线之隔，父子之间的血缘深情是无法阻隔的，促成父子和解的，正是"孝心"和"爱心"。

在职场，我们也要有一颗"爱心"。企业的发展和规章制度从根本上说都是符合个人发展需要的，但也不可避免的会有一些迷茫和困惑，这时候员工要多一些体谅和理解，不要因为抱怨而影响工作的进程。很多问题也许你只是看到了一个方面，要学会全面地看待问题，不仅要站在自己的立场，也要站在企业和老板的立场去思考。

工作中，最重要的是要善解人意，体谅企业的苦衷，不要因抱怨使工作受到影响。体谅企业也是体谅自己的内心，这才是最健康的职场心态。

公司财物需爱护，俭而不费

孝是一种不计得失的付出，随着社会的发展，孝道里衍生出一种美德，即节约。

季文子是春秋时期鲁国著名的"外交家"，做官三十余年。他不仅自己俭朴，还要求家人俭朴。他穿衣只求简单整洁，除朝服外的其他衣服都朴素整洁。他乘坐的车马也很俭朴。看到他这样朴素，仲孙劝他说："你高居上卿，被人敬仰，可是听说你不允许自己的妻妾穿富贵的衣服，也不准用粮食喂养马匹，你自己也一身朴素无华，这样会不会太寒酸了，这让我们国家的颜面何在呢，你为什么不改变一下呢？"

季文子听后轻轻一笑，对仲孙说："我也想把家里装扮得富丽奢华，但是你看到我们国家的百姓是怎么生活的吗？他们吃着糟糠，穿着打补丁的衣服，甚至有些人还无法吃饱，无法取暖。看到这些，你让我怎么追求奢华富贵呢，我又怎么面对自己的良心呢？况且国家的面子是通过臣民的高尚品行表现出来的，并不是以他们拥有的美丽妻妾和良驹骏马来评定的。我怎能接受你的建议呢？"

仲孙听后很是羞愧，也更加敬重季文子了。此后，他也效仿季文子，过着十分俭朴的生活，家人只穿普通材料做成的衣服。

季文子的故事说明身为臣子勤俭节约更是体恤百姓的行为。同样，在工作中勤俭节约也是值得学习的美德。想让公司减少成本，获得更多利润，就需要每个员工都有节约意识，从自己做起，从小事做起，杜绝无端浪费，为公司和自己谋福利。

江西宜春供电公司变电运行检修分公司管理着 17 座 110 千伏及以上变电站、4 座开闭所及设备运行维护班组 3 个，现有员工 138 名，是公司最分散的生产部门。该部门 7 辆工作车常因班站（组）工作需要而频繁往返于所辖供电区域，车辆往返不但花费大量时间，而且燃油费、过路过桥费、车辆维修费等成本费用不断上升，仅接送员工上下班年支付过路费就需 8640 元，同时，还常常出现车辆不够用的情况。本着"降本增效"的原则，公司规范了车辆的使用、维修及外出等，节约用车成本。

相应措施的施行，使工作车有序运转，年支付过路费就可节约 4920 元，燃油费可节约 3200 余元，维修费可节约 7000 余元，人工成本费可节约 3500 余元。用车成本的降低，对公司的车辆管理和各项成本费用的降低，起到了积极的推动作用。

在职场中，应计较少一些，付出多一些。企业要提升利润，贵在从小事做起，聚沙成塔地一点一滴积累。要培养员工的主人翁意识，对公司的财产多加爱护，就像爱护自己的财物一样，公司的财物是公共的，要花在有用之处，不奢侈不浪费。

只有共同努力才能让企业欣欣向荣。只要怀着敬业之心，热爱工作、热爱公司，就能做到俭而不费，从而成为公司的标兵。

诚实守信，敬业乐业

孝是对父母的尊敬，也是身为子女对父母养育之恩的回报。为人子女尽孝道的时候，重在一颗"诚"心。孟子曰："诚者，天之道也；思诚者，人之道也。"诚信是一个人的立身之本，一个人存在于社会之中，诚信是基本的道德依存。在为孝中需要诚信，同样在社会工作中，诚信也必不可少。

美国《福布斯》公布的 2006 年全球富豪榜显示，李嘉诚以 188 亿美元（约 1466 亿港元）的财产，名列全球第十位。在李嘉诚成功的诸多因素中，"德"的作用功不可没。李嘉诚是一个拥有良好道德品质的人，他用作人的态度去做企业，用诚信、用感恩、用真心对待每一位员工、每一位客户、每一位投资者、每一位消费者、每一位社会公民，用真心赢得了众人的支持和尊敬，最终获得了成功。

李嘉诚深知良好的品行是为人处世之本，是战胜困难的不二法门。在他的塑胶厂濒临倒闭的时候，李嘉诚在厂里召集员工开会，坦承自己经营上的错误，诚恳地向员工道歉。李嘉诚说了一番渡过难关、谋求发展的话，使员工的情绪基本稳定，士气不再那么低落。紧接着，他又逐一拜访银行、原料商、客户，向他们认错道歉，并保证在放宽的期限内一定偿还欠款，对该赔偿的罚款一定如数付账。他丝毫不隐瞒工厂面临的空前危机——随时都有倒闭的可能，恳切地向对方请教渡过危机的对策。

李嘉诚

李嘉诚的诚恳态度，使他得到了大多数人的谅解。银行放宽偿还贷款的期限，但在偿还贷款前，不再发放新贷款。原料商同样放宽付货款的期限，但长江塑胶厂若需要再进原料，必须先付 70% 的货款。客户态度不一，但大部分还是做了不同程度的让步。李嘉诚的"负荆请罪"达到初步的效果。

此后，李嘉诚设法把积压产品推向市场，对于质量粗劣的，也诚实地在质检卡片上注明低价售出。刚开始一些亲戚朋友对他敬而远之，生怕他开口借钱，但看到李嘉诚积极地应对危机，便开始主动为他分担忧愁，献计献策，提供力所能及的帮助。

靠着亲朋好友的帮助，塑胶厂开始接到新订单，并筹到了购买原料、添置新机器的资金，被裁减的员工又回来上班，李嘉诚还补发了他们离厂阶段的工薪。长江塑胶厂出现转机，产销渐入佳境。

1955 年的一天，李嘉诚召集员工开会。他首先向员工鞠了三个躬，感谢大家的精诚合作。然后，他宣布："我们厂已基本还清各家的债款，昨天得到银行的通知，同意为我们提供贷款。这表明，长江塑胶厂已走出危机，将进入柳暗花明的佳境。"话音刚落，员工们就沸腾起来了。散会前，每个员工都得到了一个红包，由他亲自分发。

李嘉诚回首这段岁月时说："资金，是企业的血液，是企业生命的源泉；信誉、诚实也是生命，有时比自己的生命还重要。"

诚信是一种智慧，不论是企业还是个人，信用一旦建立起来，就会形成一种无形的力量，成为无形的财富。诚信在，敬业之心自然流露出来。

诚实守信，做一个敬业乐业的职场人，工作也会赋予你不同于他人的品质和工作的乐趣。

四、感恩是美德，孝道是情感皈依

"百善孝为先"，"孝"一直是中华民族传统文化提倡的美德，也是很多中华儿女信仰中的一部分，是我们情感的一种皈依。"……感恩的心，感谢有你，伴我一生，让我有勇气做我自己。感恩的心，感谢命运，花开花落我一样会珍惜。"一曲《感恩的心》唱出了无数人的心里话。无论是在生活中，还是工作中，常怀感恩之心，常念以孝为道，你的人生将会与众不同。

感恩是一种美德，也是一种智慧

"美德"是指美好的品德，是我们人类在长期的社会实践中总结出来的、可以给一个人在人生道路上不断前进提供动力的个人修养。"美德"最表层的解释就是"美好的德行"，可见美德之于人不仅是内化于心的修养，更是融入实际生活中的行动。

"美德"有很多种，法国的教育学家安德烈·空特—斯蓬维尔的《小爱

大德》就是一本专门论述美德的书，在这本书中他提出了18种美德，分别是：礼貌、忠诚、明智、节制、勇气、正义、慷慨、怜悯、仁慈、感激、谦虚、单纯、宽容、纯洁、温和、真诚、幽默、爱情。深深地思考每一个词语，你会发现，实现每一种美德都要依赖于用一颗感恩的心。只有对自己所接触到的人心怀感恩，才能心生尊重，才能在面对他们时自然地用礼貌的态度去接触；只有对自己的朋友、家人、事业、工作始终心怀感恩之意，才能在生活中始终保持用忠诚的态度对待他们；只有对供自己索取生存发展资料的自然、社会环境始终保持感恩之心，才能把"节制"的想法用节制的行为表现出来，善待我们周围的环境；……因此，常怀感恩之心是我们每一个人"修身"的前提，只有始终怀有感恩之心，我们才能用清澈、干净的眼睛和心灵感受这个世界的美好，发现这个世界的美丽。

朱子治家格言上说：一粥一饭，当思来之不易；半丝半缕，恒念物力维艰。由此可见感恩首先是一种观念上的认知，先在认识上学会"思来之不易""念物力维艰"；而后才能在感情上学会珍惜、爱惜，学会用感恩的态度看待世界；当"感恩"成为一个人的固定观念之后，他就会由衷地认可自然、社会和他人给予的恩惠和便利，并且在实际行动中去回报自然、回报社会、回报他人，把"感恩"由观念、情感变成实践。对给予我们生活资料的自然环境，对生养我们的父母、培育我们的社会，对给予我们生活动力的所有朋友、敌人心怀感恩之情，不仅是一个人具备良好美德的体现，更是一个人拥有生活智慧的体现。

感恩是一种美德，是形成其他社会美德的基础元素。古希腊人曾提出十种美德：智慧，公正，坚忍不拔，自我控制，爱，积极的人生态度，勤奋工作，正直，感激。在古代中国，也有十种美德：仁义礼智信，忠孝廉耻勇。细细思量，就能发现，每一种美德背后必定有感恩的影子。如果一个人不能对自然和社会感恩，那么他就不可能公正地看待自己和周围的人，不能公正地对待自然界的其他存在物，不能公正地对待工作中的得失；不能公正地对待周围的人和事，何谈在工作、生活中的自我控制？何谈积极的人生态度？何来正直？何来感激？同样的，如果没有"人之初，性本善"所形成的感恩之心，一个人就不可能认识到何为"忠孝廉耻勇"，不可能明白"仁义礼智信"的深层含义，那么这些美德也就无从谈起。

可见，感恩是一种最基础的美德，只有心存感恩之心，才能对其他的美德有所认识，才能形成其他的美德。感恩作为美德一旦被人们认可和接受，那么它势必会改变人们对这个世界的看法和认识，对人的心理和行为起到潜移默化的作用，成为人们更好地生存于这个世界的智慧。

孝顺父母、尊敬师长、关爱他人、热爱工作、敬畏自然、珍爱生命、感激挫折、感谢困难等等，都是新时代感恩的内涵延伸出来的美德智慧。

"鸦有反哺之义，羊有跪乳之恩""谁言寸草心，报得三春晖""春蚕到死丝方尽，蜡炬成灰泪始干""三尺讲台，三寸舌，三寸笔，三千桃李；十年树木，十载风，十载雨，十万栋梁""滴水之恩，当涌泉相报""知恩图报，善莫大焉"这是古人总结出的报恩美德，只有认识到父母、师长和他人对自己的恩德，感激他们的赐予，并回报这些恩赐，才能在人生道路上不断地得到人们的尊重和帮助，才能一步一步走向成熟和成功。

"恩欲报，怨欲忘，报怨短，报恩长"，这是人性本善的最明显的反应。感恩，代表着一种对待生活的态度，是一种值得任何人尊重的品德，是一种生活的大智慧。

曾经有一位辛苦持家的主妇，为她的家庭、丈夫、孩子操劳了大半辈子，却从来没有从家人身上得到过任何感激。这使她心里很不平衡，越来越倦怠于操持家务，对生活开始变得越来越消极，一天，她问丈夫："如果我死了，你会不会每年在我的忌日买花祭奠？"她丈夫非常惊讶地说："当然会的！不过，你在胡说些什么呀？"妇人极其认真地说："我死后，再多的鲜花，再多的谢意对我来说都已经没有意义了，不如趁我健在的时候，你送我一朵花吧！"她的丈夫听了很惭愧，从那之后，每年的各种节日他都会给妻子买一束花。妻子也因此变得对家庭越来越热爱，对生活越来越积极憧憬。

如果一个人对周围的人缺乏感恩之心，势必会导致他的人际关系变得越来越冷漠。不懂得知恩图报，善待他人，反而忘恩负义，必然会遭人唾骂，受人鄙夷。所以，每个人都应该学会感恩，学会懂得尊重他人，对他人的帮助时时怀有感激之心，无论这个"他人"是你的家人还是你的朋友，甚至只是偶然的一次为你开过门或扶起过你那被风吹倒的自行车的人。

让一个人对帮助过他的人感恩，也许很容易，因为他实实在在地感受到了那些恩惠带给他的益处；但是，如果让他对挫折、困难甚至人生中的打击感恩，可能就会受到他心理上的排斥。事实上，能做到后者的人才是具备大智慧的人。俗话说"吃得苦中苦，方为人上人"，在"吃苦"的过程中，我们要不断地"吃一堑，长一智"，才能一步一步摆脱幼稚、冲动……走向成熟，历练智慧，锤炼心理素质，修养个人学识。所以说只有学会感激人生中的痛苦，把其当作生命助你成长的礼物，才能使你从容面对人生。

自然界没有永不凋谢的花朵，人世间没有永远笔直的道路。世上万事万物，无不在曲折之中前进。人生亦如此，当你顺利时，成功和赞誉伴随而来，人生道路如同顺风行船，畅通无阻；如遇逆境时，挫折或者打击也会伴随而至，人生道路就是这样如同逆水行舟，坎坷难行。如知识积淀不够、与他人发生矛盾、被人误会、一时间难以实现理想等等都是经常遇到的问题，挫折似乎是人生的常态伴侣。但是，你是否想过，其实我们生活中遇到的每一个困难、每一次失败，都是人生历程中的一块垫脚石；没有这些垫脚石你又怎会不断变得清醒、明智和成熟呢？

我们感恩挫折，挫折使我们变得聪明睿智，挫折使我们更加勇敢坚强；我们感恩挫折，就不会再怨天尤人，而是迈开双脚走自己的路；我们感恩挫折，就会正确对待自己，不骄不躁不气馁；我们感恩挫折，就会在实践中总结经验，不断地完善自己。挫折是福，挫折令我们头脑清醒，耳聪目明；挫折让我们航向明确，驶向成功。

西方哲人有言曰："上帝在为你关上一扇门的同时，也会为你开启另外一扇窗。"不要抱怨那扇门关上了，要感恩还有一扇窗仍在为你开启着，对那扇窗善加利用，你的人生照样会与众不同，丰富多彩。这就是人生的智慧，学会用感恩的心态对待人生中的每一天，学会用感恩的心态对待你所接触到的所有人和事，学会用感恩的心态去积极地工作和生活，那么你就能用一种更加澄明的眼光看待这个世界，把"感恩"变成你的美德、你的智慧。

世界因感恩而美丽，人类因感恩而伟大

感恩是一种我们发自内心地对生活和他人的感激，感恩使我们的心灵充实，使我们的精神丰满，使我们的生命更加美好。

在公元1620年的某一天，从英国的一个小港口，悄悄地驶出了一条非常破旧、看起来并不适合远航的小渔船。船上的水手们都很清楚这条船并不适合航行，但他们已经没有时间寻找更加合适的船了，因为船上搭载的是一群正在受迫害的人和急需离开英国的落难者。在他们之中，有正在受迫害的清教徒、生存不下去的破产者、也有流浪者，总之，他们都是没有办法在英国继续生存的人，无法在英国找到位置、实现自己的梦想与抱负的人；所以他们不得不离开。

航船出海了，更准确地说，是小渔船出海了。小渔船上的人为这艘渔船取名"五月花"，他们带着对彼岸新世界生活的憧憬和随时有可能在旅途中葬身鱼腹的危险，向着不可预知的未来出发了。这是一次被载入历史史册的充满巨大危险的伟大旅程，但当时船上的人并不知道，这次远航将改写世界

另一个大陆的文明史。当时船上有102人，他们满怀着对不列颠群岛的愤懑和对未来的期望离开了故土踏上了新的征程。

不幸的是，他们仓促出航，正赶上大西洋上寒流涌动、风高浪涌。"五月花"不断地经受着被抛上浪尖或者沉落谷底的折磨。当驶入一望无际的大西洋时，船上的粮食吃完了，淡水所剩无几，疾病也开始降临，绝望开始在每一个人的心里萌生。

船员们在濒临死亡的绝境中，空前地团结到了一起，历尽无数艰难度过了两个月，大家都不约而同地感到他们的生命已走到了尽头，这次旅行也即将走到尽头，随之他们感到无尽的疲惫和绝望。过了几天，船上的人们突然听到甲板上传来了世上最为悦耳的声音，他们跑到船舷去观望，赫然发现一块新大陆展现在了他们眼前！这一群人就是现在千千万万美利坚合众国人民的祖先，第一批到美洲大陆定居的白种人。他们面对一个崭新的世界，内心虽然充满兴奋，但是仍然保持着英国人特有的严谨作风，船上51名男子讨论、制定了美国历史上第一部宪法《"五月花号"公约》，在宪法中他们所做的每一个决定都饱含着对新大陆的敬意，他们感恩上苍的赐予，把他们从劫难中拯救出来。他们没有像殖民者一样，叫嚣着冲上新的家园去掠夺、去占有，而是满怀着感恩之心小心翼翼地踏上一片新的热土。

为了答谢上苍所给予的崭新的美好世界和永不熄灭的希望之火，他们用一种内在的智慧和信念，用一种感恩的态度，超越流俗，保持着文明者的风范在这块新的土地上栖息下来了。

但是，事情似乎并没有那么顺利。他们没有想到在新大陆的生活竟然比在船上还要糟，搭载"五月花号"到新大陆的102人，在经过了终日饥寒交迫的1620年的冬天以后，活下来的移民只有50来人。死去的人们不是被大西洋的凶涛骇浪夺去生命，而是被新大陆的寒冬带走了生命。不仅如此，冬天过去了，活下来的人们仍然面临着严峻的困难，他们没有在新大陆生活的经验，一切都靠摸索着学习，为了适应新环境，他们付出了惨重的代价。就在他们又一次面临绝望的时候，土著印第安人给他们送来了大量的在新大陆生活的日常必需品，并派人教授他们打猎、捕鱼和种植新大陆的作物。在印第安人的帮助下，最终，"五月花"号上活下来的移民战胜了种种磨难，慢慢适应了新大陆的生活环境，迎来了丰收的日子，成了真正意义上的北美移民。

移民们感恩上苍的眷顾，感恩土著印第安人的友好帮助，虔诚地选定最近的一个星期日，也就是11月的第四个星期日，邀来给他们巨大帮助的印第安人，共同庆贺他们在新大陆的第一次丰收。两种肤色的人共同点起了篝火，举行了盛大的宴会。也因此，直到今天，每年11月的第四个星期日别称"感恩节"的节日习俗被完整地保留了下来。

一颗感恩的心帮助移民们和土著印第安人形成了牢固的友好关系，打开了智慧之门，使他们在日后对自然征服的过程中无往而不胜，直至一个强大的美利坚合众国呈现在人们面前。感恩作为美国社会文化的重要组成部分，给美国人带来的精神动力是无以言表的。无论是从人伦教化，还是从校正人们的心态，净化人们心灵上来说，感恩都是一剂良方。它让人的内心更加深沉博大，让人的行为更加从容镇定。

英国有一句谚语："感恩是美德中最微小的，忘恩负义是品行中最不好的。"移民们始终坚持践行感恩的美德，才会成就今天强大的美国。

世界因感恩而美丽。同理，对于人类来说，感恩代表我们积极向上的思考和谦卑的生活态度，是一种充满爱意的观念和行为，也是一种处世的智慧。一个人拥有一颗感恩的心，那么他的心灵将时刻充满阳光，他会用一双澄明清净的眼睛看待这个世界。无论你是一个性格黑白分明、疾恶如仇的人，还是一个黑白不分、是非不清的人，这个世界都是善一半、恶一半，清一半、浊一半的，你只接受一半世界，那么你的世界永远不可能完整；但是用一颗感恩的心去包容另外一半你不能改变的世界，那么你就可以拥有一个完整而美好的世界。不要抱怨这个世界不公平，因为正是有不公平，你才会知道什么是公平；不要抱怨你不得志，现在不得志，将来得志时你才能体会什么是"苦尽甘来"；不要抱怨工作累，至少你还有工作可以做，很多人不是都失业在家吗？不要抱怨世界上有那么多的"恶"，没有这些"恶"的存在，试问你能知道何为"善"吗？

感恩可以消解每一个人内心的积怨，可以涤荡这个世间罪恶的心灵。感恩是一种生活的大智慧，是一切美好的、"善"的非智力因素的精神底色，是一个人可以在社会中更好地生存的支点。感恩让世界丰富多彩，让我们感受到世界如此美丽！我们虽然不可能变成完人，但常怀着感恩的情怀，至少可以让自己活得更加美丽，更加充实。虽然"人之初，性本善"，但是要让感恩内化为一个人的品质，是需要通过后天培养把人本身的善行固化下来而获得的，即感恩是需要学习，需要培育的。法国许多父母要求自己的孩子常写感恩日记以引导他们对自然、对他人感恩，以培养他们的感恩习惯。这是一种值得提倡的做法，当感恩成为一个人生命的主色调时，那么他天天都能过"感恩节"，这世界又怎么会不美丽？

人类因感恩而伟大。对每一个人来说，感恩是一种处世哲学，是生活中的大智慧。人生在世，很少一帆风顺，总是坎坎坷坷，时时需要面对种种失败、无奈；这时就需要我们怀抱一颗感恩之心，勇敢地面对、豁达地处理它们；因为埋怨于事无补，消沉、萎靡不振更是有害无益，只有满怀感恩，跌倒了再爬起来，以它们为踏板，让自己变得越来越成熟才是正道。英国作家萨克雷说："生活就是一面镜子，你笑，它也笑；你哭，它也哭。"感恩不仅仅是一种心理安慰，更不是逃避现实；而是一种用爱和希望歌唱生活的方式。

爱因斯坦曾经说过："每天我都要无数次地提醒自己。我的内心和外在的生活，都是建立在其他人的劳动的基础上。我必须竭尽全力。像我曾经得到的和正在得到的那样，做出同样的贡献。"虽然我们只是个普通的人，不可能像伟人那样对人类有卓越的贡献；但当我们从无知到长大成人，从无意识的感恩到学会用感恩的心对待每时每刻都在为我们付出的自然、亲朋，甚至陌生人时，我们的灵魂已经和所有的伟人一样高尚了。我们每一个人都可以用感恩的心谱写自己精彩的一生，这难道不是一种伟大吗？

爱是生命的动力，感恩是爱的延续

记得获得奥斯卡多项大奖的电影《美丽心灵》里曾这样说过："爱是这个世界上最神秘不可解的方程式。"《美丽心灵》中讲述了一个患有精神分裂症的天才数学教授的故事。这位教授在数学方面有着惊人的天分，但是却不幸得了妄想症，他的妻子为了挽救他的人生，忍受着巨大的心理压力，坚持和他生活在一起，照顾他的生活；他的朋友没有离他而去，而是在他身边，不断地以各种方式帮助他；渐渐地他们让他认识到了自己的病情，弱化了妄想症对他人生的影响，帮助他在事业上不断地走向新的成功。相信每一位看过这部电影的人，都会毫不怀疑地相信，如果没有教授那位善解人意、贤惠坚韧的妻子，如果没有那些真诚地帮助他的朋友，教授的一生一定会被改写：也许会被送到精神病院，碌碌无为地度过一生；也许会随着他妄想的那些人和事而毁灭。正是因为有了爱，有来自妻子的爱、有来自朋友的爱，教授不断地战胜病魔的折磨，成就了自己辉煌的一生。

"爱"是这个世界上最美好的词语之一，也是会融化每一颗心灵的情感，包括一个人对父母的爱、对恋人的爱、对孩子的爱、对自然的爱……爱是这个世界里所有动物与生俱来的特质，但是可以把爱和理智结合到一起的恐怕只有我们人类。但是似乎就连最伟大的哲学家也无法解释"何为爱"，只能模糊地定义它为一种发自内心的情感，只能让我们知道爱的对象可以是具体的也可以是抽象的、可以是对无生命的东西也可以是对有生命的东西……不同的人所爱的对象各式各样，对其自身所受到的爱也有着不同的重视程度。有时候，似乎爱只能体验，无法言表，但是，通过体验，我们也可以用自己的实际行动来回报给予我们爱的人们，回报他们无私的付出；为自己创造心灵安宁，让他人感受"付出就有回报"。

在《美丽心灵》里，教授虽然精神失常了，但是在他感受到妻子、朋友对自己的爱之后，他还是去努力地思考，努力地认清"现实世界是什么样的"，用一颗感恩的心去努力回报周围人为他的付出。在影片结束的时候教授思想里杜撰出来的人物依然在，但是他可以做到对他们熟视无睹了，这就是胜利。教授知道自己有病，但是怀抱感恩之心，他坚持着与病魔斗争，不让为他付出的人失望。这就是爱的力量，这就是感恩之心。

"鸦有反哺之义，羊有跪乳之恩"，不懂感恩，就失去了爱的感情基础，感恩是爱的一种表现，是爱的延续。试想，如果《美丽心灵》里面的教授没有感恩之心，他怎么能感受到来自爱人和朋友的关心，怎么可能走出自己杜撰的世界。怀有感恩之心，并把感恩融入自己的实际行动中去，这样生命才会有不断前进的动力和永不熄灭的希望之光。

感恩，是一盏让人们对生活充满热情与希望的导航灯，为我们在前进的道路上引导一段又一段航程；感恩，是两支摆动的船桨，使我们在前行的航程中一次又一次在汹涌的波浪中争渡过来；感恩，是一把开启精神之门的钥匙，让我们在艰难中一回又一回地开启生命真谛的大门！拥有一颗感恩的心，能让你的生命变得无比充实，更能让你的精神变得无比崇高！

感恩是爱的延续，是一种深刻的生命体验，能够让一个人拥有开启神奇的力量之门、发掘无穷精神潜力的智能。一个人的感恩之言、感恩之举可以将"感恩之心"传递给无数人，让更多的人学会感恩，受到爱的感召，继而让更多人拥有感恩之心，开始行感恩之道……这个世界将会变得越来越美好，所以说感恩是一种值得大力学习、传播的习惯和态度。

感恩是我们人类与生俱来的本性，是与爱并生共存的，更是我们不可磨灭的良知，也是现代社会健康性格的表现。如果一个人连感恩都不懂，那么他必定拥有一颗冷酷绝情的心，必定不懂在接受了别人的爱后要心怀感激，绝对不会成为一个为他人、为社会做出贡献的人。感恩，是一种对恩惠心存感激的表示，是每一位不忘他人恩情的人萦绕心间的情感，是我们对爱的体验和回报。学会感恩，就可以擦亮蒙尘的心灵，使之不致麻木；学会感恩，就可以将无以为报的点滴付出永铭于心，使之可以化作帮助他人的力量。无论一个人受到的恩情是否可以找到回报的人，只要他用一颗纯真的心灵去感动、去铭记、去永记，那么他就切实地让爱在此时此刻通过感恩延续下来了，他就无愧于自己的良知和别人的付出。

感恩是一种职业生存之道

生活和工作中，日复一日地重复着相同的事情，很多人都倦怠了，无意去更好地修炼自己的修养、学识。为了生存、发展和满足自己的物质需求，那颗感恩的心也渐渐地麻木了，不再能衍生出生活工作中的美德意识……然后你会发现，你已经成为一个平凡的人，成了你少年时期不屑一顾的人，成了芸芸众生中那些随波逐流生活的人；不再是你曾经梦想着要成功的人了。

怎样才能使自己不断地前进，让自己的脚步始终向着心中的目标前行，从而不断地靠近那个目标？答案只有一个，就是保持感恩之心，注重培养自己的孝道文化素养，无论是生活还是工作都要让自己始终保持积极向上的心态，从容地面对人生中的每一天。

感恩是一个人能更好地生存于世间的素质，心怀感恩之情工作，更可以使我们的漫漫工作路变得丰富多彩、机遇不断。

比尔·盖茨建立的微软公司，相信大家都不陌生，但是微软公司招聘员工的各种方式并不见得大家都知道。下面我们就来讲述一个微软员工的故事。

史蒂文斯先生是一家软件公司的程序员，他在此公司已有8年了，但是由于效益不好，公司倒闭了，他突然失业了。而此时，史蒂文斯已经是3个儿子的爸爸了，重新找到一份稳定的工作迫在眉睫。然而除了编程序，他一无所长，一个月过去了，仍然没有找到工作。

终于，又过了几天，他在报上看到一家软件公司在招聘程序员，待遇很不错。于是，他拿着资料，满怀希望地赶到了那家公司。那天应聘的人非常多，竞争异常激烈。经过简单的面试后，面试人员告诉他一个星期后参加笔试。史蒂文斯先生凭着过硬的专业知识，在笔试中轻松过关，取得了两天后参加面试的机会。他对自己曾经的工作经验无比自信，觉得面试不会有什么困难。然而，当天考官提问的问题与专业知识和他的工作经验却没有半点关系，只是询问他对软件业未来发展方向的看法；不幸的是，他竟从未认真思考过这类问题。结果他没能如愿进入这家软件公司。

史蒂文斯先生并没有因为没能进入那家公司而抱怨苦恼，而是觉得那家公司对软件业的理解，令他耳目一新。虽然他应聘失败，可他感觉收获很大，有利于自己将来的发展，所以他很认真地给公司写了一封信，以表感谢之情。他在信中这样写道："贵公司花费人力、物力，为我提供了笔试、面试的机会。虽然落聘，但通过应聘使我大长见识，获益匪浅。感谢你们为之付出的劳动，谢谢！"这是一封与众不同的信，信中不但毫无怨言，竟然还充满感激之情，这在那家公司也是闻所未闻的。所以这封信被层层上递，最后送到总裁的办公室里。总裁看了信后，没有发表看法，只是把它锁进了抽屉。

3个月过去了，新年即将来临，史蒂文斯先生仍然没有找到工作，但是他意外地收到了一张陌生的新年贺卡，上面写道：尊敬的史蒂文斯先生，如果您愿意，请和我们共度新年。贺卡上的署名是他3个月前应聘的那家软件公司。原来，公司的职位出现空缺，总裁想到了品德高尚的史蒂文斯，立即向其发出了邀请。史蒂文斯先生也应邀加入了那家公司，并不断做出新的成绩，最后做到了副总裁的位置。这家公司就是现在闻名世界的美国微软公司，史蒂文斯先生就是著名的微软副总裁。

相信看过这个故事之后，很多人都会感慨感恩的力量。是的，感恩不仅是一种高尚的道德品质，更可以化作一个人的动力，帮助他在职场中不断地进步、发展，向着理想的职业目标前进。一个人的感恩行为可以让人们看到他身上的美德，感受到他人格的魅力，从而使他与周围的人形成良好的善意人际关系。在一个日益被商品化和市场化的社会中，在一个金钱变得日益无所不能的环境内，善意的人际关系就像是一泓甘泉，可以滋润人们已经麻木的神经，从而使拥有这种感恩美德的人在职场上靠软实力不断显示出自己的能力，一步一步成就自己成功的职场人生。感恩，既可以成为幸福的起点，也是奋进的源泉；因为感恩，所以可以做到惜缘、惜福，时时怀着一颗感恩的心，为他人和自己带来阳光的精神力量。

中国自古就有"士为知己者死"的说法，从业者可以为对自己的能力和价值认可的上司鞠躬尽瘁，为这份工作不断付出。给予就会被给予，剥夺就会被剥夺；信任就会被信任，怀疑就会被怀疑；给予爱就会被爱，付出恨就会被恨。一个人的任何一个行为都会影响他在别人心目中的印象，都孕育着下一步的行为。心理学上的互惠关系定律这样说：如果你对我友善，我对你也友善；如果你不友好，我也不可能友好地对待你。很简单的一个例子，假如你拥有对别人有用的信息而不与别人交流，那么别人拥有对你有用的信息时也不一定会想到告诉你。爱默生说：人生最美丽的补偿之一，就是人们在真诚地帮助别人之后，也就帮助了自己。所以，伸出你的手去帮助别人，让他人感受到你的感恩之情，而不是伸出脚去试图绊倒他们；那么在未知的某个时候，也许你就能得到他人的帮助。对待他人如此，对待工作更是如此，工作中，感恩同事、老板甚至面试者为你顺利工作提供的环境和条件，那么你的同事、老板或者面试者都可以对你印象良好，对你在职场中生存有益无害。一个与人为善、一心做事的人，也许工作的过程中会有一些小小的挫折，但胜利最终是会属于他的。

李嘉诚曾说："当你们梦想伟大成功的时候，你有没有刻苦的准备？相信你们都有各种激情，但你知道不知道什么是爱？"常怀感恩之心，就是爱的延续。当你自视怀才不遇时，何妨感恩这种"不遇"也是一个台阶？是你踏上下一次"职场辉煌"的台阶。一般人要吃三个饼才能饱，但是我们却不能只感谢第三个饼，因为第一个、第二个饼同样是在充饥，而且是很重要的"垫底"。同样的，第一次面试、第二次面试可能你没有得到理想的工作，但是你却在面试中总结出了面试时的经验，"不遇"的境地不也给了你同样的回报吗？不正好是你以后找到理想工作时的"垫底"吗？

百行孝为先，感恩自己的工作

美国作家比尔·海贝斯曾说："工作不是一种惩罚，也不是人们经过思考后想干的事。工作是一种神圣的安排，是造物主用快乐和有意义的活动填补人类生命的一种方式。"看完这段话你是否顿悟了自己现有的工作不是廉价的束缚，而是上苍对你非常珍贵的恩赐？我相信能够明白这句话的人，肯定会在以后的工作中尽心尽力地完成属于自己的任务，去报答工作所赐予他们的一切。

无独有偶，比尔·盖茨也曾说："我只敬重两种人，没有第三种。第一

种是不辞辛劳的劳动者，他们勤勤恳恳，默默无闻，日复一日，年复一年，在改造自然的过程中，活出了人的尊严。我非常敬佩那些从事繁重劳动的体力劳动者。我钦佩的第二种人，是那些为了人类能有一个独立的、丰富的精神世界而孜孜求索的人。他们的劳动不是为了一日三餐，却是为了增加生命的养分。"无论是哪种劳动者，他们都是在勤勤恳恳工作，只有勤勤恳恳地工作，我们才能赢得别人的尊重。

对人生、对大自然一切美好的东西，我们都要心存感激，只有这样，你的人生才会美好连连。我相信，每一个懂得感恩的人，在社会中一定是主动积极、乐观进取、敬业合群的。心怀感恩的人一般心中都充满了阳光，会感激一切给过他帮助和支持的人和事，并将这种感恩回报到生活、工作中。一个懂得感恩工作的人，既会因为自己是企业的一员而感到欣喜，也会因此而更加忠诚、勤奋地工作。

无论你是否认真对待工作，你从事过的工作，都会给你许多宝贵的经验与教训，只有认识到这一点，在工作中你才不会认为自己只是在承受压力，而是感受到工作带给你的愉快、自然的心情和不竭的动力。

那些不懂得感恩工作的人总是认为自己所获得的一切基于自己的付出，与他人无关；自己所有的优待和报酬不仅是应得的，而且总是比不上自己付出的；工作嘛，马虎一点也没关系，只要能继续在这个职位混下去就行了。他们往往内心冷漠麻木，缺乏工作热情，总是抱着当一天和尚撞一天钟的心态去工作，从不知道去盘点工作带给自己的莫大财富。与之相反的是那些内心充满感恩的人，他们每天都渴望能做出一些成绩来回报公司对自己的信任，回报公司给自己的机会；会忘我地工作并乐此不疲；不会只用金钱报酬来衡量自己的所得，不会因回报的多少而影响工作的质量和热情。他们不会斤斤计较个人的得失，因为他们在工作中怀着"报恩"的心理，在他们看来，自己与公司是同命运、共呼吸的。

懂得感恩是一种能力和运气，在工作中，只要怀有一颗感恩的心，你就能发现别人发现不了的机遇，你就会发现命运之神总是特别关照你。

一个人要想得到上级的"礼遇"，那么他首先就要做到"事君以忠"，始终忠于自己的工作，忠于自己所在的公司。三国时的诸葛亮是"事君以忠"的典范。诸葛亮对刘家父子真正做到了"鞠躬尽瘁，死而后已"，报答了刘备的三顾之情。对工作尽心，对领导尽"忠"，这是作为下属的基本责任。一个公司、一个领导在选择员工的时候会考察他们多方面的素质，其中忠诚度就是最基础的素质。有的时候，一个人的工作能力很强，无论多么艰难的任务他都能完成，但总是不被领导赏识，为什么？原因就在于这个人恃才傲物，对领导不忠或者忠得不够。曾子曾说："吾日三省吾身，为人谋而不忠乎？与朋友交而不信乎？传不习乎？"（《学而篇》）这"三省"当中第一位的"省"就是"为人谋而不忠乎？"可见"忠"，学会对赏识自己的人感恩是多么重要的事情。

现代社会，人人都要工作，因为只有工作可以为我们提供稳定的薪水，解决我们的衣、食、住、行等生存所需。工作使我们实现了经济上的安全稳定，使我们寻求到了心灵的安定，驱除了我们在社会上的漂泊感。

我们必须认识到，我们从工作中获得的一切报酬、享受到的一切福利，不是平白无故就能得到的，而是需要许多人共同创造、奉献的。许多人中就包括你的老板，他给了你一个发挥才能的机会、平台，给你提供了良好的工作环境和各种福利待遇等，成就了你的事业，成就了你的价值，甚至成就了你的人生。

在这个平台上，你的同事们，你所在公司的管理部门、生产部门、销售部门……试想一下，不论身处哪个部门，若没有其他部门同事的合作、本部门同事的配合，谁又能实现自己的价值呢？因此，无论你取得了多大成就，都应该对帮助你成就这些事业的人怀抱感恩之心、回报之心，感谢曾经的老板和同事给予你的支持和帮助，并以更加努力的工作来回报他们！

工作是上天的恩典，工作证明我们还顺利地活在这个世间。无论生活还是工作，当你爱着，一切趣味盎然；当你恨着，一切索然无味。人与工作也总是有着爱恨情仇，如果你感恩你的工作，那么何妨爱一些，再爱一些。

工作是生命中最珍贵的礼物

在古老的中国，人们认为"滴水之恩当以涌泉相报"。在西方社会，也存在着类似的谚语，比如，英国谚语"感谢是美德中最微小的，忘恩负义是恶习中最不好的""忘恩比之说谎、虚荣、饶舌、酗酒或其他存在于脆弱的人心中的恶德还要厉害"，苏联谚语"父母之恩，水不能溺，火不能灭"，希腊谚语"忘恩的人落在困难之中，是不能得救的"。

没有阳光，就没有温暖；没有水源就没有生命；没有父母，就没有我们；没有亲情、友情和爱情，世界就会是一片孤独和黑暗……无可否认，这些美好的事物都是上天赐予我们的礼物，有了这种礼物，我们才由衷地感觉：活着是一种美好，是一种愉悦的生命体验。然而，在我们生命中，还有更美好、更宝贵的馈赠，那就是——工作。因为工作不仅仅为我们提供了薪水，解决了衣、食、住、行等生存所需，更为我们提供了一个展示自己的平台。在这个平台上，我们寒窗苦读的才识能得以展现，工作能力可得以提高，人生价值才能得以实现。

有一个60多岁的乞丐，整天在大街上乞讨，过着饥一顿饱一顿的日子。有一天，他意外地遇到了上帝，于是他就请求上帝满足他三个愿望。上帝看着这个生活艰辛的乞丐，非常同情，于是就答应了乞丐的要求。

"你有什么愿望？"上帝问道。

老乞丐对上帝说："我的第一个愿望就是成为一个有钱人！"

上帝点了点头，答应了老乞丐的要求。

老乞丐马上就变成了一个富翁，他非常高兴，接着说道："我希望自己回到20岁的时候。"

上帝挥了挥手，老乞丐立刻变成一个20岁的小伙子。

"那么，你的第三个愿望呢？"上帝慈祥地问道。

"我希望自己一辈子都不用工作！"

上帝自然是有求必应，立刻答应了老乞丐的要求。于是，上帝一挥手，乞丐又变成了以往的模样。

老乞丐看到自己的变化，大吃一惊，不解地问上帝："这是怎么回事？我怎么又变得一无所有了呢？"

上帝诚恳地回答道："工作是我能送给你的最大礼物了。如果你不工作，整天无所事事，那是多么可怕的事情啊！一个人，只有拥有了工作，才会拥有一切。现在你把我给你的最宝贵礼物都扔掉了，自然就变得一无所有了。"

正如上帝所言，工作是上天赐予我们每一个人最宝贵的礼物。对于任何一个人来说，拥有了工作，才能满足自己的生存需求，才能在社会中找到自己的立足之地，才能为自己的发展奠定基础。不仅如此，工作还是我们展示才华的舞台，是实现我们的人生价值和理想抱负的唯一途径；因此，我们只有怀着感恩的心态，不将工作当作是一种负担，而是当作一种上苍的馈赠，才能实现我们自己的理想；相反，如果一个人像乞丐一样拒绝工作，那么他所有的梦想必将化为泡影。

在职场中，如果能将工作当成是上天的馈赠，像珍惜自己的生命一般珍惜自己的工作，努力将自己的本职工作做到尽善尽美，那么即使再普通的工作也会变得意义非凡。

在一家知名企业的办公楼里有一位清洁工，她是公司临时雇用的人员。在整个企业中，她是唯一一个没有学历、工作量最大、薪水最少的人；然而，她却是公司中最快乐的员工。在工作的每一分钟，她的脸上总是挂着灿烂的笑容。她微笑地面对每一个人，对于别人提出的任何要求，她都会微笑着去帮忙，哪怕已经超越了自己的工作范围。

日子一久，大家都不知不觉地喜欢上了这位快乐的女清洁工，甚至有的人还与其成了朋友。一天，公司的一位经理就忍不住问她："能告诉我，是什么让你如此开心地面对每一天的工作呢？"女职工自豪地说道："因为我能在这样一个大企业中工作，我非常开心。我没什么学历，对这份来之不易的工作充满了感激之情，因为有了这份工作，我的生活才有了保障，我也有了足够的钱供女儿读完大学。所以，每当我想起这美好的工作时，我就充满了工作的动力，充满了快乐和幸福！"

这位经理被女清洁工那种感恩的情绪深深打动了，他认真地说道："那么，你有没有兴趣成为公司中正式的员工呢？我想我们的公司会非常欢迎你这样对生活、工作充满感恩的人。"

从此之后，女清洁工啃起了课本，利用一切闲暇时间学习该企业员工必备的相关知识、公司的业务知识。一年之后，女清洁工如愿以偿地成为该公司的一名正式员工。

在职场中，不论工作岗位平凡与否，不论身处逆境或顺境，若能像女清洁工一般，常怀一颗感恩心，把工作看作是生命中最珍贵的礼物，将自己的热情全部倾注于工作之中。拥有了这样的心态，自己的愿望和抱负就会实现。

工作是一种珍贵的人生阅历，是一幅美好的人生画卷，是一个装有七彩人生的魔盒，只有将工作当成是人生中最珍贵的礼物，用感恩的情怀对待工作，才能实现自己的梦想！

懂得感恩，工作才最眷顾你

《艺术人生》曾做过陈坤的一期节目。陈坤，一个看上去对现实生活过于不屑与忧郁的男子，原来也有如此深邃的思想，他被采访时的一席话最让许多人震惊："一个在成功或者失败面前还仍然学会感激的人，生活一定会将一份幸运赋予他。因为美好将眷顾懂得感恩的人。"

诚然，没有人能够独自撑起一片天，哪怕是仅仅属于他自己的一小片天空也是有别人参与才会美丽的。在生活中如此，在工作中更是如此。工作中，没有合作伙伴的帮助，没有一个团队的人一起努力，我相信很少有人能仅凭自己的能力在事业上走得很远。接受别人的帮助，很容易，也很简单。也许别人不奢求在帮助你之后你会回报什么，但是我们也不能忘记心存感激。在生活、工作中，谁都有可能碰到一些困难。第一次你遇到困难的时候，别人帮助了你，也许，下次你遇到那个帮助你的人，只是给他一个微笑，他就能知道你是一个懂得感恩的人；等你再有困难的时候，你虽然没有求助，但他可能仍然会来帮助你，因为他知道，你有一颗感恩的心；但如果下次你遇到人家的时候好像遇到陌生人一样，那么当你真有困难，即使求助，人家也不一定会帮你，因为他感觉不到你是一个知道感恩的人。

感恩，是全世界任何一个民族都认同、都提倡的美德，也是每个人都应该具备的最基本的品德。面对美德，我们绝不能视而不见。感恩应该是我们生活中一种最常见最平常的行为，我们没有任何权利要求哪一个人必须对自己好，更不能把别人对自己的帮助当成理所当然的事情；哪怕是对你最亲的父母、爱人，他们帮助了你，你也应该学会感恩，就更不用说我们工作、生活中遇到的其他人的帮助了。

一个出生于贫困家庭的男孩为了积攒学费，在课余时间，常常挨家挨户地推销商品。一天，他推销到傍晚时，仍然没有卖出多少商品，此时，他已经将近一天没吃东西了，他感到疲惫万分，饥饿难挨，有些绝望了。这时，他鼓足勇气再一次敲开一扇门，希望向主人要一点食物充饥。

开门的是一位美丽的年轻女子，看着女子困惑的眼神，男孩竟然忘了敲开门的目的，只是结结巴巴地描述了自己一天推销不利的经历，接着问这位女子："阿姨，您能给我一点水喝吗？"这女子当即就给了他一大杯牛奶。男孩慢慢地喝完了牛奶，犹豫地问道："我应该付多少钱？"女子说："一分也不用。上帝教导我们，施以爱心，不图回报。"男孩愣了一下说："那，就请接受我最忠诚的感谢吧！"说完便向那女子深深鞠了一躬，大踏步走了。一走出巷子，男孩觉得自己浑身都充满了力气，又坚持不懈地去推销他的产品了。

其实，他原本是打算退学的。在经过这件事后，他不断地努力，终于能不断地挣钱供自己上学了。

许多年后，男孩成了一位著名的外科大夫，他就是大名鼎鼎的霍华德·凯利。而当年那位曾给他恩惠，唤起他重新生活的热情的女子却患了一种十分奇怪的病，当地的大夫都束手无策，便被转到了霍华德·凯利所在的医院。凯利医生看到患者的名字时，觉得非常熟悉，于是他立刻冲进了病房。果然不出所料，那位妇女正是多年前在他饥寒交迫时，热情地给予他一杯改变了他人生的牛奶的那位年轻女子。

霍华德·凯利凭借自己高超的医术，成功地为女子做了手术。可是，在结账出院的那天，那位病愈的妇女却不敢看医疗支付单，她肯定，手术费会花掉她的全部家当，当她终于鼓起勇气看支付单时却惊讶地发现了一行小字：

"医疗费——一杯牛奶。霍华德·凯利。"

霍华德·凯利医生也因为这件事，受到了更多的人的尊重和爱戴，事业道路上也更加的一帆风顺了。当你困难的时候，有人能给你一碗水或一个微笑，都是值得你终生感恩的。"谁言寸草心，报得三春晖""滴水之恩，当涌泉相报""恩需报，怨宜忘，抱怨短，报恩长"等那么多感恩的经典词句，都说明了人们对感恩的认同和崇尚。在当今这个充满了虞诈和欲望的时代来说，感恩对于很多人来说，更是一个既亲切而又有些陌生的词。对有些人来说，感恩，也许是一种久违的感觉。

有一个中专毕业生和一个大专毕业生，同时进入了一家公司的销售部做销售业务员，唯一不同的是中专生本来是不能进入该公司的，但是他苦苦纠缠了招聘人员一周，销售人员觉得他是一个很有恒心、毅力的人，才把他招进公司里；而那个大专生则是符合公司招聘条件进入公司的。进入公司后两个人负责同样的产品销售工作，那个中专毕业生很感激公司能破格录用他，于是每天想尽各种办法销售产品，业绩很不错。而那个大专生则越干越觉得这项工作委屈了自己的才干，每天走形式一样做工作，虽然产品也销售出一部分，但是业绩远远比不上那个中专毕业生。

半年之后，该公司内部竞聘，那个中专毕业生顺利地当上了销售主管，而那个大专毕业生却仍然还是做销售业务员。

懂得感恩自己的工作，才能在工作中不断地创新、突破，工作才会眷顾你，回报你。我们都知道人与人之间的关系是相互的，你对别人好，别人就会对你好；其实人与工作的关系也是如此，你为工作付出的多，那么领导一定看得到你的付出，在你的事业道路上，领导就会信任你，工作就会眷顾你。

当你的努力没有得到相应的回报，你准备辞职，调换一份工作时，同样也要心怀感激之情。虽然每一份工作、每一个领导都不是尽善尽美的，但是每份工作都会带给我们很多宝贵的经验和资源，那是金钱买不到的。如果你每天能怀着一颗感恩的心去工作，那么，你工作的心情自然是愉快而积极的，你的责任心也会与日俱增，工作自然会越做越好。

感恩，是缔造多赢的工作哲学

古希腊有一句谚语：忘恩的人落在困难之中，是不能得救的。所以，不要忘记任何一个人对你的恩惠，如果不能回报那个帮助过你的人，就伸出你的手去帮助其他人吧；不要伸出脚去试图绊倒任何一个人，因为谁都有可能成为下一个你也是需要他帮助的人。一个与人为善、一心做事的人，也许偶尔会吃一些亏、遭遇一些磨难，也可能会被那些爱占便宜的人称为"傻子"，但他们却是生活得最心安理得、幸福愉快的人。

实际生活中，很多人容易犯一个错误，就是对陌生人偶然的帮助往往感激不已；对身边许多与自己关系密切的人的恩德却视而不见，容易把这些恩德视为自己应得的；对那些曾经伤害过我们的人更是心怀怨恨。熟悉的地方就没有风景吗？关系密切就不需要你感恩吗？被伤害过就应该一直抱有怨恨吗？不！如果你真的有一颗感恩的心，那么就应该既感谢那些在工作中给过我们关心、帮助、掌声的人，因为他们的鼓励使我们拥有不断前进的工作动力，在他们的工作有需要的时候我们也会助其一臂之力；也要对那些在职场上伤害、欺骗、打击过我们的人怀有感恩之心，因为他们让我们对职场、工作有了一个更深刻的认识，使我们能更快地成熟起来。我们不仅要学会用一颗感恩的心去体会工作中得到的真情，更要学会用一颗感恩的心去驱逐工作中遇到的伤害。

李洁毕业于哈佛大学商学院，曾就职于美国西南航空公司。与她相处过的每一个同事都对她的微笑、善良和勤劳留有深刻的印象，都成了她的朋友。一些她新认识的人对她拥有那么多的朋友不解，问她和人相处的秘诀是什么。

李洁微笑着说："一切应该归功于我的父亲。在我很小的时候他就教导我，对周围任何人的赋予，都应该抱有感恩的心态，而且要永远铭记，要使自己尽快忘记那些不快。

"我幸运地获得了这份工作，有很多友善的同事，虽然上司对我的要求很严格，但在生活方面对我却很照顾。所有的这一切，我都铭记在心，对他们心存感激。

"我一直带着这种感激的态度去工作，很快我就发现，一切都美好起来，一些微不足道的不快也很快过去。我总是工作得很开心，大家都很乐意帮助我。"

无论什么样的企业都是一样的，所有同事都更愿意帮助那些知恩图报、积极向上的人，老板也更愿意提携那些一直对公司抱有感恩心态的员工，因为这样的员工更容易团结公司的团队，对工作更富有热情，对公司更忠诚！

感恩既是一种积极的心态，也是一种随时准备奉献的精神体现，更是一种力量。当你以一种知恩图报的心情去工作时，你不仅会工作得很愉快、有效率，而且会赢得大家的认可，赢得上司的青睐。

张国辉是美国奥美广告公司的一名设计师，有一次他被公司总部安排前往日本工作。与美国轻松、自由的工作氛围相比，日本的工作环境显得相当紧张、严肃和有紧迫感，这让张国辉很不适应。

"这边简直糟透了，我就像一条放在死海里的鱼，连呼吸都困难！"张国辉向上司抱怨。上司是一位在日本工作多年的美国人，他完全能够理解张国辉的感受。于是，上司告诉张国辉让他坚持半年，半年后调他回总部。张国辉每天在日本忙忙碌碌工作，等待着时间期限的到来。终于半年期限满了，上司实现了他的承诺，调张国辉回了美国总部。到总部后，公司安排给张国辉带几个项目，告诉他在多久的时间内必须做完，张国辉在期限还未到之前就完成了任务。他发现跟他一起同时开始做相同数量项目的、水平相当的几个设计师却还在马不停蹄地赶着各自的项目。他一下子就明白了上司为什么让他坚持在日本待半年。

是的，无论是什么样的工作环境、什么样的工作任务，都能给你的工作经历添砖加瓦，都能够锻炼你各方面的能力。正是因为张国辉在日本工作半年，已经练就了高效率、快速完成工作的习惯，正因如此才能在回到美国之后在同水平的设计师中脱颖而出。张国辉想明白之后，非常感谢他在日本的工作伙伴和工作环境，更加感激上司给了他一次学习提高的机会。于是他申请又去日本锻炼了一年，最终做到了该广告公司首席设计师的位置。

一个懂得感恩的人，一定能培养自己良好的修养，一定能真诚待人，感恩上苍所赐予他的所有经历。如果一个下属不懂得感恩，那么他就不值得领导提携；如果一个员工不懂得感恩，那么他就不值得老板重用；如果一个孩子不懂得感恩，那么就是一个家庭教育的失败。与其说感恩是一种能力，不如说感恩是我们获得能量和能力的途径。特别是当你作为企业的一分子的时候，无论你是才华出众的"领军人物"，还是默默无闻的小职员，如果你始终抱着对工作、对企业、对老板感恩的心，就很容易成为一个受欢迎的人，会更有亲和力和影响力，那么你的职场道路也一定会越走越顺。

用"感恩圣火"点燃"激情之火"

我们工作固然是因为生存的需要，为了生活生计，但是比维持生计更可贵的，就是在工作的过程中充分挖掘自己的潜能，发挥自己的才干，实现自己的社会价值。

不要只是为了薪酬而工作，薪酬只是工作的一种最直接的、最短视的报偿方式。一个人如果只为薪水而工作，没有更高尚的工作目标，那么他就不是一个会规划自己人生的人，最后受害最深的不是别人，而是他自己。

一些心理学家发现，在一个人工作到一定程度、拿到一定数额的薪水之后，金钱对于他来说就没有多大意义了。看过《福尔摩斯探案集》的人都知道福尔摩斯帮助别人破案有时是不需要薪水的，因为对他来说，追求正义和探索奥秘就是他最好的报酬。即使你还没有达到福尔摩斯的那种境界，但是如果你忠于自我的话，就会发现金钱只不过是许多种工作报酬的一种回报形式而已。

人生追求不应该仅仅限于满足生存需要，还应该往更高的层次进发，只有更高层次需求的动力驱使，我们才能始终保持工作的热情和欲望。

常宁曾经是一名小学教师，后来，调到乡镇政府做干部，再后来成了一名组工干部，10多年来，虽然职场角色不断在换，但他始终忙忙碌碌、勤勤恳恳，对每份工作的激情都很高。曾有人问他："你工作那么忙，难道不累吗？"他坦然一笑地告诉那个人："怀着一颗感恩的心工作，苦中有乐。"

2003年下半年，政府公务员改革，一些曾以教师身份进入行政单位工作的干部被清退出公务员队伍，常宁也是被清退的干部之一。当时，面对工作，他只有两个选择：要么回学校从头开始做老师，要么就去当一名工人。想着自己几年来在镇政府工作的心血就要付诸东流，他感到十分沮丧。后来经过再三考虑，他决定试一试去县里工作，于是他带着一封自荐信和他所有的荣誉证书找到一位县领导，申请调到县城去教书。县里领导经过考察后，发现常宁工作能力非常高，在自己的工作岗位上做出过很多成绩，于是决定调他到县里去任教。常宁在县城里也始终勤勤恳恳，工作激情不减，在工作中不断取得新的成绩。

激情在工作中是一种稀缺的精神资源，更是一种昂贵的精神品质，他能调动起我们身体、头脑的每一个细胞，使我们全身心地投入到工作当中，去完成我们渴望完成的工作。激情来自我们自身的潜质，是我们精神状态、内心趋向的外在表现。常怀感恩之心可以调动起这种工作的激情。

　　人宁可为了梦想而忙碌，也绝不能因为忙碌而忘记梦想。工作中富有激情的人往往是具有高度责任心的人，他们最能遵从自己内心的意愿，不因外界的干扰和一时的挫折而气馁，放弃对工作的追求；他们往往具有高度的使命感，在做好本职工作的同时，他们勇于承担更大的使命，愿意追求更高的成就，往往能做出让人们惊诧不已的成绩。有些人虽然知道工作激情的重要性，但是他们往往不能持久地保持这种激情，这又是为什么呢？心理学家认为，工作和生活中的平凡和琐碎会导致人们逐渐丧失成就感，进而逐渐磨灭我们的激情，而激情不再就会减弱我们对工作的敏感度，从而使我们更难取得成就……最终形成一种恶性循环。

　　也许，我们不能像李嘉诚或比尔·盖茨一样取得巨大的事业成就，但是请记住美国前总统林肯的一句话："人类本质里最殷切的需求是渴望被人肯定。"我们可以通过每天工作的小成绩来获取别人的认可从而提高我们的成就感。例如，帮助同事完成一项工作，帮助客户解决一个实际问题，成功地在文体活动中表现自己的才华，等等，你有可能就会获得上级的认

比尔·盖茨

可、赞扬和鼓励，当你接受这些肯定的时候，你的心里必然会产生一种感恩的心理，产生一种满足感。当你产生满足感的时候，你的工作激情就会慢慢被调动起来。

　　工作的质量决定生活的质量。无论你的薪水高低，工作中尽心尽力、积极进取，总能使你得到内心的安宁，让你觉得在工作中你是无愧于任何人的。对待工作过分轻松随意的人，无论从事什么领域的工作都不可能获得真正的成功。而那些对自己工作薪水不满意、对工作敷衍了事的人，不仅会损

害公司的利益，而且会使自己的生命激情之源慢慢枯竭，断送自己成功的希望，一生只能做一个庸庸碌碌、心胸狭隘的职员。这两种人都是自己埋没了自己的才能，湮灭了自己的创造力。

怀抱一颗感恩之心，激起工作热情，努力工作吧！不要怀疑你的努力是否会被忽视，当你全心全意工作时，没有人会对你的努力视若不见，老板对你的付出也一定会认可。在工作中，认真地奉献自己的智慧和精力，努力完成工作任务，那么你收获的将是别人无可比拟的硕果。

试比较两个具有相同背景的年轻人。一个热情主动、积极进取，对自己的工作总是精益求精，总是为公司的利益着想；另一个总喜欢投机取巧，总嫌自己的薪水太低，总把自己的利益放在第一位。如果你是老板，你会更赏识谁呢？你会给谁更多的发展和晋升的机会呢？

当世界上大多数人都在为薪水而工作的时候，如果你能超越他们工作的境界，为了你的人生价值而工作，那么你就会在芸芸众生中脱颖而出，得到上级的赏识；你也就迈出了成功的第一步。

忘恩是一种"职业癌症"

"癌症"也叫恶性肿瘤，是造成现代人类死亡的主要疾病之一。肿瘤是指人类机体在各种致瘤因素作用下，局部组织的细胞异常增生而形成的局部肿块。恶性肿瘤还会破坏人类身体各种组织、器官的结构和功能，引起身体坏死性出血合并感染，患者最终可能由于长恶性肿瘤的器官功能衰竭而死亡。

其实癌症不只存在于人体中，职场中也有一种癌症，会让人们在自己的职业生涯中，不知不觉走上断送自己工作的道路，这个"癌症"就是"忘恩"。得了这种癌症的病人，常出现的症状是：常常抱怨工作中有很多不公平，抱怨自己在公司的晋升机会少，抱怨工作单调重复没有挑战性，抱怨任务完成难度高……总之，所有工作中的不顺他们都怨天尤人，归为别人的不是，很少反思自己的错误；他们面对自己生存的世界，享受大自然赐予的阳光雨露，享受公司给予的发展平台，长久以来，总是在追逐财富、荣耀、地位……却忘记回头盘点自己已经拥有的一切；他们更是没有想过，要对帮助自己得到这一切的人或者事心怀感恩之情。

不懂感恩的人，工作中总是以冷漠示人，大家看不到他对工作投入的激情，看不到他对工作的热心，看不到他人性中的良知和可信；注定他无法被领导赏识，无法成为公司重点培养的对象，只能成为公司千千万万过客中的一员。

不懂感恩的人，他们在社会上的存在价值会比那些懂得感恩的人大大降低。一个贪婪、矫情、缺乏爱心、缺乏责任感、缺乏使命感、缺乏工作热情的人会是有前途的人吗？有哪一家公司愿意留着这样的人？有哪一个老板愿意给这样的人以发展的机会呢？

小李在大学学习的是哲学专业课程，初出大学，四处求职，但因为自己的专业限制，很难找到称心如意的工作。在一次又一次的碰壁后，他终于凭借自己良好的文字功底和口才进入一家公司担任客服专员。但是，小李梦想的职位是行政主管，所以他对公司的安排很不满意，不想每天面对那些问题不断、难缠的客户，但是公司要求新人到岗后必须试用期满后才能调岗。于是，小李每天郁郁寡欢地接待客户，对工作一点热情都没有，总是敷衍了事，期待试用期满后调到行政岗位工作。

在试用期满的时候，公司找小李谈话，告诉他让他另谋高就。小李非常震惊，问人事部主管："为什么？不是说试用期满就调岗吗？"主管说："公司本来就是看重你的口才好，文字功底也不错，希望培养你，将来调你到别的岗位，但是你一直对本职工作没有热情，你接待过的客户不满意率非常

高。公司是靠客户活着的，你连最起码的工作都做不好，公司怎么放心交给你更重要的工作呢。"

小李非常后悔自己没有在客服部好好表现，但是一切都晚了，他只能离开公司。

不懂感恩，缺乏感恩心态，是职场求生的大忌。职场情感管理环节的缺失，会导致一个人失去感恩之心，对工作变得懈怠，使自己的职场情感变得麻木，对人、对事缺乏热情与认真的态度。或许有时你会感叹自己的工作平淡无味；有时会觉得自己的工作琐碎繁重；有时会气馁于工作上的某种失败；但只要你能够用一种感恩的眼光去看待工作，用一颗感恩的心去感受，就会发现公司为你在职场中的成长提供了启迪思想和产生智慧的场所，为你的发展提供了锻炼能力和增长才干的机遇。

"一生一世，都是恩惠。"是的，我们应该把工作、生活中所拥有的一切都看成是"天上掉的馅饼"，不能不思感恩，不能只想着是别人欠自己多少、公司欠自己多少，要在索取的同时回头看看自己付出了多少。我们相信，每一个成绩斐然的员工都是深爱自己的工作的，每一个连连升职的员工都是珍惜自己工作中拥有的一切，并对这份工作充满感恩之心的。每一个人都应该对自己的工作充满感激，你现在的职务可能在别人眼里微不足道甚至卑微，但它正是送你走向成功的传送带。这个世界上，每个职位之间都是相连的，任何一个职位都可能成为拉开你精彩职场人生的帷幕。

我们不仅要对自己的工作感恩，对公司感恩，更应该对自己的老板感恩。千里马常有而伯乐不常有，只有能识千里马的伯乐才能让千里马脱颖而出，发挥千里马的才干。在你的职场舞台上你更应该为发现你的才能的老板献上一束感恩的鲜花，因为是他用毕生精力去经营企业你才会有发挥才华的舞台。下班时间到了，也许你下班了，但是你的老板还在继续奋斗，即使你漫不经心、拖拖拉拉、被动偷懒、不知感恩地工作，但是他仍然给你一份工作，让你在职场中成长。能拥有一份让你发挥才智的工作，有一个可供你发挥特长的舞台，就要懂得惜福、感恩，认真对待自己的工作。

在水中放进一块小小的明矾，就能沉淀水中所有的渣滓；我相信，如果在我们的心中培植一种感恩的思想，就可以沉淀我们心中许多的浮躁、不安，消融我们心中许多的不满与不幸。只有心怀感恩之情，才能使生活变得更加美好和顺心。

从现在开始，每天抽出一点时间，为自己目前所拥有的工作机会而感恩吧，为自己能拥有这样一份工作而感谢老板吧，心诚自可感动天地，你的工作、你的老板都能感觉到你的感恩之情的。试着写一张字条给老板，告诉他你是多么热爱自己的工作，多么感谢工作中获得的机会。"感恩"是会传染的，当你的老板感受到你的感激之后，你的老板同样会以某种方式来表达他对你付出的谢意，也许你会因此而得到晋升也说不定。

感恩是一个人情感的自然流露，很少有刻意做作的成分，最能体现一个人的原始人性和道德素养，它能增强一个人的个人魅力，让你拥有在别人看来是"神奇"的力量，使你在职场中出类拔萃。

让我们学会感恩吧！学会体会在感恩的情境下人与人之间心与心的真诚交流，努力为自己营造一个职场成长的和谐环境。对你已经拥有的事物表达感激，你会发现，你拥有的会越来越多。我们应该相信：每件事情的发生必有其因果，必有助于我们；一切都是为达到最好所做的安排。大多数人总是只顾着去追求自己没有的，而无视自己所拥有的，直到失去本来拥有的一切的时候，才知其珍贵，才懊悔不已。其实我们最应该在职场中学会的就是盘点自己已经拥有的一切，感恩拥有的一切，然后再量力而行，去追求更多的东西。

在职场中，无论做什么事，我们都要将个人的心态归零：怀着一颗感恩的心，把每一次的工作任务或者每天的工作都看成是工作过程中的一个新的起点，一个新的经验。这样你会发现你每天都在进步，每天都在收获。

"送人玫瑰，手有余香"，怀着这样一种从容坦然与喜悦的心去感恩你的工作吧，你将会取得更大的成功！

讲孝道，才能倾注自己的全部热情

我们现在谈在工作中体现出孝道文化，是以人性本善为出发点，最后以人性的完善为落脚点的。"受人滴水之恩，当以涌泉相报"，企业给予一个人展示自己的舞台，为他提供发挥能量的空间，他就应该用自己全部的精力为企业的发展多做贡献，在这种"孝"里，我们能够看得到人的独立性、人的自由价值以及人性的光辉。

张杰栋是首钢的一名技术工程师，一个偶然的机会，我遇到了他，由于是老乡，我们聊起了天。与张杰栋交谈，始终能感觉到他身上特有的朴实、谦和。他老家在山西忻州，家里并不富裕，为帮助他实现理想与抱负，他的父母付出了很多。"干好自己的本职工作就是对父母最大的孝道"，这是他对我说过的让我印象最深的一句话。他说自己由于工作忙，很少回老家，对父母的牵挂与思念完全依赖通信手段。

2001 年 9 月，31 岁的张杰栋从东北大学压力加工专业毕业后进了首钢，成了那里塑型材轧钢厂技术科专业员，张杰栋主要负责首钢第二作业区的技术工艺工作和全厂"三规一制"管理等方面的工作。针对自己的工作任务，张杰栋认真落实"严、细、实"的工作要求，切实履行专业管理职能，从全厂的生产经营实际出发，积极修订了"三规一制"，以及相关生产工艺的管理规范等工作，为首钢进一步夯实管理基础、提高整体管理水平做出了积极贡献。

在工作中，张杰栋周密组织各小组对全厂"三规一制"执行情况进行严格检查、跟踪整理，及时修改完善不合理的地方，清理过时的制度，完善了厂级"三规一制"的各项制度，提高了制度的执行力和规范作用。张杰栋还针对原有规程不能完全满足生产需要的状况，重新修订、完善、印发了首钢三个作业区的岗位规程手册。他的努力使他所在的二作业区的成材率由96.76%提高到了96.90%。面对首钢的发展，张杰栋有着远大的理想。为了掌握当今世界上最先进的轧钢技术，他利用业余时间攻读研究生课程，希望能给自己和企业都找到新的发展机遇。他说："首钢的发展，为我提供了广阔的发展平台，自己只有不断学习、努力工作，才能适应时代的发展，才能回报社会、报答父母的关爱。"

这样一个心怀感恩之情，对自己的企业充满爱意、对自己的工作倾注了全部热情的人，在企业的发展中如何能够不在企业中节节高升，一展宏图呢？也正是因为，有了对企业的一根感恩之琴弦，有了对企业的尽一份"孝道"的想法，一个人才能把自己全部的热情倾注到工作中，不断地在工作中提升自己的能力，为自己和企业的发展都创造更加广阔的前景。

对自己的工作漠不关心，必然也是对自己的人生发展前景漠不关心，对于处于朝阳阶段的年轻人，是最要不得的想法。年轻人应该要有非同寻常的志趣，有比其他年龄阶段的人更突出、坚忍的意志，并且能对工作倾注自己的热情。

同样一份职业，一个注重孝道的人来干和一个没有孝道观念的人来干，对工作投入热情的多少区别是非常明显的。前者在工作中总是充满活力，工作干得有声有色，能够创造出许多业绩；而后者，总是在工作中懒散懈怠，对工作冷漠处之，不会有什么锐意创新的想法和创意，潜在能力无所发挥。可见，孝道心理下激发出的热情对于职场中的人是多么的重要。

世上许多人都是在热情高涨的情况下才能做好工作的，但是激发热情的关键是了解"孝道文化"，使自己的德行能够更上一个层次。只有这样才能始终保持对工作的热情，并能善始善终做好工作。

对任何一个企业和老板而言，他们永远不需要那种仅仅遵守纪律、循规蹈矩、缺乏热情和责任感、不能积极主动、自动自发工作的员工。工作是要付出努力的，是需要有奉献精神的，工作不仅仅是我们为了谋生才去做的事，更是为了实现自己的价值、体现自己的价值而去做的事情。

成功在一定程度上取决于工作态度，是一个长期努力和积累的过程，很少有人能够一夜成名。心怀感恩之情，始终用一种"孝道"的眼光看待自己的工作，并在"孝道"的感召下保持工作的热情，为自己的工作负责，为公司和集体负责，就是这种责任和忠诚成就了事业！

因此，我们一定要认真对待工作，激发自己的工作热情，在工作中倾注自己的孝道，使其成为结出我们生命美好果实的丰壤。

感恩知孝，才能全心全意工作

工作业绩和职业生涯结果对每一个从事工作的人来讲都是非常重要的，但是好的业绩和完美的结果是靠什么才能得到呢？也许你会说是靠努力工作，也许你会说是靠运气……但是，事实上是感恩知孝的力量让我们能在众多的职业道路中坚持自己的想法和道路，让我们在各种情绪中始终能选择平静的心态去面对工作中的困难和挑战，让我们在日复一日的工作中始终能以积极乐观的心态去实现自己最初的梦想。

工作中，懂得感恩的人才能够意识到企业的事就是自己的事。公司安排的工作没做好，他首先想到的是自己的责任，去寻找自己哪里做得不够好；然后才想外部的原因，不会轻易抱怨别人工作不到位，抱怨客户哪里错了。对公司的礼遇感恩知孝的人，在工作中才能本着对工作负责、对公司负责的态度，关注可能影响公司发展的一切举动，用自己的努力去打造一流的业绩，推动企业不断地向前发展。比起平庸的员工，感恩的员工更喜欢寻找帮助企业发展的方法，而不是寻找工作业绩平平的借口，他们以感恩为工作动力，努力地去创造一流的业绩来回报企业。

在现代社会中，企业需要的是能够解决问题、勤奋工作的员工，而不是那些曾经做出过一些贡献、现在却跟不上企业发展步伐、仍然自以为是、懒散懈怠的员工。现代，是一个人凭实力说话的年代，职场中讲究能者上庸者下，没有哪个公司愿意拿钱去养一些无用的闲人。我们只有以感恩为工作动力，全心全意的为公司的发展做贡献，才能始终成为受公司欢迎的人，才能在公司中得到更好的发展机遇。

懂得感恩知孝的人，才不会为自己没有做好工作找借口，才会每天都积极地投入到工作之中，努力地去寻找提高工作效率的方法，竭尽全力地去提升业绩，在帮助企业的同时也实现自我价值。可以说，感恩是一名员工走向优秀的重要动力，更是一个企业走向卓越的内在秘密。

中国农业银行是中国五大商业银行之一，一位在农行工作的老同志，从业30载，多次被上级评为"先进工作者"和"劳动模范"。有位记者去采访他，问他是怎样正确处理个人、家庭、亲友之间的一些琐事的，他不假思索地回答："平时只顾全心全意地琢磨工作，家中小事，就计较得少。"这话乍一听平淡无奇，仔细咀嚼却蕴义颇深：全心全意工作，把自己大部分的时间和精力都投入到了工作当中，那么工作之余想到的必定是好好享受家庭的温暖，朋友的温暖，无暇去顾及更多的琐事了。但是为什么会"只顾全心全意工作"呢？细细想来，能在这个行业从业30载，必定是对这份工作充满感恩之情，对这份工作充满爱意，才能在工作中保持良好的心态，始终坚持全心全意地工作。

对自己的工作感恩，对赏识自己的企业报以孝道，才能全身心地投入工作当中，才能保证在工作中最大程度地发挥一个人的能力。这样的人如此全神贯注，以至于他们工作时，手头的工作事实上就成了他们唯一的存在。从另外一个角度讲，对工作的全身心投入和热爱可以充分展现出一个人的魅力，比如，看到一个技艺精湛的乐队指挥完全沉浸于他或她的表演中时，我们会由衷地感叹他对工作的热爱。全心全意投入工作就像处于体育运动里的"最佳竞技状态"，当你处在这个状态时，注意力就会完全集中，你就会在工作中做出最佳表现；当全心全意投入工作时，所有事情就会发展顺利，你就会觉得活力无限，对你正在做的工作全神贯注。全身心投入工作时，你就会有一种完全沉浸于工作之中的享受感。

是什么使自己全身心地投入到工作中呢？就是那种感恩知孝的心态。因为有这样感恩知孝的心态，我们可以看到自己在企业中的发展前景，可以看到自己的工作对公司来说是多么重要，可以看到这份工作对于我们来说是多么重要。当我们感受到那种感恩的心态的时候，就会自然而然地希望自己能随着公司的发展而不断地发展、不断地前进的未来，就会自然而然地去全身心地投入，出色地完成自己的本职工作，同时在工作中锐意创新，为公司的进步奉献自己的力量。

心怀感恩，抱怨才会远离你

所谓的抱怨，就是在遇到哀伤、痛苦或不满等负面事情时，总是向别人诉说其他人的不对的一种行为。有些人特别喜欢在工作中遇到困难的时候抱怨，不是抱怨这个同事不配合，就是抱怨那个客户太苛刻……总之，工作中遇到了困难，从来不想想造成这个困难的客观原因和自己的原因，只会怨天尤人。然而，工作中足以让我们有正当理由去抱怨他人的事情，其实寥寥可数，因为，大多数的困难都是我们自己在工作中忽略了一些细节造成的。

无论在生活还是工作中，喜欢抱怨的人是永远不可能快乐的，他永远只会徘徊在不快乐的圈圈里打转，意识不到自己在思维和行为上需要做出什么改变。其实工作中，遇到苦难抱怨是很容易就能产生的，但是要停止抱怨，却需要这个人有着坚强的意志力和一颗能够感恩的心。在很多人看来，在工作上遇到任何的不顺遂，发发小牢骚、吐吐苦水，似乎是一件理所当然的事。但是他们从来没有意识到要用一颗感恩的心去看待这些不顺遂；没有意识到当自己在说些负面和不快乐的事时，这些负面的情绪就会在心里生根发芽，当自己的嘴巴停止表达抱怨的时候，其实心灵已经被这些负面的情绪渗透了，想要再快乐起来就会非常地困难。

我们应该心怀感恩之心，这样抱怨才会远离我们。如果我们没有感恩之心，常常抱怨工作环境不好、同事之间总是不肯帮忙、自己的薪资待遇太低等等，那么我们的工作生涯将总是被阴影所笼罩，看不到未来的阳光；但是如果我们心怀感恩之心，放弃抱怨，我们就能用一颗宽容的心使自己投入到工作当中，就会发现自己在职场中所期待的一切会"水到渠成"得一点点到来。工作中，过多的抱怨不仅不能解决问题，还会让我们的心情更加不好；心怀感恩之心，不再抱怨后，心情就会越来越开朗，也会让我们充满面对各种难题的能量。就让我们远离抱怨，用乐观的心情去面对工作和生活吧！

在即将完成硕士学业的那年，在11月的时候，王晓的毕业论文就已经完成了。但是她还有一篇小论文没有发表，发表论文的数量还没有达到学校要求的硕士学生必须达到的数量，如果不能成功地发表这篇论文，那么她很有可能不能拿到毕业证和学位证，还要留在学校继续攻读硕士学位，直到她发表的论文数量达到要求。于是王晓天天催促导师指导她的论文，可是导师却依旧不疾不徐。

那段时间是王晓学业生涯中最紧张最无助最烦躁的日子，她总是觉得自己就是这天底下最倒霉的人，于是她开始无心修改论文，无心找工作，看见什么都想发脾气；遇到哪一个熟悉的同学都会像祥林嫂一样，抓住人家就开

孝的应用

始抱怨、抱怨、再抱怨。直到有一天同宿舍的好友吼她："你别唠叨了！给自己找点事做去！"王晓先是很气愤，觉得面子上挂不住停了嘴出去到街上转了一圈，然后那天晚上她失眠了：唠叨、抱怨可以改变现状吗？她本以为抱怨可以减轻自己的心理压力，可是事实是抱怨不仅没有减轻压力，还让自己更加地消极、颓废了。

于是第二天，她开始给自己找事做。首先，她主动给杂志社打电话，向他们的编辑询问了自己的论文的审稿情况并向对方讲明了自己的处境，出乎她的意料，那个编辑很和蔼地表示理解她的处境，并同意将她的论文加急审稿，尽快发表。这让王晓深刻明白了"自己的事只能靠自己争取""抱怨不会对解决任何困难有益处"和"必须要主动去做事"这三个道理。

第三天，王晓放下抱怨，又向导师申请在等待论文审稿期间先参加毕业论文的初审，没有想到导师也同意了。

第四天，王晓开始停止任何抱怨，开始在网上投简历、找工作，很快在两周内王晓便获得了五次面试机会，最后她通过面试，权衡自己的能力及未来的职业目标，王晓留在了现在所在的公司。

现在，每当王晓遇到做事不顺想要抱怨的时候，她就会回想起当年的自己，感恩当初室友给自己的尴尬，感恩自己再那件事情中学到的东西，打消自己抱怨的念头。因为她深深地明白抱怨对于扭转自己面临的困境是没有用的，要转换心态，心怀感恩之意，多往好处想，努力去争取，只要积极主动地做了争取，事情总会有办法解决的。

现在网上盛传着一段幽默的话："一大早被闹钟吵醒，说明咱还活着；不得不从被窝里爬起来上班，说明咱没有失业；很想休息但没被批准，说明还有一定位置离不开咱；听老板的话很刺耳，说明还有人注意咱；收到一些短信要求吃饭聚聚，说明还有朋友想咱；天天想着要还房贷，说明咱还有属于自己的房子住；常常被陌生电话骚扰，说明咱还有手机；有一堆的臭衣服要洗，说明咱还有衣服穿；衣服越来越紧，说明咱吃得还算营养；父母总是唠唠叨叨，说明双亲都还健在；周末还得伺候盆景，说明咱热爱生活；总想看看艳照门是咋回事，说明咱生活还有追求；烦恼太多了，说明咱还不是傻子，还有自己的思维。"

在每个人成长的道路上，有一帆风顺的时候，也有坎坎坷坷的时候。特别是当我们踏上竞争激烈的职场的时候，困难和挫折总是会与你不期而遇，这时，就需要我们心怀感恩，远离抱怨，才能始终保持积极乐观的心态。在工作中遇到不顺心的事的时候，多从别的角度想开些，面对种种困境，我们要做的不仅仅是承受，更多的是要"感恩"，去扭转困境。

怀有一颗感恩之心，调整心态，远离抱怨，以知足的心去体察和珍惜身边的人、事、物；以豁达宽宏的胸怀凡事学会感激，感谢那些让你感动的事情，感谢那些让你受伤的人和事。这样我们才会在平淡的日子中品味生活，并拥有快乐，在竞争激烈的职场中永远能够保持清醒的头脑，把握工作的方向。

别再糊弄工作，用感恩之心建造职业大厦

现在是一个文凭泛滥的年代，很多大学生拿着本科甚至硕士的学历，但是也同样面临着"毕业几乎等于失业"的压力。

小王是从一个名不见经传的大学毕业的本科毕业生，这种压力同样落在了他的身上。毕业后，在自己上学的城市，经过苦苦地寻觅，他终于找到了一份销售员的工作。但是销售工作并不是小王理想的工作，而且令人遗憾的是，小王并没有珍惜这份来之不易的工作机会。

每天早晨，闹铃响了好几遍之后，他还是会赖在床上不起。到了实在是不得不起床的时候，他的脑子里第一个概念就是：痛苦的一天又要开始了。

他起床后，总是连早餐也顾不上吃就匆匆忙忙地赶往公司。到了公司，仍然是睡意浓浓、神情恍惚，坐在会议室，迷迷糊糊地听着经理布置工作……小王每天就是这样得过且过地过着日子。

一天，小王上午被分派工作去拜访客户，结果遭到了客户的拒绝和冷遇，他的心情一下子坏到了极点，仿佛世界末日即将来临一样。下午下班前他回到公司填工作报表，胡乱在上面写了几笔凑合一下就交差了……迷迷糊糊的一天就这样结束了。

小王平时从来没有花时间学习过自己现在这个工作的相关知识，从没有好好去研究过自己销售的产品的特点和竞争对手的产品的特点，从没有明确过自己的职业计划和目标，从没有总结过自己在一天的工作中得到了哪些经验、教训，从没有认真地去想过他的客户为什么会拒绝他……当一天和尚撞一天钟，混一天算一天……这就是小王从事第一份工作时职场生活的真实写照。

到了第一个月月底一发工资，小王的工资是同时进入公司的几个人中最低的，于是小王很牛气地炒了他的第一个老板的鱿鱼。接下来的一年，小王连续换了五六家公司。但是他的工作状态并没有改变，日复一日、年复一年，结果毕业一年了，小王还是"三个一工程"：一无所获，一事无成，一穷二白。

在现实工作中，你是否也遇到过小王这样的人呢？对自己的职业没有计划，无论在哪个工作岗位，总是做一天和尚撞一天钟，混得下去就混，混不下去或者混得不顺心了就走人，再去另外一个公司发展。其实这就是一种糊弄工作的方式。其实糊弄工作的人在社会上比比皆是，每天走进办公室，很多人想的不是高效率高质量地完成工作，而是处心积虑地去糊弄工作，能少干一分，绝不多干一分。"给多少钱，就干多少事"是这类人的共同心态。他们自以为很聪明，马马虎虎应付完每一天的工作，而且还会暗自窃喜自己今天偷了多少懒。殊不知，糊弄工作，就是在糊弄自己；糊弄工作的人，永远只能徘徊在职业大厦的底端，无法攀上自己职业大厦的高峰。

对一个人来说，在工作中养成了糊弄的恶习后，必定会越来越轻视自己的工作，粗劣的工作态度必然会造成低迷的工作成绩，而工作是人们生活的一部分，敷衍自己的工作，无异于敷衍自己的人生。敷衍、糊弄工作不但会降低个人作的效率，而且会使人丧失做事的才能，不会有益于公司的发展，公司又怎么会留下这样的人呢？

细心观察的话，就可以发现，职场中升职最快的就是那些工作认真、踏实肯干的人；而在原地踏步的人多是喜欢糊弄工作，抱怨升职"不顺利"的人。事实上，这种倒霉的处境正是他们自己一手造成的，所谓"可怜之人必有可恨之处"也可以解释这种糊弄工作的人不能升职的原因。

身在职场，只有对工作认真负责的人才是真正的聪明人。任何人都是，只有怀着高度的责任感，每天出色地完成工作，才有可能很快获得提升；反之，如果你对工作马马虎虎，对公司的兴亡完全不放在心上，对工作只是敷衍了事，那么你也将成为公司首先考虑的辞退对象。

身为公司的一员，自己应该完成的任务一定要保质保量完成。不要以为自己不做会有人来做；也不要以为自己丁点儿不负责不会有人发现，或对自己所在企业的发展不会有什么影响；更不要只注意数量而不在意质量，潦潦草草地完成任务。这样做的后果只能是害了自己，所谓"倾巢之下岂有完卵？"公司发展得不好，员工怎么可能得到更大的发展？

有一本励志类的书，这本书像一位铁面无私的法官向我们每一个身在职场的人提出了一个任何人都无法回避的人生课题——你在为谁工作？同时这本书又像是一位诲人不倦的睿智长者，以浅显易懂的语言和意蕴丰富的简明哲理，旁征博引，条分缕析，对"为谁"的问题进行了深刻细致的解答，为我们每一个身在职场的人指出了一条修炼自身素质、提高自己能力的道路。

在读本书的时候，许多读者对书中的第二章中"对工作心怀感激"一节，感触尤深。读完那一节大家会觉得自己像吸取了无穷的力量，重新找回了刚开始工作时的热情，调整了自己面对工作的心态，重燃了每个人工作的激情。

以感恩之心对待工作，是我们在工作的时候最应该先有的心态。我们生而为人，立于天地之间，要感谢父母的恩惠，学有所成要感谢师长的恩惠，事业有成自然要感谢企业和工作的恩惠。在工作中，心怀感恩之情不仅是美德，还是我们认真对待工作、杜绝糊弄工作心理的基础，是我们建造职业大厦的基底。

以感恩之心对待工作是我们打开"为谁工作"之门的钥匙。感恩是一种工作动力，他给人以积极的、向上的助推力，使我们在工作中可以保持敏感，认识到工作中应该注意的细节；感恩又如同燃烧的炉火，可以烘干我们潮湿的心，使我们在工作中可以用阳光的心态去感染每一个我们的同事，让大家共同为公共发展而努力；感恩更是我们在职场中取得成绩的钥匙，让我们在工作中能发现光明的、美好的、进步的和善的事物，使我们的内心变得崇高而充实。用感恩之心充实自己的人生，让我们能够从容地看待自己在工作中的付出和回报，明白施予人和惠于己的关系、奉献和索取的关系、企业和个人的关系。

有一句话想必大家都听说过："今天工作不努力，明天努力找工作。"如果今天你对工作完全不负责任，处理事情错漏百出，那么明天你很可能成为公司的裁员对象。但是只要我们以感恩之心对待工作，才能在工作中更加认真负责，我们的职场道路才能越走越顺。

浮躁是"职场疾病"，知恩讲孝是"良药"

随着中国经济的高速发展，以及物质水平的不断提高，人们的欲望也在不断地放大，而人们对于经济收入的载体——职业，似乎也渐渐地开始少了些耐心，多了些急躁；少了些冷静，多了些盲目；少了些脚踏实地，多了些急于求成。这让我们不得不正视一个问题：难道现代社会的快节奏和高压力的滋生，就必然会助长浮躁之风吗？的确，在现如今的市场经济背景下，越来越多的人开始变得越发盲目、急躁，以及相当程度的急功近利。在职场中，越来越多的人开始变得易放弃、见异思迁、心神不宁、焦躁不安、急功近利、做事冲动、易喜易悲……其实，这些都是浮躁的表现，是一种职场疾病，而且是现代社会中正趋于严重的劣势心理疾病。其更多的表现还有面对急剧变化的社会不知所为，心中倍感迷茫，万分恐慌，对自己的前途没信心；常常与他人的成就攀比，于是更显出一种焦虑不安的心情；为了能够尽早实现个人理想以及所谓的成功而心中不安，做事情绪化，想法极端，不计后果。如果说浮躁是一种病，那么，当这种病越来越严重，直至病入膏肓时，这个人也就没有了理智可言。据悉，浮躁情绪的激化与投机取巧的催生也是违法犯罪不断增多的一个主观原因。

小李是一家外企的销售部职员，他的业绩在部门的同事当中已经处于中上等，收入也是颇为可观。但是，小李并没有因为同仁的羡慕而感到骄傲，他认为：我有好多同学都已经买了别墅，开了名车，一个月的收入好几万，我这点工资算什么，还了房贷，还了车贷，再请女朋友吃吃饭，看看电影，偶尔买个礼物，再请朋友喝个酒，应酬一下，几乎不剩钱，有时还得靠刷信用卡来维持生计，这样下去可不行啊，可怎么生活啊？

小李时常将这种情绪释放在朋友与客户当中，常常抱怨收入太低，不能充分地享受生活，在朋友圈中，小李成了有名的"抱怨王"。

一天，小李的高中同学介绍了一位朋友给他，那个人张口就说花 5 万块来买公司新研发的产品设计图，以及估价单与报价表。这让小李心动不已，但一想到这不就是让自己成了商业间谍了吗？就在犹豫间，那人又提出再加 1 万，也就是 6 万。小李的心理防线一下子瓦解了，要知道，这可是他近半年的收入啊。

第一次的成功让小李尝到了甜头，他开始游走于各个部门，搞好关系，以图再赚"外快"时有便利的条件。但正如中国古话所讲："常在河边走，哪有不湿鞋。"小李最终还是暴露了，公司把其行为情况连同证据呈交给了公安部门。

将商业机密外泄，对于个人而言可能收获了 6 万，是个大数字，但相比企业的损失，可能是 600 万，6000 万，甚至是 6 亿，这便是小巫见大巫了。中国古话讲：一分耕耘，一分收获。但现在的就业现状就是，你连耕耘的平台与机会都没有，何来收获？

而当企业给了你机会，这可能是许多人挤破了头皮也不曾抢到的就业机会，可是你却恩将仇报，因为利欲熏心、急功近利而出卖企业利益。如此投机取巧，为达目的不计后果，这就是浮躁的严重病态表现之一。

另外，在员工身上，浮躁更多地表现为对工作不踏实和频繁地跳槽。

下面我们再来看一组数据：

一项特别针对企业中存中的自动辞职、被解雇、退休离职等三项考察的调查研究结果显示：

在大多数企业，特别是民营企业中，员工自动辞职的比例是三项考察中最高的；其中工作未满一年便自动辞职走人就占到了 50% 以上，而且这类人群中以年轻人居多。对此，相关人士对一些 80 后上班族进行了调查，结果表明，有 47% 的受访者准备跳槽，13% 的受访者表示，不开心就走人。

对于此类行为，网络上戏称为"闪跳族"。通常是指对于找到的工作不满意，上班时间不长，甚至连工作岗位还没有熟悉便自发离职、另谋新职的人群。

另外，某人才网针对跳槽做了一个社会调查，数据显示：受访者中有过跳槽经历的人占53.66%，34.77%的人跳了两次以上，60.22%的人还有跳槽的想法。

这种高频率的跳槽行为，也就是"闪跳族"，在一些管理专家们看来是一种感恩心与孝道心缺失的表现。他们对于企业以及来之不易的就业机会没有丝毫的感恩之心，更加没有忠孝之心，他们从不去想当企业把机会给你，撤销了招聘广告后，你的离职给企业带来的是怎样的损害与周折。

对已经是一家合资企业的企划部经理的王总进行采访时，他表示："直到现在，我仍然感恩企业，感恩它给予我的第一次就业机会；感恩它并没有因为我不够聪明、学历不够高而抛弃我；感恩它在我坚守岗位5年如一日时发现了我的忠诚与勤恳；并感恩它因此而给了我更高的平台，赋予我更多的权利。"

随后记者提问："你在普通岗位上的5年难道没有想过彷徨过？没有恐慌过？没有因为看不到发展而气馁过？"

他是这样回答的："刚开始会有，但很少，因为我不断地告诉自己，滴水之恩当涌泉相报。我想，我之所以没有得到重用，只能说明我自己的努力还不够，我身上的光发得还不够亮，这个光包括很多方面，比如职业能力、责任感、忠诚度、专注力……而这些从哪里来？还是感恩。因为感恩，我们才能专注，专注于工作，专注于目标，心无旁骛，这样才能戒骄戒躁，真正地静下心来，守望成功。"

一席话其实已经完全道出了感恩之心对于浮躁"疗效"。在这个现代高科技与信息产业飞速发展的年代，人们都开始追求速度、效率以及解决方法

中华传世藏书

孝经诠解

孝的应用

二二六一

的捷径，因此，在追求自己想要的东西的同时，人们往往忽略了耐心、坚持、努力以及用心的等待，于是乎开始变得焦躁不安。

既然是病，那么就要就医，正所谓"病从浅中医"，如果在能看到一点浮躁苗头的时候就及明医治，自然要比病入膏肓之后再治要好得多。另外，"以不病治未病"是治病的最高境界，那就是及早服药，有病治病，没病防身。而这味最好的药就是知恩讲孝，激发出自身的感恩之心与孝德。

在当今这个社会，员工的感恩和忠诚已经变得越来越稀缺了。很多公司在花费了大量财力、人力、物力对员工进行职业培训之后，终于可以派上用场了，但员工却拍拍屁股走人了，甚至有些不辞而别，扰乱了企业正常秩序。还有那些选择了坚守岗位的员工，虽然留在了公司但却终日活在抱怨中，抱怨公司，抱怨老板，抱怨工作环境，把自己的失败都归于其他因素身上，这样浮躁的员工永远都不会得到公司的认可，如果不改变态度，永远都只能是一个平凡的小职员。

告别拖延，感恩的人会将工作提前完成

除了浮躁这一职场疾病，在工作中，还广泛存在着另外一种病症，那就是——拖延症。

这种症状主要表现为：终日忧心忡忡，无心工作，不论做什么事情都是不紧不慢，有些是受到自身习惯的影响，有些则是故意而为之，欲在工作中耍小聪明。

我们不妨先来说说那些"无意而为之"的人，他们往往是受到了从小便养成的过于镇静的拖拉散漫的习惯，在生活中也常常不论做什么事都比别人慢半拍，因此到了工作岗位中，也无形地将这种习惯带了过来。在这些人看来，我每天明明都是忙忙碌碌的，但为什么总是没效率？

但有些人就不会产生这样的疑问了，因为他"心知肚明"。这些人自认为自己很精明，总觉得都是做工作，能少做就少做，能拖就拖，反正一天工作八个小时，今天做不完明天做，明天做不完后天做，工作完不成，总有人会急，领导急的时候自然会找人来帮忙。而这个时候，结果都是一样的，而自己却好像占了便宜一样。这其中不乏一些人，明着是拖延，实则是懒惰，偷得半日闲，临了的时候再火烧眉毛，紧赶慢赶……

领导："小王，让你做的客户回访做了没？"

小王："正在做。"（其实是刚要开始）

领导："就那几个客户，怎么现在还没完……那上周交给你的那个案子，现在到了什么程度了？方案拟好了没？"

小王："拟了一个初步的方案。"（即使是这一个也还差一点）

领导："一个哪够啊，至少要准备两三个，到时候有个备用与选择，还有……有量，更要有质，一定要注意创新，要有创意。"

领导走后，小王开始自言自语："烦死了，每天就知道催催催，跟催命一样。不是还没到最后的时间呢嘛，即使到了时间，晚一点又不会死人。"

第二天，领导再次找到小王："方案拟出来几个了？"

小王："一个啊。"（刚刚做完）

领导："怎么还是一个啊，不是说了至少两三个吗？"

小王："我在做客户回访，没时间啊。"（我又不会分身术，一会做这个，一会儿做那个）

领导："客户回访也得快点啊，等着要回访单，总结数据呢。快点啊……"

第三天，领导再次找到小王："方案拟出来了吗？"

小王："您不是说客户回访更重要吗？我一直没抽出空来做方案啊。"（我就没打算做）

领导："客户回访需要这么长时间吗？"

小王："有些客户根本就不接听电话，又不能一遍接一遍地打，得隔一个半个小时再打啊，这样时间就耽搁了。"（这一天我就等着把一个电话打通）

领导："那隔的这一个半个小时你就盯着电话看着表啊，不会想想方案吗。"

小王："我也没闲着啊，已经在想了。"（我在想周末和男朋友去哪里约会）

领导走后，小王心想：一个方案就够了，干吗要三选一啊。这个是老客户，又不急，慢慢来呗。

从这段对话中，我们可以看出，小王的工作其实已经形成了一个由拖延引发的恶性循环。小王的思想在当今社会中是一个较为典型的代表，面对工作从不去想该如何积极主动地去完成，而是在想如何尽可能地往后拖。明明只需要花费半天的时间做一个案子却要花费一天甚至是几天的时间；明明只需要抬手拨个电话，明明只需要点一下鼠标发个邮件，却总是迟迟不肯也不想行动，总之是能拖一秒是一秒，这就是典型的拖延症患者。

与这些拖延症患者形成鲜明对比的，还有一些职场中被称为"傻子"的人，他们所拥有的心态正是治疗这些拖延症患者的最佳良药。

自从一个刚刚毕业的女大学生进入公司任文员后，公司里便开始流言四起，当然，更多的人仿佛是喜从开降般乐得合不拢嘴。

"那个傻子啊，让她做什么她就做什么，也太听话了，她来了以后，我的工作轻松多了，很多业务都是她在帮我联系。"

"何止你呀，我的担子也轻了不少，别看年纪轻轻刚毕业，可是画出来的设计图客户还挺满意。"

"还说呢，人家背后苦做功，你却在前面享受鲜花和掌声，也不心疼心疼人家。"

"关我什么事啊,她说她分内的工作都做完了,想多锻炼锻炼自己,求着上门的人才,不用白不用嘛……"

"小姑娘确实聪明,一教就会,我这几个月的报表一直是她在做,唉……只可惜人傻了点。"

就是这些人口中的"傻子",却在办公室里成了公认的"万能人",之后这名公认的"万能傻子"却坐上了总经理的宝座。

后来她说:"很多人都说文员是没有发展前途的工作,但我相信,在平凡的岗位上也能找到发光的机会。我常常会尽可能在最短的时间内完成自己的工作,然后去帮助那些老员工,相当一段时间内,我成了办公室里的廉价劳动力,有人说我在为别人赚钱,但我并不觉得亏,因为我知道我是在为我自己工作,为我给了我学习机会的企业效力。我十分感谢那些曾经无数次压榨我的人,因为正是她们给予了我生存的本领,让我从一个无知的毕业生变成了一个知晓公司上下的万能人,一个万能人在任何时候也不会被公司所抛弃的。"

试想一下,如果你在一个岗位上,领导从来对你不闻不问,也不分配工作,那么,你会是一种什么样的心情?

但如果你享受于这种不劳而获的状态,那么你的人生很快会被毁掉。有人说:想毁掉一个人才,最好的方法就是把他放在一个岗位上,不给他做任何工作,然后用高薪养着他,不出五年,他就是一个废人。

所以,我们为什么不在有工作可做的时候尽可能地去发挥自己,把握每一次工作机会,表现自己的机会,为自己创造、滋生出其他更好的发展机会呢?

归根究底,源头还是在于"你是否看得清每一份工作,哪怕是端咖啡,也是一个机会"。如果你能够像上述故事中的女大学生那样膜拜每一次工作机会，珍惜每一次工作机会，那么，这种心怀感恩的人，往往会得到机遇的眷顾。

远离借口，方能成就事业的高度

在很多时候，人们总是会本能地为自己做错的事或是没有做好的事找理由、找借口，从而为自己开脱，遇到问题时，也总是先从别人身上找原因，而不去总结自己在哪方面存在不足。

世界上最为可怕的事情，无非就是当坏的行为变成一种习惯，从而跟随着人们一辈子，成为甩不掉的毒瘤。比如找借口这种坏习惯，是一种极不负责任的行为与表现，如果不能克服这个坏习惯，那么只要眼睁睁地看着潜能被埋没，激情被泯灭，永远被遗落在事业的低谷中无法享受顶峰的风景。

汤姆是一名公司的老业务员了，平时业绩不错，因此深受上司的器重。

一次，上司把较为重视的大客户交给了汤姆去谈，汤姆给搞砸了，没能谈成。在回来的路上，他一直在想如何挽回自己在上司心目中的形象，如何给这个失败的业务做出一个完美的合理的解释。其实，与其说是解释，不如说是借口。

进入上司的办公室后，汤姆开始了自己的表演："真是的，气死我了，眼看就要拿下了，可是客户接了他老婆的电话之后就反悔了，说是已经有供销商了，让我另寻别处。为什么就不能公平竞争呢？那些拉关系、走后门的人简直是太卑劣了。"

上司听后并没有因为汤姆的失败而生气，反而安慰起他来："别气了，男人都怕老婆嘛，这就是枕边风的力量，呵呵……开心点，不要让坏情绪持续影响工作，那就不值得了。"

这一次轻松过关让汤姆暗喜自己的机智，从而也尝到了找借口、编故事的甜头，之后的工作中，他就如同上瘾般，对找借口爱不释手了。

上班喝酒说是适度饮酒为了提神；上班迟到怨班车太挤、路途太远；下班早退说是见个客户顺便下班；遇到小客户或是难开发的客户，就找出"不擅长与此类客户打交道"等种种理由推拖给他人；而遇到大客户或是容易开发的客户，他就找出各种理由甚至使出"苦肉计"等各种计策来争取。如此就易避难、趋近避远的工作态度让上司一一看在眼中，叹息的同时，只能痛下决心下达"解雇令"。

当汤姆第一次为自己的失败"演戏"、找借口时，上司给予充分地相信，并安慰他，从中我们可以解读到一个上司对于下属的厚爱与器重。按理说，这样受器重的员工要比其他员工占有优势，可以赢得更多的加薪升职机会，为什么会被解雇呢？

其实，罪魁祸首不是别人，而是汤姆自己，对于上司给予的信任他不知感恩，不图用加倍努力的工作来弥补、来回报，反而嗜"假"成性，爱上找借口，最终完全辜负了上司对自己的器重。汤姆的结局并不难理解，因为没有哪个老板喜欢这样一个时时刻刻找借口的员工。

借口的上瘾其实是一个量变到质变的过程，第一次找借口时，心里会有些自责，毕竟有点骗人的味道，但次数一多，这种良性的东西就会随着量化而变得越来越淡，最终使人变得麻木不仁了。

对于我们身边的一切，我们要以感恩之心来看待，这样才能把目光集中于找方法，而不是找借口。

一个乞丐每天向上天祈祷："亲爱的上帝啊，我希望你可以对世人公平一些，不要对我如此刻薄。"

一天，上帝终于现身了，他问："我何时对你刻薄？"

"为什么别人都有汽车洋房，比如刚刚才给我施舍的富翁，而我只有父母留下来的一间漏雨的木屋和一片荒野山林。"

"哦，你还有一个强健的体魄。"

"那又怎么样？"

"好吧，我就告诉你一个方法，那漫山的石块与木材便是你的洋房，那一片风景独特、生长的山林里的珍贵植物与药材就是你的财富、你的汽车。"

"算了吧，石头那么重，树木那么高，药材我也不认识，我仍然是个穷人。"

这个乞丐的财富一直就在身边，可是他却视而不见，当上帝给予指点之后，他却借口石头太重、树木太高、不认识药材而放弃去做。要知道，这是多么大一笔财富，如果渴望成功，那么就不应该坐享其成，而应为成功付出艰辛与努力。

找的借口越多，那么，你离成功就越远。

再来看看乞丐口中的富翁，他坐在轮椅上在与上帝对话："哦，上帝，十分感激您对我的眷顾。"

上帝笑了笑说："为什么这么说呢？你天生就双腿瘫痪，只能靠一张轮椅行走，而且家境贫寒，为何还要感激我呢？"

"为什么不呢？你给了我一双灵巧的手、灵活的头脑，让我可以学习知识，改变命运。至于我的双腿，我因为它感受到了他人给予我的加倍的关爱，它不应该成为我怨恨你的借口，而是鞭策我、时刻提醒我要付出别人几倍的努力才能换来美好生活的好伙伴，它为我吸引来了阳光不是吗？呵呵……"

富翁的最初还不如乞丐富有，但他从不把自己的不幸当作借口来使自己堕落，让自己放弃努力，更加没有把生活的不如意全部归结于自己的那双腿，而是勇于在自己身上找问题，时刻鞭策自己，要比正常人付出更多的努力才行。

这样的好心态离不开他对于身边一切的感恩，天生残疾的双腿让他感恩，拥有一双普通人都有的双手让他感恩，拥有正常的学习头脑也让他感恩，别人同情的关爱也让他感恩，并视为阳光般温暖的事物。这样敢于直面困难的人，令困难生畏；这样敢于直面人生的人，令成功生敬。

如果你常常把"这个问题好像很难""我并不擅长这一类"等借口作为挡箭牌挂在嘴边，那么，这些话就会像腐蚀心灵的恶魔一般，终会将你拉入失败的深渊，永远只能眺望他人事业成功的高峰。因为，聪明的人往往积极找方法，而愚蠢的人往往浪费时间找借口，要知道，方法总比问题多，成功不在借口，而在于一次次地解决问题。

感恩之人不会输在细节上

中国古语有云："泰山不拒细壤，故能成其高；江海不择细流，故能就其深。""大礼不辞小让，细节决定成败。"这些均是在告诉人们要重视细节，把事做精、做细。

成也细节，败也细节。细节是什么？细节就是一些微不足道的小事物、小环节、小情节，如果需要一个比喻来突出它的重要性的话，那它就是大型机器上的一个链条的小扣环，是太空飞船上的一个螺丝……看似微小，但却能够影响大机器、太空飞船的正常运作，影响到一个企业甚至是科技的成败。

正如民间流传的一个民谣："丢失了一个钉子，坏了一只蹄铁；坏了一只蹄铁，折了一匹战马；折了一匹战马，伤了一位骑士；伤了一位骑士，输了一场战斗；输了一场战斗，亡了一个帝国。"

如果对细节满不在乎，那最终也必定会因为细节性的问题栽大跟头。

大志是一名推销光能热水器的业务员，他常常游走于各大社区及村镇，为民众讲解安装热水器的便利以及该热水器的优质性能。凭着一张好口才，很多人都被说动心了，纷纷下了订单，让大志的业绩顿时飙升。

大志受到了公司的夸赞，大志当众也表示："我们的品牌已经入驻各个社区，几乎有五分之二的客户使用上了我们的热水器，这样一来，在我们领先占领了这些消费群树立了品牌知名度之后，其他品牌就很难再插一脚了。"

然而，没过几个月，大志发现，其余等待开发的消费人群都开始对自己的产品产生了芥蒂，几乎达到了闻声而逃的地步。

他不知道的是，这些消费者在背后是如何"传口碑"的。

"买个热水器，还不够麻烦的呢。卖的时候说得好听，交了钱就不管了，坏了也不给修，一次次打维修电话，就是不见人上门来修，烦死了！"

"就是，咱算是替别人试了，一会上水管堵了，一会显示器又失灵了，一会儿管道又漏水了，真是隔三岔五地就要出点问题。好不容易找到维修人员了吧，不是说缺零件，就说是不在保修的范围内。这可真是花钱买罪受。"

"是啊，这样的售后服务质量可不敢再相信了。"

再后来，大志眼看着另外一些品牌陆陆续续地进入了很多消费者的家中，直到将那剩下的五分之三全部占领。

大志失败的原因就在于：他只管出售产品，但却对于售后不管不问，消费者们对于热水器的安装与售后都存在着很多的问题无处排解，当这种问题久久得不到改善时，恶性的口碑就会流传开来。不要小觑消费者的口碑，一传十，十传百，不论你在媒体上花费了多大的资金去宣传，一旦在民众的口中形成恶劣的口碑，广告做得再好也无济于事了。

消费者是什么？正如社会上频繁流行的一个观点："消费者是业务员的衣食父母。"

这话说得一点也不假，对于每一个业务员来说，没有消费者就没有业绩，没有业绩就容易没了工作，没了工作就没了收入，没了收入，吃什么？喝什么？更别说穿衣和享受了。

　　对于这些衣食父母，如果我们能够感恩他们的每一分付出，把这份感恩化作更为细心的服务，那么，好口碑自然形成，成功也就自然靠得越来越近了。

　　一个大酒店里高薪聘请了一个高级的雕刻师，专门负责菜品花样搭配的雕刻，比如各色萝卜雕成的花、寿星、玉如意、嫦娥飞月等等，南瓜雕刻成的龙、凤凰、螃蟹、鲤鱼跃龙门等等，从这位高级雕刻师的手中，可以轻轻松松地就雕刻出数百种花式，并且个个精细无比，栩栩如生。

　　自从菜品的样式有了这些雕刻品的搭配之后，在营业额上也果然有了很大的改善。

　　一次，菜品刚上桌雕刻师就从雕刻间赶了过来，然后向服务员表明"龙腾烟花"的那条龙还没有完全完工就被配菜的取走了，因此希望可以及时地撤下来，待他完成之后再上。

　　服务员则说："我怎么没看出来啊，我都看不出来，客人肯定也看不出来，就这样吧，吃的是菜，又不是那萝卜。"

　　雕刻师十分生气地说："客人吃的是菜，但买的却是服务，其中就有我的雕刻服务，我必须为我的服务负责，为客人的信任与厚爱负责，为信任我的技术聘请我的老板负责。而且，如果不再精修一下的话，一定会影响到龙口的烟花喷出效果，我决不允许这样的事情发生。"

　　说着，雕刻师上前先请示了客人，对工作的疏忽表示歉意并征得原谅之后，他以当面飞刀表演作为额外赠送，既赢得了掌声，也完成了更为精细、美轮美奂的雕刻，然后亲自点燃内焰，顿时龙腾在烟花中，甚是壮观。

　　"好啊，我们饭店最需要的就是你这种精神啊。"原来，席间坐着的其中一位老先生就是已经退休的老总裁，是酒店的创始人，也是现任总裁的父亲。

　　雕刻师的一段话表明其在工作中融入了极强的感恩之心：他感恩于客户

花钱买服务，从而助长了他的岗位价值，因此他要给客户的支出带来应得的完美体验；他感恩于聘请他、给予他工作机会的老板，因此他更要对自己的服务负责，把工作尽可能做到完美，因为他知道，在客人面前，不论自己还是菜品都代表的是酒店企业本身。

很多成功人士无不怀着感恩之心，力求将视觉放到工作中最为微小的部分。正如美国的质量管理专家菲利普·克劳斯比所说的：一个由数以百万计的个人行动所构成的公司经不起其中1%或2%的行动偏离正轨。另外，日本丰田汽车公司的社长也认为，注重细节，能够把小事做精做细是一件比较难的事，他曾幽默地说："我们公司最难的工作并不是汽车的研发与技术的创新，而是在生产流程中能够保证一根绳索的摆放都居于最佳的位置，不高也不矮，不粗也不细，不偏也不歪，而且每一位技术人员都需确保在操作这根绳索时可以没有任何偏差。"如果没有心怀对消费者的感恩与责任之心，是很难支撑起对这些细节上的关注力的。

感恩与孝道是职业精神的源头

我们总会羡慕身边那些成功者，那些在事业中能够呼风唤雨、在行业中备受人们尊重的人。而大多数人在看到这类人的时候，有的只是羡慕，却没有真正地去思考他们为什么会这样成功？而自己为什么总是这样的平庸……

成功者之所以会成功是与感恩和孝道离不开的，在工作当中，正是有了这两种因素才使他们与众不同。首先我们来分析一下感恩能够带给我们什么？相信每一个人都是非常孝敬父母的人，在生活中我们也见到过很多这样的例子。我们经常会给父母买一些营养品、衣服等，是什么原因促使我们这样去做的呢？那就是感恩，而感恩正是我们这样去做的源头。我们得到的是什么？得到的就是父母的爱、亲朋好友的赞许、尊重等。

在工作当中，成功者之所以会成功，在遇到困难的时候，他总会从主观中找方法，总是选择责任；而失败者从客观上讲原因，寻找借口。这是因为他们没有带着感恩去工作，没有带着孝道去努力。

在美国西部有这样一个人，他在出生的时候由于先天性的疾病就双目失明。他的父亲是一个花匠，在这个小镇上非常地有名气，很多的村民从外镇赶过来买花、赏花，就因为这位父亲的花是最美丽、最与众不同的。

儿子渐渐地长大了，由于双目失明无法找到适合自己的工作，于是就子承父业，开始种花。他根本无法看见花的样子，所以只能听父亲给他叙述这些花的特点及怎样用鼻子去识别每一种花。他从未见过花是什么样子，只听父亲说花是娇艳而芬芳的，是具有生命的。

他闲暇时就用手指尖触摸花朵、感受花朵，体会生命的悸动，享受花给自己带来的快乐。或者他会用鼻子去闻花香，用这种方式和不同的花进行交流，用心灵去感受花朵，用心灵绘出花的美丽。

虽然他看不见花，但是他比任何人都爱花，把花当作了自己的生命，每天都定时给花浇水、拔草、除虫。盛夏时，他宁可自己晒着，也要给花遮阳；有一天下午忽然狂风骤雨，他感觉到他的花正在经受着折磨，于是顶着风雨把花一盆一盆的花搬到了屋里，等把最后一盆花搬进来的时候，他浑身都湿透了，因此而发烧……

镇上的很多人对他的做法都非常地不理解，他们认为：不就是花吗，值得这么呵护吗？不就是种花吗，值得那么投入吗？还有一些人认为他是脑子出了问题。他对哪些不解的人说："我是一个种花的人，我要全身心投入，这些花给我带来了快乐，所以我要懂得对它们的感恩！"

正因为他有这样的想法，有了感恩的心，他的花才会开得如此的芬芳美艳，比任何人的花都漂亮，受到了人们的喜爱。

一个双目失明看不见花的样子的人，能够培植出娇艳芬芳的鲜花，而现实生活中，我们在公园和公共场所却时常会看到鲜花枯萎、小草被践踏的景象，我们不禁要反思一下：这是不是我们没有感恩之心的具体表现呢？

延伸到我们的工作当中，大多数人认为，工作只是为自己谋生或者养家糊口的一种手段方法而已，做这些工作可能只是出于一种非做不可的理由，还有这样一些人，他们工作半年休息半年，等到没有钱了然后再开始工作。有些人在一个工作岗位上干了一个月之后，就主观地认为这个工作、公司不适合自己发展，于是辞职找工作，换了一家公司，还是觉得不合适，于是继续……这样一年换了四五份工作。这些人总是从起点到起点，永远只是在起跑线上矛盾、挣扎，有用吗？

因为不懂得感恩，因为不懂得约束的重要性，因为已经习惯成自然……

也许我们从来都没有想过，工作其实就是对自己对生命的一份感恩。如果，有些人能够清楚地认识到工作也是一种感恩，是感恩自己、感恩他人、感恩企业，是对生命的感恩，那么，无形中就会体现出我们的职业精神，在这种精神的伴随下，我们离成功还会远吗？

我们所讲的"孝道"，其实并非刻板地讲道，坐而论道，如果是那样，也就失去了"孝"这个字的真正意义。说到孝道很多人想到的是我们对于父母的孝道，按照古人的思想，"忠孝不能两全"，似乎我们只能从这两者之间选择其中之一，当然很少有人能够联系到工作当中。那么它到底与我们的工作有没有关系呢？

我们可以问问自己：我们在工作岗位上辛辛苦苦地奋斗的意义是什么？我们终日奔波在上下班的路上又是为了什么？我们到底是在为谁工作？如此出卖智慧与劳力究竟值不值得……

类似于这样的问题时常会出现在每个人的脑海中，这也是每一个职场人士想要明白且都无法回避的问题。

在18世纪时期，美国著名的集科学家、发明家、政治家、外交家、哲学家、文学家、航海家等称号于一身的富兰克林，这个曾经参加过美国独立战争的伟大领袖，他曾经在美国费城的大楼上竖起了第一根避雷针，因此还被人们称之为"第二个普罗米修斯"。正是这样的一个令人敬仰的伟大人士，他曾经说过这么一句话："我读书多，骑马少，做别人的事多，做自己的事少。最终的时刻终将来临，到那时我但愿听到这样的话，'他活着对大家有益'，而不是'他死时很富有'。"

活着要对大家有意义，这其实就是一种由孝道引发的职业精神，孝从某一方面讲他其实就是一种爱的体现，对工作对企业的爱。道就是一种爱的方法及爱的途径，它能够为我们指明方向，让我们排除工作中的种种困难和干扰，让我们朝着正确的方向前进。在我们能够清晰地感受到我们的工作对于他人来说是非常重要且有价值的前提下，我们就能够体会到工作带来的愉悦与快乐。

富兰克林

富兰克林为什么会成功，就是因为他把感恩与孝道融入到了自己的工作当中，真正能够成就大事、青史留名的人无不是内心充满着感恩与孝道。对于每一个人来说，其实工作就是生命给予我们的馈赠，因为我们能够在工作中感受到它带给我们的价值及成就，能够感受到工作给予我们的幸福与美满。但要得到这一切的前提必须要拥有感恩和孝道。

在现代社会中，效率和业绩已经占据了整个时代，要适应这个发展迅速的时代，感恩和孝道才是职业精神的源头，有了这种职业精神我们就离成功不远了。

感恩是激发无限责任的能量

前面讲过，现代社会已经是一个绩效和业绩占据主要地位的时代，理所当然，高效的工作已经是每一个员工和老板以及社会共同的愿望，如何实现这个愿望？如何达到这个目标？不管是老板和员工都想尽了各种各样的方法。作为老板，隔三岔五地为员工培训，找一些优秀的员工传述工作方法等。作为员工为了能够获得在公司中的地位、获得更加突出的业绩，辛辛苦苦地工作，可是似乎还是没有完全地发挥出自己应有的潜力。我们不时会有这样的疑问，为什么别的员工能够做到，而到了自己这里，却无法完成那样的工作呢？

其实这是一个责任的问题，也许你在工作的过程中，经过自己辛勤的努力，还是无法突破看似简单的瓶颈，这时难免会产生放弃的念头，为什么呢？因为你没有了内在的动力，没有了那份责任。

那么，如何激发责任？如何让这份责任在自己心中永存，成为自己成功的一种助推剂呢？我们需要的仅仅是感恩。这是一个重视情感和精神享受的时代，每个人都在努力，每个人都在付出，同时每个人也都在享受，在这个时代中，要在事业中取得无限的成功，我们必须将自己的责任完全地投入的工作中去。

感恩是激发无限责任的能量，该如何正确地理解这句话的意思呢？比如，在工作当中，如果我们把感恩融入里面，那么，我们对待工作就会更加地认真和细心，就像是你去报答你的恩人，你会带着敷衍了事的想法去完成这个工作吗？当然不会，因为我们都是有感情的人。有了这份认真和细心，当然我们就有了责任，同时也会有了无限的工作激情，责任的能量也就由此而被激发。有了这份能量，我们在工作中的质量和效率也就会大大提高，那种由于困难引起的放弃的念头也就会被这份能量所覆盖。

王超是某高级酒店的一名厨师，每天的工作就是为客人们做好每一道菜，有些菜自己似乎已经做了上千遍甚至上万遍，似乎没有任何的新意，在常人看来这是一份非常无聊且没有意思的工作。可是王超却非常地快乐，每天都是非常具有激情地高兴地做着每一道客人想要品尝的菜。尽管有些菜其实可以减少一些工序，做出来的味道其实也没有太大的差别，但王超从来不会这样去投机取巧，始终认真地去完成每一道工序，十年如一日。

他的这种精神感染了很多他身边的厨师，有一些新来的厨师感到很是奇怪，于是就问他："你在这工作已经有10年了，几乎每天做的都是同样的菜，你为什么不会感到无聊，而且每天还这样的快乐，不知疲倦呢？"

王超说："在我每做完一道菜的时候，我就会想到那位客户因为尝到了我做的美味佳肴而感到快乐，我就会拥有一种成功感和自豪感，我觉得这是一种享受，不会感觉到疲倦，有时候我真的非常感谢上天能够给我这样一份工作。"

由于王超认真地工作，做出的菜总是那样的美味，这个酒店很快得到了更多人的认可，而且还被评为了全国十佳美味酒店之一，名气迅速传到了全国各地。

同时，酒店的高管们也知道了自己酒店为什么生意越来越好的原因，随即安排王超到了一个非常重要的岗位工作。

王超的成功不是偶然，它是一个必然的结果，因为他在工作中体现出了无限的责任感，对客人、对公司及对自己的责任，这种责任给了他无限的能量，这种能量能够给他带来快乐、认真、不知疲倦，当然还有对工作的享受。试想一下，如果我们在工作的过程中有一种享受的快感，那么我们还会感觉到无聊、累吗？也正是这种责任的能量让王超取得了事业的进步和发展。

凡是想要成功的人，他无时无刻不在为自己的目标努力着，并为自己制定出了很多的条条框框来约束自己。

王兵是一个销售员，他有一个目标就是成为公司业绩最好的员工，一年之后做销售经理。为了实现自己的目标，他把每天的工作都安排得满满当当。早上八点上班，然后开始拜访客户，一天要平均拜访6个客户。可是半个月之后成交的客户寥寥无几，他开始有点累了，开始失去了信心。虽然每天还是那样去拜访客户，可是没有了往日的激情及快乐。一个比他晚来的同事，因为认真、有激情，并且有韧劲，能坚持从而得到了老板的赏识，很快升为了销售经理，而自己依旧还是一个销售员。

不抛弃不放弃的能量从哪里来？那是感恩的给予，对于我们的工作来说，当我们满怀感激、倾注满腔的热情去工作的时候，当我们把工作当作是一种享受的时候，我们才能够享受到生活带给我们的乐趣，才能够全力以赴地去工作，从而获得更大的满意度，激发责任给予我们的能量。

心怀感恩，它是一种心态也是一种责任，当遇到困难的时候我们是积极地去对待还是消极地去承受呢？成功的人都会选择前者，而这种积极的心态就是感恩的心赐予我们的。有了这颗心，在工作当中无论遇到多大的困难我们才会轻松地去应对，体现出责任的优势，激发出无限的能量。

责任是员工孝道的外在表达

我国古代伟大的思想家和教育家、儒家学派创始人孔子曾经说过这样一句话："生，事之以礼；死，葬之以礼，祭之以礼。"意思是说，父母在世的时候，我们要以礼相待，以礼来侍奉，父母去世后我们要以礼去安葬，并按照礼仪去祭祀。其实讲的就是儿女对父母的一种孝道。

这种孝道更多体现的也是一种责任，如果父母在世的时候你不能够以礼相待，在父母去世之后没有按照礼仪去祭祀，那么，你缺失的就是一种责任，会遭到别人的鄙视。这种责任与生俱来，也是一种文化和精神的传承。没有孝道的人，不管在生活上还是工作当中都会有一种不负责的表现。

在工作当中，作为一名员工，孝道对我们的事业及未来的发展起着极其重要的作用，有孝道的人首先是一个尊敬父母、爱戴和赡养父母的人，这就是一种责任，也是一种习惯。同样，我们在完成一份工作的时候，他会把对父母的这种孝道平移到工作当中，为什么呢？

我们拿什么去孝敬父母？拿什么去感恩父母？除了精神上的之外我们还需要物质上，那么就需要有一定的经济基础和地位，有了经济基础和地位我们才能够让父母的生活过得更加美好及舒服，而这一切的获得需要我们去努力地工作。不管现在你从事的是什么行业，是马路上的清洁工还是企业的老总，你肯定明白，只有自己认真地工作，对每一份工作都负责你才能够获得我们前面所说的一切经济基础和地位。

李成是某企业的人力资源经理，由于具有多年的工作经验，所以做起事来非常得心应手，他招聘到的员工也深受各个部门领导的喜欢，被认为是"眼睛最毒的人"。

一次他在招聘一名员工时，应聘者是一位刚毕业的应届毕业生，当李成问到这位应聘者的家庭情况时，这位应聘者说：

"我的父母为了供我上学，已经非常地辛苦了，我准备将自己的第一份工作收入寄给父母……"

尽管这位应聘者没有工作经验，但是李成还是录取了他，因为他知道，一个懂得孝道的人必然是一个有责任心的人。

在另一次招聘中，应聘者是一个有着三年工作经验的人，李成问了同样的问题，这位应聘者不以为然地说：

"我的父母认为只要我这边过地好，自己苦点没有啥关系，家里也基本上不需要我来操心，所以只要我过地好，家里就会好的……"

听了这位应聘者的回答，李成本来不打算录用这位员工，可是其中一位主管看到这位员工有三年的工作经验于是就将其录取了。

在工作当中，第一位员工工作非常地认真，做每件事都非常地负责，深得主管及领导的喜欢，由于工作认真负责，在试用期过后就被升了职。第二位员工在工作的过程中总是得过且过，粗心大意，还弄错了很多的数据，给公司造成了不少的损失，不得已，公司只能将其辞退。

从这个案例中其实我们可以发现，孝道和责任其实具有紧密的关系，对于李成的观点，可能有些主观，但是从某一方面讲他是具有一定道理的。自古"孝道"和"忠道"就是联系在一起的，有"孝"才会有"忠"，"孝"是"忠"的基础，而"忠"从另一个角度讲其实就是责任的表现。每一个对家庭讲孝道的人，在工作中他才是一个负责任的员工，才能够表现出强烈的责任心。

孝道说起来容易，但是做起来可能就有一定的困难，因为你要把这种孝道做得非常地全面，需要把他当作一种责任无怨无悔地去做，而不是昙花一现，今天说说，明天做做，后天就已经忘记了。

首先，我们需要学会技能。如果没有技能，那么，我们所讲的孝道就无法去完全地进行。这就要求我们在工作中，制定学习目标、业绩目标，对自己严格地要求。

其次，要具有一颗责任心。其实每个人生活在这个社会中都承担着相应的责任，宏观地说，对国家、对社会、对民族的责任，微观地说，对企业、对家人、对工作、对朋友的责任。前面说过，责任是一种做事的态度，俗话说"态度决定一切"，有了这个态度我们的工作还会难吗？责任是战胜困难的强大精神力量，失去责任感的人生将浑浑噩噩，在工作中无所作为，也许一生将碌碌无为。

因此，为了实现我们的孝道，在工作当中我们必须肩负起十二分的责任，对工作要精益求精，对每一份工作都要有事先的思考及准备，在工作之前有一个很好的工作计划，能够积极地为企业及领导着想，为领导提供最可靠的工作成果。

陈梅是一个汽车4S店的信息员，每天的工作就是对进出库的车辆进行记录，对二级经销商的销量进行总结，每个月底向总经理汇报整车的销售量、入库量、二级经销商的调车量等。虽然她每天的工作都非常地忙碌，可是每次在领导吩咐她做这些事的时候，她都能够把这些数据准备好，放在领导面前。并能对二级的销量提出一些有易于公司发展的建设性意义的意见。虽然这本不是她分内的工作，但是她认为，能够让公司健康地成长，这是作为一个员工应有的责任。

正是有了这份责任，陈梅得到了领导的重视……

曾子认为，孝道是人类社会的根本法则，无所不在，无时不用，无所不包，因此，我们对孝道的理解就不能局限于父母与儿女之间的关系，还应该辐射到我们的工作当中，把孝道与我们的工作联系起来，对工作负责，就是对国家、对企业、对父母及自己负责。时刻肩负责任感，是一个员工讲孝道的外在表现。

责任在于行动，用行动证明孝道

我们的生命是父母赐予的，是父母给了我们情和爱，给予了我们在这个社会上生存的权利，父母对于我们是一辈子的恩情。他们千辛万苦培育我们成长，在这个过程中不知道遭受了多少苦和难，我们无论走到哪里，他们最牵挂的人始终是我们，在我们的身后总有两双眼睛在默默地注视。面对这样的恩情，我们该怎么办？当然是报答，尽自己的孝道。

　　我们大谈孝道，大谈责任，从没有付出任何的时机行动，那么，一切就是空谈，任何事都不会发生，也不会得到改变。我们经常会听到一些人说到父母、企业、领导对自己的爱及关心，但是很少看到有人为此而做出回报，付出真正的行动。这就使得一些人始终徘徊在孝道的边缘，而不是做一个真正有责任，有孝道的人。

　　作为一名员工，我们光是有感恩企业、感恩工作，要对工作有责任这样的认识还远远不够，我们的自身价值并不能通过这些口号而体现出来。这就好比你看上了一件非常漂亮的衣服，而你只是嘴里说说而已，没有付出行动，那么，这件衣服永远也不会属于你。

　　赵强和王兵是某销售公司的两名业务人员，这两个人都有非常强烈的工作责任心，只要是领导交给他们的工作，他们都能够认真地去完成，销售业绩在公司中也是不分上下。

　　天有不测风云，一场金融危机让整个市场产生了严重的动荡，当然赵强和王兵所在的公司也未能幸免，产品销量急剧下降。这两个人对市场都是极为敏感的人，看到这种情况，心里也都非常地着急，积极地思考着怎么样才能够让公司走出困境的对策。

　　经过他们不断地对市场地走访和研究，发现市场上某种商品的销量仍然没有减退，如果公司现在能够转型，对销售模式稍加改变，就能够走出现在的困境。想到这个对策之后，王兵认为应该将这个意见快速地报告给公司的上层。可赵强认为："公司领导现在正是焦头烂额的时候，哪有心事听我们的意见啊，还是等等看领导怎么定夺吧！"

　　王兵则认为："不管这个建议有没有作用，现在公司正是生死存亡的关键时刻，公司晚一天做出决定和对策就会多一分危险，不仅仅是自己失业，更重要的是公司可能会倒闭。"

　　出于对公司的责任，王兵当天晚上就将自己的建议呈报给了公司高层，董事长看到这个建议之后，随即召开了董事会，在董事成员的一致确定下，公司采用了王兵提出的转型方案。不久，公司便摆脱了金融危机的困扰。

由于王兵的建议，让公司转危为安，高层领导认为王兵是一个不可多得的员工，最后决定提升王兵为分管销售的经理。

从这个案例中，我们是否已经体会到了其中的意思呢？是的，没错，有了责任这远远是不够的，我们更需要的是行动。

对于案例中的王兵和赵强来说，其实赵强的才能并不亚于王兵，也许在某些事情的思考上还要高于王兵。在工作中，对工作负责这是他们共有的特征，而这仅仅是孝道中的一个表面，孝道并不是仅仅靠口号喊出来的，它是用实际行动做出来的。而赵强缺少的正是这种行动。

责任决不应该只是停留在口头上，天天说自己的责任是什么，可是真正涉及自己的责任的时候，却找出各种理由、借口说这不是自己的责任，这其实就是不负责任或者推卸责任。展望未来，其实每一个人的工作并不是一成不变的，也许今天你是清洁工，明天你有可能就会成为大堂经理；也许你今天是总经理，明天可能就会成为销售员。作为一位普通的员工你是想做明天的总经理还是清洁工呢？这完全取决于自己的行动。

抱有责任地去行动，其实并不仅仅在于一些大事上面，它体现在我们工作当中的点点滴滴和小事小节上面。地面脏了，你是否会主动地拿起拖布打扫干净呢？公司工作繁重，需要申报加班的人员，你是否会主动地申请加班呢？你的下属工作失误了，你是否会为其承担责任呢等等，如果你的回答是肯定的，那么，说明你会用行动去证明你的责任和孝道。否则，将是一纸空谈。

老张是某旅游公司的一名司机，在这个公司已经工作了 5 年，有一天，比他来公司晚的员工升为了车队班长，而自己却没有任何的动静。没事的时候他总是和同事们在一起说：

"我在公司都工作5年了，这轮也该轮到我升职了，老板一定是偏心眼，要么就是那个员工和老板是亲戚关系……"

"他有什么能力啊，就会拍老板的马屁，所以才博得上司那样的偏爱……"

就这样，老张带着这样的不满，又工作了2年，升迁机会每年都有，可每次都没有自己的份……

老张的问题到底出现在哪里呢？并不是老张缺乏责任，他缺少的是一种行动，如果在他看到同事升为班长的时候，自己不要抱怨，能够将这种抱怨化作自己努力工作的行动，那么，在接下来的2年中，自己就不会那样的默默无闻。

其实我们应该始终记住这样一个真理，为什么自己的同龄人能够升迁？因为他们努力过；为什么自己的同龄人事业辉煌，现在是老板呢？因为他们曾经努力行动过；为什么有些人每天无忧无虑、衣食无忧呢？因为他们的父母曾经努力行动过。所以，当我们把责任当作是一种行动的时候，相信我们已经离成功不远了。

放弃责任就是对孝道的亵渎

前面我们说过，孝道其实就是一种责任，而如果你放弃这个责任，那么，这就是对孝道的一种亵渎，这个道理其实每个人都明白，但是在现实生活中，有些人做起来却不是那么的明白。

孝道是中华民族的传统美德，首先我们应该明白，我们为什么要懂得孝道？为什么要尽孝？其实就是一种感恩，感谢父母给予我们的生命及养育之恩。既然孝道是一种责任、一种感恩的方式，那么我们就应该无条件地去履行。然而有些人在生活中却放弃了这份责任，那么，这无疑就是对孝道的褻渎。

无论在生活还是工作当中，责任是我们每个人都无法逃避的，这是作为一个成功的人必须要承担起来的，只有这样我们的生活才能够变得更加有意义和有价值。我们在孝敬父母的时候可能由于各种困难需要我们付出更多的努力，然而，难道这样我们就可以放弃对父母的这份责任吗？在工作的时候我们可能会遇到各种各样的困难，面对困难我们就这样低头能行吗？答案都是否定的，因为如果我们就这样放弃和逃避，那么就是对现实低头，就会无所作为。

一个成功的人永远不会在困难面前低头，尽管这些困难暂时是无法克服和逾越的，但是他永远不会抛弃，也不会放弃。在一个企业当中，作为一名员工，无论你现在是什么岗位，你都有责任担负在身上。比如你是一个快餐店的服务员，你会因为下雨了不去完成你的工作吗？这是你的责任，你当然不能放弃，否则，你的工作可能离尽头不远了。

赵斌是某汽车维修公司的一名维修工，自从毕业之后他就来到了这家维修公司，工作一直都非常地努力和认真。每次遇到换机油、换轮胎这样苦累的工作，他都是积极主动地去做，深得维修组长的喜欢。而在维修发动机、变速箱这样有技术含量的工作的时候，维修组助长都会带有偏见地叫他作为自己的助手。但是就这样，赵斌也很快学到了一身精湛娴熟的维修技术，每次公司举行维修竞赛的时候，他都能够拿到冠军。

很快，赵斌的表现得到了领导的认可，在一次人事变动的过程中，赵斌被破格提升为车间主任，连升两级。随着水涨船高，待遇也发生了很大的变化，并且有了自己的办公室和电脑，工作也清闲了很多。

但赵斌是一个闲不住的人，一有空就自己亲自动手去做维修，也让下面很多的员工非常喜欢。一天赵斌的老乡来公司看他，看到身为车间主任的他竟然自己亲自动手修车，于是就说：“你都是车间主任了，你还亲自去修车啊，你真是不会做领导，其实只要你的表面工作做好点，就会得到领导的青睐，何必这么累呢！"

赵斌在听了老乡的话后，不再去管维修的事了，甚至有时候几天都不去车间一次，每天只是在办公室研究如何将业绩报表做得更好一点，把客户的投诉、维修事故等等都隐瞒下去。终究纸是包不住火的，由于管理不善，来店里维修的车辆越来越少，这一现象引起了老板重视。为了找出原因，他经过走访调查，发现赵斌报上来的业绩数据都与事实不符，并且还有一些恶性的事故自己竟然不知道。看到这种情况，老板毫不犹豫地将赵斌辞退了。

分析这个案例，赵斌为什么会被解雇，根本原因就是他放弃了责任，放弃了一个员工在这个岗位上应尽的或者必尽的责任，当然，他也因此放弃了自己的事业和前途。

《礼记·表记》中有一句话是这样说的："处其位而不履其事，则乱也。"意思是说，如果你处在一个职位上，而没有担负起这个职位应有的责任，那么，这个社会就会乱了。而作为这个社会的自然人，作为儿女，你不能够担负起做儿女应有的责任；作为员工，你不能够担负起员工的责任，同样的这个社会也会乱掉。只不过作为儿女，失去的是做人的道德；而作为员工，失去的是领导、员工对自己的信任。试想一下，一个失去信任的人，在工作中还会得到老板的重视、还会有大的发展吗？

在管理中有这样一句话："用人不疑，疑人不用。"赵斌之所以会被破格提拔为车间主任，因为老板在他的工作当中发现他是一个有责任、有担当的人，这就是"不疑"。所以作为一名员工，要想让得到老板的重用，必须要让老板对你有一种"不疑"感。这种"不疑"则来自对工作的负责、对工作责任的一种承担，而赵斌在前期就做到了这一点，所以他才会被重用。

而要继续让老板"不疑"，那么，你就必须认真负责地做好现有的每一份工作。"当一天和尚撞一天钟"，这是对工作最起码的要求，如果你总是想放弃责任的承担，做一些表面的工作糊弄老板，这种做法是极其愚蠢的，无疑是玩火自焚，让老板对你产生"疑"，赵斌的失败莫过于就是这一点，在新的工作岗位上没有尽到新的责任，总是想投机取巧让自己轻松，当然，你轻松了，老板肯定就要紧张了。

某企业的老板曾经在年轻的时候资助了一位孤儿上学，一直到大学毕业、考研、出国留学，这期间所有的费用都是这位老板出的。这位孤儿完成学业之后，国外几家全球 500 强企业高薪聘请他工作，并为其办理移民手续，但这位孤儿依然放弃了国外优厚的待遇来到了这位老板的企业工作。在企业最困难的时候，员工的工资每月只能发一半，但这位孤儿依然坚定认真地工作，帮老板渡过了难关。

最后，随着企业的壮大，这位孤儿成了这家企业的董事长。

其实这就是一种责任、一种孝道，也许这位孤儿如果当时接受国外企业的聘请，不会受到那么多的苦，各方面也会比现在好，但是如果他那样做了，那么他就放弃了感恩之心，就是对孝道的一种亵渎。在金钱当道的现实社会，也许我们对于类似的事情不以为然，但是我们一定要相信，一个有担当、对责任不放弃的人必将会是一个成功的人。

知恩讲孝，落实责任

前面说到放弃责任就是对孝道的亵渎，但是在我们的工作当中，有些人他没有放弃责任，但没有将责任落实到位，这将会出现一个什么样的结果呢？最终工作中难免会出现拖拉及效率低下的情况，这影响到的不仅是一个企业的效益，其实更重要地对自身的影响。

知恩就要图报，讲孝就要有结果。一个知恩的人，才会懂得去感恩，而一个感恩的人在工作当中才能真正地明白责任的价值。在工作当中，无法将责任落实到位主要有这样两个原因，一是自身的原因，工作没有了激情，没有了工作的动力，产生了消极的情绪。二是对工作中的责任认识模糊，分不清这属不属于自己的责任。其实，一个懂得知恩讲孝的人，这种情况一般是不会出现的。

我们经常会看到一些成功的人，每天都是充满激情地工作着，每一份工作都会做得井井有条，深得领导和同事的尊敬；仿佛自己的工作总是会遇到很多的困难，总是那么地不顺。这个除了他们具有娴熟的工作技巧之外，还有一点那就是知恩、讲孝。这是蕴藏在骨子里的一种气质。

小张已经大学毕业三年了，现在处于失业状态。之前在一家贸易公司工作，由于经营不善而倒闭，从此也没有了工作；由于工作难找，自己现在还迟迟没有着落，眼看私房钱也快用完了，心理特别地着急。

这天在街上他遇见了多年未见的一位同学，在与同学的聊天中，小张吞吞吐吐地向同学讲述了自己的经历，而这位同学现在正好是一家企业的董事长助理，他非常慷慨地介绍小张到自己的公司工作。

来到同学工作的这个公司，他担任的是行政方面的工作。从上班的第一天起小张就成了这个公司早上来得最早，晚上走得最晚的一个员工，小张每天必须要将自己工作的责任做完落实好之后，心理才会感到舒畅。董事长每次交给他的任务，他总是能够及时地安排落实，并时刻地关注着。

在小张的努力下，公司的业绩明显有了更高一个层次的提高，自从他担任行政工作之后，工作效率也有了显著的提高，以前那些责任不清的工作再也没有发生过。同事们看见小张这样努力地工作，于是有人就问他原因，小张笑着说：

"我曾经品尝过失去工作的滋味，也是因为同学的面子老板才给了我这个工作的机会，所以我要知道感恩，而只有将工作做好，将老板交给我的工作落实到位，才能更好地报答他们。"

每个人都有感恩之心和讲孝之道，而小张对于工作的看法可谓是非常地深刻，因为他之前尝试过失去工作的滋味，也是因为同学的介绍才来到了这个公司，所以知恩讲孝在他的心目中比任何一个人都强烈。这就不难说明一个问题：一个知恩讲孝的人，能够完全且高效地完成自己的工作，将责任落实，同时最后也会得到老板和同事的重视。而作为一名在职场中奋斗的员工，我们所追求的岂不是就是这种效果吗？

　　很多人总是在失去了之后才懂得去珍惜和拥有，在那个时候，其实有些事情已经晚了。在工作当中如果我们能够及时地建立这种感恩讲孝的心态，那么我们的理想、我们的目标实现起来会不会更加地容易呢？

　　知恩讲孝会给予我们一种能量，这种能量能够使我们无论做什么事情时，都会心甘情愿甚至是全力以赴。在我们身边，总是有一些人对工作有一种"食之无味，弃之可惜"的想法，这样就会产生一种消极、对工作不重视的心态，对自己职位的责任不清不楚，有的是有心落实却无法落实，甚至有的是懒得去落实，结果工作做的是心不甘、情不愿，这无论对于公司还是个人来说其实都没有好处。

　　刘著是一家挖掘机销售公司的职员，平时散漫自由，喜欢逛街。由于自己的公司楼下就是一个百货大厦。中午一有空就叫着同事一起去逛商厦。

　　有一次在下午上班时间，她自己一个人去商厦买衣服，这时老板吩咐要下一个订单，却始终找不到人。刘著买完衣服回来之后同事告诫她说："刚才老板找你了，我建议你以后上班时间可别出去了。"刘著不以为然地说："不就是几分钟嘛！没有什么大不了的。"

　　刘著认为只要自己的工作完成就行了，其他的没有必要放在心上。一天老板找其要销售报表，发现刘著又出去逛商厦了，等她回来之后，才知道自己却将几天前老板交代的报表工作忘到了九霄云外，老板听到这个消息后，一怒之下，辞退了刘著。

"没有什么大不了的""明天再做也不晚"等这些都是很多员工在工作中常说的话，其实这是一种对工作不负责任的表现。由于不懂得知恩，不懂得讲孝，所以对工作也不懂得珍惜。在这种一切都已经无所谓的工作态度下，对于自己工作责任的落实肯定是具有一定难度的，这样最终受伤的将是自己。

责任是一个员工最核心的内容，如果没有责任心或者没有将工作的责任落实，这肯定不能算是一个合格的员工，工作中难免会出现很多的漏洞和失误。作为老板，这样的事情是最不愿意看到的，对于老板来说，一个不能够将工作责任落实到位的员工，是不能够推进企业健康发展的，自然老板肯定不会重用这样的员工。所以，知恩讲孝，将责任落实，是让你事业长青的必讲之道。

担当责任，才是知恩讲孝的好员工

责任是什么？作为生存在这个社会的人，责任其实就是感恩的升华，是衡量知恩、讲孝道的一把标尺。英国王子查尔斯曾经说过这样一句话："这个世界上有许多你不得不做的事，这就是责任。"

没错，只要我们活着，那么我们就有责任，对父母、对社会、对企业的责任，而我们只有把这个责任承担起来，才算是一个真正的强者。因为只有担负起责任，才能心存感恩，有了感恩，我们就会懂得回报。

在职场当中，我们肩负的最多的就是对工作的责任，也许我们每天忙得焦头烂额，而你的同事却坐在电脑前一动不动；请你不要眼红，不要抱怨，也不要对所要承担的责任有所动摇，因为你每天的忙碌是作为一个员工对企业对老板的责任，是你与企业的自然关系，体现的是你的价值取向。而你的同事也有和你同样重要的责任，或许只是分工不同、职位不同，所以表现出的形式不同而已。

下面我们来讲述一个真实的案例，也许从这个案例，我们可以理解到怎么样才算是一个好员工。

王东大学毕业之后，他就来到了一家保险公司做业务代表，这对他来说是一个非常棘手的工作，因为自己对业务不熟悉，加之全球金融危机的爆发，他的工作进展非常不顺利。

查尔斯

面对这种情况，公司的很多老员工都出现了不安的情绪，每天发泄着满腹牢骚：

"这算是什么工作啊，好几天都没有做成一个单子了，真是郁闷。"

"如果有比这更好的工作，我肯定不干了。"

"我最近准备找一个不受金融危机影响的工作……"

有些员工已经开始打起了退堂鼓。当然，由于这些消极情绪的影响，这些老销售员每天的工作都成了一种形式，每天来到公司报到，然后说是出去拜访客户，其实不是在自己家里就是在朋友那里喝茶。完全忘记了一个员工应担当的责任。

王东和他们的表现不一样，尽管他对现在的状况也不是非常的满意，工资低、职位低，但是他还是每天都承担着相应的责任，没有放弃。每天来到公司报到，然后拜访客户，虽然成功率不是很高，每一个拜访过的客户他都做了详细的记录和分析。因为他相信，努力是没有错的，只有有担当的人，他才一定会成功。

于是，王东熟记了公司的业务项目，并与自己同类公司的业务进行对比，然后呈现给客户让客户自己选择；虽然很多客户很希望多了解一些业务，但是由于他们对很多业务员的态度和不负责任非常地不满，致使他们对保险业务了解得非常少。通过王东仔细耐心地介绍，人们对保险知识了解得越来越多了，并很快接受了王东所推销的保险。

在金融危机的影响下，王东的工作不但没有受到影响，反而突飞猛进，在短短的一年时间内，他给公司点燃了希望的灯塔。而那些对工作责任没有担当的人被列入了裁员的黑名单。

王东的事情说明了一个道理，对于一个工作，你必须要担负起应有的责任，这样你才能够成功。这也是作为一个新员工，王东的工作为什么突飞猛进，而那些老员工被裁员的真正原因所在。

其实公司就是一个大的机器，作为员工的我们只不过是机器上的一个小零件，担当责任是我们工作中理所应当的事情。只有我们能够承担起分内的责任，老板才会看到我们的实力，才能够让我们做一些更重要的工作。如果一个人连自己分内的工作都做不好，如何有能力在去担当其他更重要的责任呢？

比如，你的朋友在你最困难的时候借给了你1000块钱，帮你渡过了难关，而你却不懂得去知恩，那么，你就会失去朋友对你的信任，如果下次你在遇到困难的时候，还想得到朋友的帮助，那几乎是不可能的。因为知恩是你的责任，相信没有人会和一个不负责任、不担当责任的人做朋友的。

怕担当责任、不愿担当责任，这其实是一个人的本能，也是人最恶劣的本性之一，因为每个人都不想受到拖累，每个人都想把责任推到别人身上，都想在遇到责任的时候找借口。可是在职场中，很多的实例证明，一个不想担当责任的人，还想要领取老板发给你的薪水，这样的事情几乎是没有的，可能不管在任何岗位都没有这样的好事。也许你的身边存在着这样的事情，但是请你相信，这样的事情一定不会长久，要么被老板辞退，要么停滞不前，而一个有理想有抱负的员工，绝对不希望最后是这个样子。

　　小宝是一家大型超市新来的营业员，他销售的主要产品是豆浆机，每天的工作就是介绍产品给客户，挖掘潜在客户，让客户接受自己的产品。一天厂家领导来到这个柜台前检查工作。

　　领导："你知道这个豆浆机每天的耗电是多少呢？"

　　小宝："这个豆浆机是 200W，具体每天耗电多少，这个我不太清楚。"

　　领导："你的这个豆浆机库存还有没有呢？只有这一个嘛？"

　　小宝："我这里现在就这一个，至于有多少个，我还需要到库房清点一下。"

　　领导："这个产品在全市有多少个经销商，你知道吗？"

　　……

　　这位领导问了很多关于产品的问题，作为销售员的小宝却始终是含含糊糊。这就是对工作的失职和不负责任。作为一个销售员对自己产品信息的了解其实是最基本的责任和要求，如果连这一点都做不好，怎么能够做好工作呢？

　　一位成功学大师曾经说过："认清自己在做什么，就已经完成了一半的责任。"在一个企业中，每个员工都有自己的责任，只有在看不清自己责任的情况下，员工才会出现推脱、不担当的情况。所以，认清自己所要担当的责任，这是基础。

　　美国前总统林肯曾经说："每一个人都应有这样的信心：人能负的责任，我能负；人所不能负的责任，我也能负。"当然，我们肯定没有伟人那样的伟大，但是，只有勇于担当责任，筑起责任的泰山，心怀知恩、讲孝之心，才会成为一个有前途的好员工。

五、求忠出孝，事必所成

在家有亲孝，在公司有忠诚

在家孝顺父母，这不仅仅是一种与生俱来的责任，更是对父母的感恩，是一种忠诚。

曾有一个关于忠诚的古老故事：

一个王子路过一户人家时，看到一位仆人正紧紧地抱着一双拖鞋睡觉，主人试图把那双拖鞋拽出来，却把仆人惊醒了。这件事给王子留下了深刻的印象，他认为：对小事都如此细心的人一定很忠诚，可以委以重任。因此，他便把那个仆人收编为自己的贴身侍卫。

每个人都要走向社会，面临职业，对自己所从事的事业忠诚，应该成为我们内心的道德底线。

如今，很多老板用人不仅看能力，更看重品德，而品德中最为核心的就是忠诚，既忠诚又能干的人往往是老板梦寐以求的得力干将。老板的成就感、自信心，还有企业的凝聚力，在很大程度上取决于员工的忠诚度。

忠诚不仅仅是一种美德，更可以转换成员工的一笔财富，一旦员工拥有了这笔财富，也就赢得了老板的信任和重用。

下面有一个马车夫的故事。

在美国的一个山村里，曾有一位出身卑微的马夫。他小时候生活非常贫苦，只受过短期的教育。他15岁那年开始赶马车，两年后他才谋到另外一个职业，每周只有不到3美元的报酬，但他仍然在寻找着机会。后来他应聘去了卡内基的钢铁公司上班，日薪1美元。由于他勤奋好学，没多久就被提升为技师，接着升任总工程师。到25岁时，他已经是那家公司的总经理了。到了39岁，他一跃成为全美钢铁公司的总经理。他就是美国著名的企业家查理·斯瓦布先生。

斯瓦布成功的秘诀是，每得到一个职位时，从不把薪水看得多么重要，而是把忠诚于自己的职业放到首位，像爱惜自己的眼睛一样珍惜自己获得的职位。他经常用美国西点军校的一句著名格言来勉励自己：像忠诚上帝一样忠诚国家，像忠诚国家一样忠诚职业。

我们从斯瓦布成功的过程中，可以看到努力工作忠诚于职业所产生的价值。

任何人都有责任信守和维护忠诚，这是对自己所爱的人和所做工作的最大保护。丧失忠诚，是对责任最大的伤害，也是对自己的品行和操守最大的亵渎。

坚守忠诚得到的是荣誉，丧失忠诚得到的是耻辱。

忠顺不失，才能服务公司

"忠"和"孝"一直被颂扬至今，古人选忠，从"孝"而来，有孝之人有着不懈的坚持和努力，这样的人更会"忠"于公司。

武则天在位时期，有一天，她躺在椅子上忽然想起指鹿为马的故事，正好这个时候，北门学士献上一张图，图上画着一个四口都开了的匣子，名曰"铜匦"。人们可以把告密信投入匣子中，至于是谁告密则不会被知道。武则天觉得这个主意可行，立刻采纳了这个建议。在朝堂摆放上铜匦，鼓励文武百官互相告密，互相监督。

一开始，人心惶惶，大家互相警惕，不知道什么时候会大祸临身，但第一位受害者竟是铜匦的进献者。接着武则天又把这种做法推至全国，号召全国民众互相告密，规定"有告密的人，臣子不能过问，赏给驿马、五品食，使诣行在。虽农夫樵人，都得召见……"

武则天让酷吏监管这件事，其中最为后人所知的是来俊臣和周兴。来俊臣编写的《告密罗织经》："教其徒网罗无辜，织成反状，构造布置，皆有支节。""一人被讼，百人满狱，使者推捕，冠盖如云。"人与人之间的信任降到了最低点，当时公卿入朝"必与其家诀曰：不知重相见不"。

武则天这么做无非是希望下面的人明白：他们唯一能效忠的人是皇帝！她利用人性明哲保身的弱点让下面的人互相残杀，一时间朝堂上下人心思危，即便亲如父子也相互忌惮。但是，一个连自己的亲人都顾及不了的人，能对国家忠心吗？

忠诚是一种高尚的品格，在职场里也是一个员工的基本道德。而一切诱惑，都是对忠诚最大的考验。面对诱惑，无数人经不住考验而丧失忠诚，昧着良心出卖了公司。其实，当他出卖公司的时候，也出卖了自己。能够忠诚于老板、忠诚于企业的员工，都是能担当重任、不找任何借口的员工。在本职工作之外，他们还积极地为公司献计献策，尽心尽责地做好每一件力所能及的事。尤其在危难时刻，这种忠诚会显现出它更大的价值。能与企业同舟共济的员工，他的忠诚会让他达到我们想象不到的高度。

是否忠心是公司考量员工的重要方面，员工的忠诚度直接影响其对公司的负责程度。忠心的人，会与公司同舟共济，不离不弃，而没有忠心的人不能与公司共同应对危机。只有忠心在，方能更好地服务公司，为公司付出百分之百甚至百分之二百的努力。

忠诚在前，则公司稳而顺

子女孝顺父母的家庭，往往平稳、和睦，生活忠孝尽在，其乐融融。同样的，忠诚的员工，也会令公司稳而顺地前进。

朗讯前CEO鲁索说："我相信忠诚的价值，对企业的忠诚是对家庭忠诚的延续。我从柯达重回朗讯，承担拯救朗讯的重任，这是我对企业的一份忠诚。我一直把唤起员工对企业的忠诚作为自己努力的目标。"

索尼也有这样一句话："如果想进入公司，请拿出你的忠诚来。"只有所有的员工对企业忠诚，才能发挥出团队的力量，团队成员才能凝成一股绳，劲往一处使，推动企业走向成功。目前世界上许多五百强企业都非常看重员工的忠诚。

一家世界五百强企业要招聘一位技术人员，年薪三十万，报考者蜂拥而至。魏诚是一家企业的技术人员，因单位效益不好下岗了，他也参加了应聘。面对考题他并不担心，外文、专业技术类考题答得很顺利。唯有第二张考卷的两道题令他头疼："您曾任职的企业经营成功的诀窍是什么？有什么技术秘密吗？"

这类题对于曾在企业搞过技术的魏诚并不难，可魏诚手中的笔始终高悬着，捏来攥去，迟迟落不下去，职业道德在约束着他。

他最终在考卷上写了四个大字："无可奉告！"

正当魏诚连日奔波，去多家公司应聘之际，这家世界五百强企业发来了录用通知。原来，那道题考的是道德品格，考察的是一个人的忠诚度。可以说，忠诚是一个人的立身之本，忠诚不仅不会让人们失去机会，还会让他赢得机会。除此之外，忠诚还能帮助人们赢得别人的尊重和敬佩。付出总有回报，忠诚于别人的同时，你也会获得别人对你的忠诚。忠诚的人容易获得别

人的信任和支持，也值得别人对他委以重任，因此忠诚的人更容易获得成功的机会。一位成功学家说："如果你是忠诚的，你就会成功。"

1996 年，邱飞在一家企业做顾问工作时，碰到一个叫靳西的人，靳西见老板乔羽先生很信任邱飞，便央求邱飞在老板面前多给他美言几句。

"我进公司时，乔羽先生答应聘我做公司的技术总监，可他一直都没有兑现，只是说正在考虑。你看，都考虑一年多了，还没有一点动静。"靳西向邱飞诉苦。邱飞想老板既然许诺了，就应该兑现，不兑现也该说明原因，于是，他找了一个恰当的机会和乔羽先生谈起了这件事。

"这个人我不敢重用。"乔羽先生说。

"为什么呢？"

"你知道这个人是怎么来公司的吗？他原来在另一家公司工作，那家公司曾经是我们最大的竞争对手。一天，他约我见面，说他掌握了那家公司全部的技术秘密，如果我肯高薪聘用他，他愿意将那些技术秘密交给我。我可以给他高薪，但绝不可能重用他。"乔羽先生说。

"你的意思是说，如果重用他，他掌握了你的秘密之后，也可能出卖你，对吗？"邱飞说。

"是啊，他是一个不忠诚的人！原来那家公司对他很不错，他出卖了老板，使得那家公司一蹶不振。有了第一次，肯定会有第二次，如果重用他，下一个受害的可能就是我啊！"

乔羽先生接着说："我非但不可能重用他，还准备辞退他，但在做好准备之前，我不能让他知道，谁能保证他在得不到他想要的东西时会怎样疯狂地搞破坏呢？"

一个不忠诚的人，是没有人愿意帮助他的。一个士兵如果死于忠诚，那是光荣而伟大的；如果靠出卖战友而活着，反倒是一种耻辱。同样，在企业里，靠出卖企业获取个人私利也是卑劣的。一个品德存在严重缺陷的人，是公司的一大隐患，不知哪天就会背叛公司。

没有哪个公司的老板会重用一个对公司不忠诚的人。"我们需要忠诚的员工。"这是老板们共同的心声。只要自下而上做到了忠诚，就可以壮大一个企业，相反，则可能毁了一个企业。

忠诚的日本职员常以"我家"来称呼自己所在的企业，在称呼对方的工作单位的时候也从不说"你们公司"，而是称呼"府上"。很多日本人都把公司看成是自己社会生活的一切或整个生命价值和意义的根源，对公司的感情极为深厚。

在日本丰田公司发生过这样一个故事：一个丰田公司的员工，在他第一次正式约见女儿的男友时，就郑重地对未来女婿提出："我无其他要求，只是希望以后你的家人和你自己买车必须买丰田车！"丰田人对所属企业的忠诚可见一斑。

员工忠于企业最直接的行为就是融入企业，和企业成为一个共同体。一个人一旦成为企业中的一员，就等于事实上接受了企业既有的规则、惯例、人际关系等，并将它们变成自己的价值观。他与他的同事形成了默契，在行为中有了相互期待的依据，他对企业的忠诚成了一种惯常行为和心理定式，把"忠于企业"变成一种信仰和原则，这样的忠诚是牢不可破的。

有忠诚之心，方成公司之凝聚力

俞敏洪拥有一套独有的"糖纸理论"和"分苹果理论"。他解释糖纸理论时说："小的时候，家里很穷，有一次我得到两颗水果糖。你知道，那时这对一个农村的小孩子是多么珍贵。可是这时来了两个小伙伴，我把糖剥开给了他们，我舔糖纸。"分苹果理论则是：有六个苹果，你留下一个，把另外五个分给别人吃。当你给别人吃的时候，你并不知道别人能还给你什么。

别人吃了你的那个苹果以后，当他有了橘子，一定会给你一个，因为他记得你曾经给过他一个苹果。最后，你得到的水果总量可能不会增加，还是六个水果，但是你生命的丰富性成倍增加。你看到了六种不同颜色的水果，尝到了六种不同的味道，更重要的是你学会了在六个人之间进行人与人最重要的精神、思想、物质的交换。这种交换能力一旦确立，你在这个世界上就会不断得到别人的帮助。

俞敏洪小时候比较瘦弱，怕被别的小朋友欺负，他通过分享的方法结交到很多朋友。长大后，俞敏洪更加意识到了凝聚力的重要性。他把这两个理论引申开来，并与新东方的学员们分享他的心得体会：

"如果你在团体里工作，你就必须学会在团体里面与人相处，遵守在一个团体里做人的规则。因为人是群体性的动物，你必须学会在人群中生活。不管你愿不愿意，只要你选择了在办公室上班，在一群人中间工作，你做人的好坏就决定了你在一个地方的地位和威望。我们在生活中会遇到各种各样的风风雨雨，除了需要家庭，有时候也需要朋友在前进的道路上互相扶持。"

事实证明，糖纸理论和分苹果理论效果非常明显。比如，在创业之初，俞敏洪感觉到一个人力量有限，他就开始召唤当年的朋友们。徐小平、王强等人在他的游说下，纷纷归国加入新东方。刚开始，徐小平等人手上没有创业资金，俞敏洪便慷慨解囊，给予资助，并没有要求回报。投之以桃，报之以李，徐小平等人被俞敏洪的无私打动，便以自己的强项回报新东方。譬如，徐小平就义务担任了新东方的出国移民咨询，这是一个免费的项目，新东方的学员们可以就出国事宜咨询徐老师。在别的英语培训学校没有这个项目的情况下，徐小平的这一举动大大提升了新东方的竞争力。

俞敏洪知道凝聚力的作用，这才有了新东方的成功。在这个社会中，有品德的人将得到更多的赞誉，也更容易成就大事。

汉献帝建安五年（200 年），刘备兵败投靠袁绍，关羽则被曹操俘虏。

曹操对关羽很是礼遇，封他为汉寿亭侯，但关羽身在曹营心在汉。为报答曹操知遇之恩，他在千军万马之中，杀颜良，诛文丑，解除曹军白马之围。曹操更加赏识关羽，派张辽前去劝说，关羽说："我知道曹公对我很好，但我受刘备厚遇，发誓要生死与共，绝对不会背叛他。"曹操听了之后也无可奈何。后来关羽打听到刘备的下落，回到刘备身边。

这有名的忠心故事，令关羽大受赞誉。可见忠心是在孝道文化里有着至关重要的地位。所谓求忠出孝，有孝之人才有忠心，忠心也是现代社会中不可缺失的品质。企业乐意接纳有品德的人，品德高尚，则会齐心协力让公司更上一层楼。忠心的人，心是向着一个地方的，即公司，在工作中会朝着这个方向不断努力不断进步，公司的凝聚力也会越来越强。

在遇到困难和挫折的时候，因为有着一样的方向，忠心为企，凝聚力便会不断增强，公司也就能安然渡过难关。

服从公司，要竭尽自己的全力

孝是一种顺从。在我们成长过程中长辈包容我们，在长辈需要我们的时候，我们也应当义无反顾。这是孝的一种方式，也是我们必须承担的一种责任。

在职场中，顺从是十分有必要的，比如下面这个事例。

1977 年，锦江饭店接到一项紧急任务："由于天气恶劣，哈克将军一行的飞机无法在北京降落。经商讨决定在上海着陆，专机两小时后到达，请立刻做好接待准备。"

只有两小时，时间十分紧张，且迎接国宾是一件非常重要的事，怎样才能不出问题呢？当时的经理任百尊一接到电话，便立刻召集得力骨干，指示所有工作必须在两小时之内完成。

"两小时之后将军就要到上海，我们的工作必须在 120 分钟之内完成。这么庞大的国宾队伍需要 75 套客房，100 辆轿车组成的迎宾车队，供一两百人用膳的国宴……这一切必须在两小时内按时、按质、按量完成！"

命令一下达，各部门的经理立刻回去布置任务。每个岗位上的员工在几分钟内就明确了完成任务的时间和标准，并立即展开行动。

在距离两小时还有 10 分钟时，任百尊开始检查。

他先来到客房。只见客房的地上、四壁、屋顶均一尘不染，床面平挺，毛毯平顺。他点了点头，又审视了一下床头的插花，只见那些花枝枝含苞、造型新奇、典雅大方。

当检查完所有的客房，看到服务员已微笑着各就各位准备迎接贵宾时，任百尊满意地笑了。

这时，厨师长通过电话报告：厨房一切就绪。任百尊看了一下表：离 120 分钟还差 5 分钟。

当所有准备工作都已经就绪时，任百尊接到电话："国宾车队已到达淮海路茂名路口，两分钟后将到达酒店。"

齐亚·哈克将军一行入住锦江饭店后，对饭店的各方面服务都非常满意，赞不绝口。那一刻，任百尊一颗悬着的心才算放了下来。事后他说："接待国宾的任务都有这么几个特点——规格高、任务急、时间紧，因此要求大家都像打仗一样，抓紧每一分钟时间。"

仅仅用两个小时完成如此高规格的接待任务，对任何一家饭店来说都是极大的挑战。而锦江饭店为何能做得如此出色？就因为他们的员工在听到上司下达的命令时毫不犹豫地服从了，没有提出任何问题，没有表示任何困难，并且立即去行动，用最快的时间、最好的质量，给这次任务画上了一个漂亮的句号。优秀员工的执行力正体现于此，服从命令，立即行动，这也是所有的优秀员工身上最关键的特质。

在职场，服从是一种美德，因为这样才能更好地执行上面下达的指令，从而好更快、更好地完成工作，让企业获得最大利益，相应的，个人也将收获最大的利益。服从并不是逆来顺受，它能带来更高的效率，也能体现企业的凝聚力。

公司之法度，不可怠慢

父母给我们生命，对我们有养育之恩，他们在我们心中是权威，第一次迈步、第一次张口说话、第一次获得奖励……很多都是父母给予我们的。而同样的，在职场中，公司是我们的权威，它给我们带来工作和利益。尊重公司的权威，意味着遵守公司的法度。

一伙外国劫匪挟持了一架飞机，并将飞机里的乘客作为人质控制在候机大厅里。为了解救人质，士兵展开"雷电行动"，长途奔袭到机场。

在营救人质之前，一名士兵手持扩音器用母语大声喊道："我们是来营救你们的士兵，请大家卧倒不要站起来，我们要发动攻击了。"

人质都听清楚了这句话，全部迅速地卧倒了。但犯罪分子听不懂这些话的意思，他们仍然站在那里，提防着外面的一举一动。

士兵发动了攻击，站着的人都倒下了。在这场战斗中，除了犯罪分子之外，有三个人质也失去了生命。其中两个年轻的男子在听懂喊话之后没有立即执行，结果延误了时机，失去了生命。第三个遇难的也是一名男子，他在听到士兵的"卧倒"指令后，很快地卧倒服从了指示，但是士兵冲进大厅后，他忘记了那句"趴在地上别动"的指令，他以为获得了解救，便站起来想去迎接他们，没想到被当成了隐藏在人质中的犯罪分子而被击毙。

巴顿将军曾说："服从不止是一种品德，更是一种责任。如果你不懂得服从，或者是打了折扣去服从，不仅会损害团队的利益，甚至会成为潜在的杀人者或自杀者。"

在这个故事里，服从的意义不言而喻，其代价将是生命。现实生活中这样的例子也有，如法律，不服从的后果轻者会丧失自由或金钱，重者丢掉的将是生命。

职场中的我们要吸取教训，做人处世时要果断利落，不可怠慢。不要等事情已经发生，或者失误已经造成，再追悔莫及。要时刻保持警惕，服从指令，认真努力地做好工作。

父母领导教诲，须敬听

西晋名将王浚运用火烧铁索的计谋灭掉了东吴，三国分裂的局面到此结束，王浚对实现统一做出了巨大贡献。

可是，安东将军王浑以王浚不服从指挥为由，要求给王浚论罪定刑；又诬陷王浚在进入建康之后，大肆抢劫王宫中的钱财宝物。

王浚担心自己因诬陷获罪，便一直上书，陈述战场的实际状况，证明自己的清白。晋武帝司马炎没有因旁人的诬陷给他论罪，反而不顾众人非议，给予奖赏。

然而王浚每次想到自己对朝廷贡献巨大却屡次遭诬陷，便感到愤慨。一见到皇帝，便陈述当时的战况和自己的无辜，有时情绪激动，有时黯然，有时愤慨。

王浚的一个亲戚范通对他说："您功不可没，可惜骄傲甚大，不是长久之计！"王浚问："这是什么意思？"范通说："当您旗开得胜之后，应该不再提战况，假如有人问，便说'是皇上圣明，大家共同努力，我不可居功'。这样，王浑还能再说什么吗？"

王浚按照范通所说的去做，谣言果然慢慢平息了。

正是因为听从了他人有益的建议，王浚才得以避免祸端。善于听从、接纳他人的建议，是有百利而无一害的。

在曾国藩的家书中，向父母报平安、拉家常的内容占了大半，其次就是写给弟弟以及晚辈的教诲。父母在曾国藩的心中非常重要，不论是在外求学，还是在外做官，他都经常写信回家，不让父母担心。

曾国藩在一封家书中说："九弟前病时想回家，近来因为找不到好伴，并且听说路上不平安，所以已不准备回家了……儿子在二月初配丸药一料，重三斤，大约花了六千文钱。儿子等在京城谨慎从事，望父母亲大人放心。儿子谨禀。"他知道父母最担心的莫过于自己的身体健康和处境，于是写信说"我已经吃药了，我做事情会很小心的，请父母不要惦记"，短短的几句话，让父母安心。

一次，曾国藩收到父母的来信，在信中，父母除了询问他的近况外，还表示出对他的几个弟弟的关切。曾国藩看后，马上把弟弟叫来，对他说："父母一直很为你担心，你为什么不及时写信回去，告知父母你的情况？"

弟弟说："我最近手头有点紧，想着等有了些许银两，与信一并寄回，也好给父母一个交代。"

曾国藩说："父母是出于对你的担心，才对你十分关切。他们需要的不是你的银两，而是你向他们报平安的这份心啊。你想想，每个孩子不都是父母心头的一块肉？如果孩子与父母失去了联系，那么父母心里就会焦灼不安，比生病还要难受。做儿女的，如果不能理解父母的心意，那就是不孝。"

弟弟听了曾国藩的话，顿时感到羞愧万分，马上回去给父母写了一封信，告诉父母一切安好，让二老一定要保重身体。

由此可知，孝敬父母，尊敬师长，听从他们的话，是孝的表达方式。同样，在职场中，领导的话，也要遵从。领导说的话不一定是你最爱听的，但听从是尊敬的表现。一个企业的领头羊是领导，只有遵从他们的指示，才能更好地执行决策，更快地完成任务，这样对于企业、对于个人都是有益无害的。相反，事事逆着领导的话做，企业就会乱成一团，没有秩序可言，这样的员工，企业绝不会欢迎。

在职场中，不要擅作主张，听从上级和领导的指示，才是顾全大局的聪明决定。

听从指挥，雷厉风行

在我们的成长过程中，父母占据着主导地位。我们是听着他们的教诲成长起来的，幼时唯父母命而听之，到少年时期有叛逆心理但最后也会顺从父母，到成人之后才渐渐明白父母的教诲是父母一辈子的经验。等到父母年迈时，我们更应遵从父母，这不仅是由小而来的尊重，更是对父母的一种孝顺。

无论我们是富有还是贫穷，是幸福还是不幸，都应该认真履行那些贯穿于我们职业生涯中的职责。只有辛勤地工作，才能证明自己的人生价值。工作本身，也成为人们实现人生目的的唯一方式。而有些情况下，需要选择最有益于工作的方法，或许会得到更多的赞赏。

钢铁大王安德鲁·卡内基年轻的时候，曾经在铁路公司做电报员。一天他值班时，突然收到了一封紧急电报，原来在附近的铁路上，有一列装满货物的火车脱轨，要求通知所有要通过这条铁路的火车改变路线或者暂停运行，以免发生撞车事故。

因为是星期天，卡内基一连打了好几个电话，都找不到主管上司。眼看时间一分一秒地过去，而正有一列火车驶向出事地点。此时，卡内基做了一个大胆的决定，他冒充上司给所有要经过这里的列车司机发出命令，让他们立即改变轨道。按照当时铁路公司的规定，电报员擅自冒用上级名义发报，唯一的处分就是立即开除。卡内基十分清楚这项规定，于是发完命令后，就写了一封辞职信，放到了上司的办公桌上。

第二天，卡内基没有去上班，却接到了上司的电话。来到上司的办公室后，这位向来以严厉著称的上司当着卡内基的面将他的辞职信撕碎，微笑着对他说："由于我要调到公司的其他部门工作，我们已经决定由你担任这里的负责人。不为其他任何原因，只是因为你在正确的时机做了一个正确的选择。"

卡内基在需要有人承担风险的时候没有瞻前顾后，而是第一时间站了出来，做出了需要承担风险的决定。他这种甘于为公司冒险的高度负责的精神，使他得到了上司的赏识。工作中就要有灵活应变精神，并且雷厉风行地去执行它、完成它。

在职场中，大多数时候我们必须听从于公司的决定，按照指示更好地完成工作，然而也会有一些意外发生，需要我们当机立断，雷厉风行。不管是听从指挥还是雷厉风行，出发点都是对公司对工作的负责，在适当的时候要有适当地表现，不要墨守成规，避免因不懂变通，而错失机会，造成难以预计的损失。

心怀虔诚，行守法纪

杜鲁门总统为何解除了麦克阿瑟将军的职务？朝鲜战争的失败只是其中一个原因。杜鲁门总统在解除麦克阿瑟将军的职务时说，他之所以终止麦克阿瑟将军的政治生涯，既不是由于麦克阿瑟将军同他的意见不一致，也不是由于麦克阿瑟将军对他进行人身攻击，而是由于麦克阿瑟将军不尊重总统的办公厅，私自行动，不报告也不审批，有时还拒绝服从上级的命令，这些都是绝对不能容忍的。麦克阿瑟最后被撤职，正是因为他不服从上级，不遵守纪律。

在军队里，服从是军人的第一天职，无论你立下多少战功，都必须服从指挥。我们从这个"第一天职"里面知道，"服从第一"是最高的原则，否则就可能在战场上流血牺牲。"服从第一"的理念，对企业同样有参考价值。

服从是一种美德，没有服从观念，就不能在职场中立足。每一位员工都必须服从上司的安排，就如同每一个军人都必须服从上级的指挥一样。大到一个国家、军队，小到一个企业、部门，其成败在很大程度上取决于是否完美地贯彻了服从的观念。

麦克阿瑟将军

克里·乔尼是火车后厢的刹车员，因为他聪明、和善，常常面带微笑而受到乘客们的欢迎。

一天晚上，一场暴风雪不期而至，火车晚点了。克里抱怨着，这场暴风雪导致他不得不在寒冷的冬夜里加班。就在他考虑用什么样的办法才能逃掉夜间的加班时，另一个车厢的列车长和工程师对这场暴风雪警惕了起来。

这时，两个车站间，有一列火车发动机的汽缸盖被风吹掉了，不得不临时停车，而另外一辆快速车又不得不拐道，几分钟后要从这条铁轨上驶过。列车长赶紧跑过来命令克里拿着红灯到后面去。克里心里想，后车厢还有一名工程师和助理刹车员在那儿守着，便笑着对列车长说："不用那么急，后面有人在守着，等我拿上外套就去了。"列车长严肃地说："一分钟也不能等，那列火车马上就要来了。"

"好的！"克里微笑着说，列车长听完他的答复后又匆忙向前部的发动机房跑去了。

但是，克里没有立刻就走，他认为后车厢里有一位工程师和一名助理刹车员在那儿替他扛着这项工作，自己又何必冒着严寒和危险，快跑到后车厢去。他停下来喝了几口酒，驱了驱寒气，这才吹着口哨，慢悠悠地向后车厢走去。

他刚走到离车厢十来米的地方，就发现工程师和那位助理刹车员根本不在里面，他们已经被列车长调到前面车厢去处理另一个问题了。他立刻加快速度向前跑去，但是，一切都晚了。这时，那辆快速列车的车头，撞到了克里所在的这列火车上，受伤乘客的叫喊声与蒸气泄漏的咝咝声混杂在了一起。

第二天，人们在一个谷仓中发现了克里。此时，他已经疯了，不停叫喊着："啊，我本应该……"

他被送回了家，随后又被送进了精神病院。

正是由于克里没有听从列车长的命令，才导致了惨剧的发生，而克里没有听从命令的实质就是他纪律意识的缺失。

在职场中我们要心怀虔诚，工作认真努力；在规章制度方面，应严格行守法纪，不任意妄为。须知在职场中，企业、工作都不是一个人的，除了我们，每一项任务都还有更多的人正为了它努力，一着不慎满盘皆输的道理我们必须得懂。

六、选人用人看孝心

亲情文化与家族式管理

小孝治家，中孝治企，大孝治国。在很多企业都会以孝管理。所以亲情文化就往往在企业中盛行，然而，有些企业常有这样的误区，那就是把亲情文化与家族式管理混为一谈。

随着联想集团发展规模的日益壮大，柳传志等人越来越感觉到如果仅仅依靠公司内部单纯强调纪律严明已经不足以统一思想了，于是这一时期管理层讲得更多的是团队意识。柳传志曾经一遍遍给大家灌输小公司做事、大公司做人的道理，从社会交往和为人处世等多方面向员工阐述做人的意义。同时，他还积极倡导平等、信任、欣赏、友爱的亲情文化，其目的是要使联想公司内部多一些利于协作的湿润空气。

亲情文化提倡互相支持、客户理念，推行矩阵式管理模式，因此，联想领导者要求各部门和层次之间互相配合、资源共享，坚决抵制小团体主义和故步自封的闭塞思想。另外，他们还倡导员工与领导者之间实行称谓无总，提倡平等、信任、欣赏、亲情。这时，联想的企业文化也开始由规则型向支持导向型过渡。

2000年，联想正式明确了以支持导向为主的亲情文化，而亲情文化的内涵是让联想人在一个更为宽松、更有活力的氛围下养蓄创造力。多年来，联想在对其掌门人的称谓上经历了三大阶段：从要求员工尊称杨元庆为老师，到敬称老总，再到俗称元庆。这一变化充分体现了联想在其发展进程中一步步走上温情管理的道路。对于这些，杨元庆坦言："联想早期'左'的比较多，而亲情的成分比较少，所以我们要强调亲情文化，并在每个月固定出一天让领导班子成员站在公司门口迎接员工。"在公司，杨元庆让所有的联想员工都叫他元庆，倘若哪位员工不好意思叫了他一声"杨总"，那就要被罚100元钱。这一看似残酷的制度的确立，从另一方面表明了联想要实行"亲情文化"的决心。

比如：员工可自己调配上班时间、允许在办公室里随意着装等。另外，杨元庆还提出在每位员工生日时，公司要以公司的名义赠送生日蛋糕；甚至提出在情人节那天让大家早点下班去约会……一点点人性的亲情管理温暖着联想的每一位员工，让每一个联想人都情不自禁地把公司当成自己的家，也正是这种家的感觉督促着他们以更加饱满的热情、更加辛勤的努力为公司的发展积极献策。

自从以杨元庆等人为代表的新一代真正从柳传志等的老一代手中接过联想的那一刻起，联想就踏上了新的征程，也就是联想的第二次创业。现在，联想又开始在亲情文化的基础上倡导创业文化。在充满后工业化设计感的深圳联想新大楼里，办公室、电梯间、食堂甚至洗手间，随处都可以发现与创业文化极为相关的小标语条。对此，联想方面人员总是笑着解释道："之所以这样做，是因为元庆希望能够随时提醒联想人，让大家从内心深处凝聚起当初创业时那种白手起家的精神面对现在的竞争环境。"

然而，有些人情文化却不能用之过度，不然会造成不良的后果，比如家族式的管理。有人认为，我创业期间和成功之后都有家人帮助，是无比的幸福。这样往往会陷入人情化的旋涡里不能自拔。

家族式企业的管理者大多对于下属要求较宽容，甚至对自己的人情化管理引以为豪。殊不知，情感化管理和人情化管理是两个概念，其本质的区别在于，情感化管理是以情动人，以情感人，以情励人。而人情化管理是"见人下菜碟"的人治权谋，对待不同的人有不同的标准。因此，家族企业应充分利用情感化的柔性管理方式进行管理，但切记不要陷入"人情化"的陷阱。

曾经风靡一时的战争剧《亮剑》让人们记住了李云龙及他的血浓于水的狼性团队，而面对团队，李云龙说过这样一句话："一支部队的风格深受首任长官作风的影响，无论今后如何变迁，部队的精神仍在。"这句话用到企业管理中同样适用。

一个企业的性格往往由企业最高管理者的性格决定，一个团队的性格也往往由团队的主管影响。随着时间的推移，这些影响会逐渐形成一种企业独特的风格。这种风格最外在的表现形式就是公司的企业文化分为做事方式和规章制度的执行情况。

很多管理者都有这样的体验，对于自己的下属，在人情秤上总会有偏重，这与人的喜好有直接的关系。但工作和生活的不同在于，如果你一味按照自己的喜好进行管理，将永远不可能得到一支具有凝聚力的团队。

如何才能打造一支高效强大的团队？答案是，从人情化走向法治化管理。建立统一的制度与标准，并从最高管理者开始，严格执行。

正起道具主攻设计、制作、安装，公司黄总经理就是典型的人情化管理的代表。2008年11月21日，公司召开"降低产成品库存"专案会，需要相关人员来计算和统计，黄总经理问哪个部门可以帮忙核算，大家都不想多做事情，不愿意回答，无奈之下黄总只好要求PMC经理和客服部主管协作完成，并且居然这样表示：如能按期完成就请他们两位吃火锅。此类情况在正起是常有的事，以至于管理层只要接到总经理任务，都会有一句通用的话：是不是又要请吃饭？

人情化管理的模式与现代企业制度是完全冲突的，凭感觉办事成为家族企业管理的一大误区。人情化管理模式忽略了管理的残酷性，让管理者一开始就丧失了管理的主动权，让管理失去刚性约束力。而这样做导致的直接后果就是企业发展滞缓甚至走下坡路，在激烈的竞争中失去优势。

佛山某电器专业制造照明灯饰和水晶灯饰，年产值2亿左右。但是继承该企业成立以来家族式管理的风气，一直实施作坊状态下的管理方式，员工也习惯了讲温情、人情的环境，一旦被要求按流程做事，就会出现很大的逆反心理，不利于规范化、标准化的管理的实施。

2008年9月，装配车间B组的班长拿着补料单来到仓库，把补料单放在仓管员桌上就到仓库去拿料了，仓管员也没阻止。然而在补料单上，没有物控员和生产主管的任何签字，等于一张白条。于是新来的主管让仓管员通知装配车间B组的班长，要求相关人员在补料单上签字确认后再来领料。该班长当时就冲着仓管员发火，因为一直以来他都是这样领料的，说即使仓库主管在这里，也要给他几分面子，都是为了厂里的生产，何必为难他，这样会耽误出货。

可见，陈旧的家族式企业的管理风格是多么的落后和"不可理喻"。如果企业每个人都将人情作为判断事物的标准，企业将永远没有出路。正所谓：企业讲人情，制度无权威，员工就随意，企业必然效益低下。

家族式企业大多由具有血缘关系的亲人一同创业起家，同甘共苦，在创业的过程中，公司内部矛盾更多地被创业的激情所掩盖，然而，在企业发展成熟起来之后，家族式企业也要广纳人才，而在企业人才开始"鱼龙混杂"之后，那套亲情式管理制度便受到了挑战。家族式企业人性管理大过制度管理的弊病渐渐暴露出来。

从经济学角度看"孝顺父母"

在竞争激烈的现代社会，也许你不得不离开父母，外出创业；也许你忙碌在自己的工作与学业中焦头烂额，顾不上照顾父母；也许你有了自己的另一半组建了自己的家庭，不再依赖父母。对于年轻人来说，自己的黄金岁月刚刚开始，而父母的人生已过了一大半。

你或许还不曾知晓"子欲养而亲不待"的悲哀，但你是否已经发现，往日身强力壮的父母身体已经大不如从前，我们所一直依靠的父母在无奈地老去？

我们云游四海努力奋斗，认为那种守着父母的行为是愚孝，等到自己成功了，再来孝顺父母才是真的孝顺。实际上，在经济学家眼里，这正是精明的现代人已经习惯了以投入和产出、成本和收益的角度来思考孝顺父母的代价。你一定也在有意或无意地认为，孝顺父母需要付出如下的成本：

首先，孝顺父母需要经常回家看望父母。现在，年轻人正值事业奋斗期，工作繁忙，生活压力大，如果经常看望父母，就会耽误时间和工作，倘若父母在外地，回家看父母就会增加更多的机会成本。

其次，孝顺父母就要照顾父母。父母的衣食住行，子女本应有责任照顾，但是父母老了之后，行动不便，照顾起来既花费时间又浪费精力。若是生病，就更是要为父母负担医药费。一笔笔的钱，投进去也未必能有效果。

再次，孝顺父母就要关心父母，同父母沟通。但是父母老了之后，都有絮叨的毛病，总是将些陈年旧事拿出来翻来覆去地说。而年轻人的工作紧张，时间宝贵，也便没有那么多的时间与闲情来陪父母拉家常。

这么算起来，孝顺父母对于自己来说就是个赔本的生意，不但代价高，而且几乎没什么收益。然而，你在得意于自己的经济学头脑的同时，请不要忘了以同样斤斤计较的经济学眼光来思考，父母养育你的时候，他们付出过的代价。

在你小时候，照顾你的衣食住行，在你生病时喂你吃药，哪样父母没付出代价呢？哪样父母没花费时间和金钱呢？你高兴时、悲伤时，都可以随时向父母倾诉，占用父母的时间，可你有没有想过父母的机会成本呢？若是真论起代价来，是不是该从父母养育你的那个时候算起比较公平呢？

经济学者王玉霞说过，"父养子小，子养父老"。"父母是儿女珍稀的不可替代、不可再生的情感资源"。孝顺父母本来是中华民族的一种传统美德，却被现代社会的激烈竞争和巨大的生存压力给冲淡了。更多人开始追名逐利，更多人为了生存而日夜打拼。

的确，孝顺父母是会在一定程度上损失你的时间、金钱，但趁着年轻，你还有时间还能把钱再挣回来，可对于老人来说，他们的时间不多了，你不多的付出却能给予他们无比大的效用。若是哪天忽闻自己父母离世，还来不及分享你成功的喜悦时，你会是什么感受呢？

女作家张洁的一本书《世界上最疼我的那个人去了》曾经轰动一时，书中说的就是子女与父母间的这种感情。因此，不要等到"子欲养而亲不待"，等到真正失去的时候才意识到自己有多么不能承受这种失去。因为，失去父母及未能尽孝的痛楚和悔恨，未尝不是你只顾工作、只顾自己生活所付出的代价！

孝治企业

儒家认为，"孝"是伦理道德的起点。一个重孝道的人，必然是有爱心的、讲文明的人。重孝道的家庭亲情浓郁，关系牢固；反之，必然是亲情淡薄，家庭结构脆弱、容易解体。而家庭是社会的基础，不重孝道将会影响到整个社会的稳定与和谐。

正像李光耀指出的："孝道不受重视，生存的体系就会变得薄弱，而文明的生活方式也会因此而变得粗野。我们不能因为老人无用而把他们遗弃，如果子女这样对待他们的父母，就等于鼓励他们的子女将来也同样对待他们。"

唐太宗推崇儒术，其中最明显的一条就是以孝治天下。他推行德化，鼓励忠贞，大力提倡孝悌。长孙王妃成了母仪天下的长孙皇后以后，一如既往地遵守妇道，每日早晚必去向年老赋闲的太上皇李渊请安，也教育皇子们要懂得长幼之序。

房玄龄生母早逝，他对继母也十分孝顺。据史书上记载，当他的继母生病，请医诊视，必定拜迎流泪。丁忧期间，为继母哀伤过度，身体消瘦，像一把干柴。唐太宗为了奖励他的孝行，派人前往宽慰，并且赠送了许多礼物。《贞观政要》上还记载了这样一个故事。

贞观年间，有个名叫史行昌的突厥人在玄武门做看守。吃饭时，他总是把肉留下。有人问他为什么，他回答说："拿回家侍奉母亲。"唐太宗听说后感叹说："仁孝的天性，哪分什么华人、夷人？"于是赐给他御马一匹，并诏令供给他母亲肉食。唐太宗把孝作为治身的根本，极力推崇，使社会风气变得更淳朴。

孝道看似与经营管理无关，但是就有人将它们联系在一起。在商业领域，有一些企业将孝道作为企业文化的核心部分，并倡导以孝道来管理企业。

北京某国际投资置业公司的董事长就曾说："我在公司设立了一项'孝养基金'，每月将员工薪酬的10%提取出来，员工和公司各承担一部分，公司统一管理，直接汇给员工的父母。当他们的父母收到钱时，就意味着小孩在北京收入是稳定的。当然这也是两代人保持联系的机会。"

企业的责任不仅是赚钱，它还影响一个族群和群体。企业稳定了，员工稳定了，家庭也会稳定；家庭稳定了，社会也就稳定了。企业领导人的责任就是为员工创造一个在行业内可以长期稳定发展的环境。

"百善孝为先"，中华民族是一个以孝道传世的民族，孝道是决定家庭、社会稳定发展与安危的最基本、最重要的道德。试想一个企业家没有孝悌，他怎能与企业共发展，爱员工、尊他人呢？

著名企业家李嘉诚在香港躲避战乱的时候，父亲因为病痛辞世。在那段最艰难的时期，母亲一个人担起了子女们的生活重担。等李嘉诚有了自己的事业后，他一直将尊敬母亲、力尽孝道作为自己对母亲的最好回报。

李嘉诚曾数次以老母亲的名义捐资，在家乡整修开元护国禅寺。他为母亲买了一座花园别墅以享晚年。每天忙碌于商务的他，也总要定期参拜高堂，聆听教诲。只要收到母亲喜欢的美食，或家乡土产，他一定要毕恭毕敬地让母亲先品尝。

李嘉诚力尽孝道，让母亲度过了幸福的晚年生活，也让周围的人感受到他的一颗赤子之心。他更是将这种孝的精神用于自己的商务管理当中。

"老吾老以及人之老"才是真正的大孝，将对母亲的孝敬推广到对老员工生活的顾虑，李嘉诚是企业家中难得的以孝立身的例子。多年以来，他旗下的公司很少有人更换，他的一颗孝心赢得了员工们的尊敬和忠诚。

对于一个人的内在品质来说，孝扩大开去，可以是仁、智、爱等不同的名词，但是从本质上讲，它们都是在用一种道德境界来引起他人的共鸣，以达到利于领导的目的。不管是出于道德上的原因，还是出于整体效益上的考虑，领导者都可以借鉴唐太宗的治国经验，将孝一种精神作为自己管理宗旨，并直言不讳地将这一宗旨传达出去，让上下同心同德，更能起到良好的效果。

管理要以人为本

在这个世界上最不能错过的就是孝顺父母，即"孝道"，有些成功的领导把孝道运用到团队里来，有些知名的公司，更是把《孝经》内容贴在公司最显眼的地方，这样可以时时提醒员工，要去孝顺父母，要对公司尽责。

一个有爱心的人，必生和气，有和气的人，必生余色，有余色的人，必生婉容。一个对父母都不好的人，怎么能把团队沟通好？一个和兄弟姐妹都处不好的人，怎么能把团队带好？

孝子们认为，孝顺是构成企业生存发展的最重要的因素之一，所以，企业管理应当"以孝为本"。你聘用什么样的人就会有什么样的企业，孝顺的员工忠诚，认真的员工负责。

在中国传统文化中，始终将孝顺放在重要的地位。对一个企业而言，人的作用更是重要的，一个人如果孝顺，那么他就会对公司负责，对领导服从，对同事友爱。

孝是企业发展的动力与源泉，是企业最核心的因素之一。从总体来说，现代企业的管理中要处理好三种关系：人与人的关系，人与物的关系，物与物的关系。在第一与第二种关系中，人无疑是核心，是决定因素。而要处理好第三种关系，就需孝道的精神，依靠孝道来掌控。所以，管理说到底就是以人为本，以孝为本。

对一个企业来说，人的智慧、经验、能力、孝道……这些无形资产远远高于资本、设备、原材料等有形资产的价值。一切包含利润在内的有形物质，都诞生于无形的人文文化中。企业亏损并不可怕，经营中出现风险也不可怕，真正可怕的是人才的流失，士气的低落，人心的涣散，员工无责任感，这种无形资产的损失，也可以说是无孝道之企业，远非金钱所能衡量，亦非金钱所能挽回。

因此，孝道是管理的核心。否则，管理就只有躯壳而没有灵魂。企业的未来归根结底都是掌握在懂孝道、行孝道的人手中。主宰企业命运的就是人。在企业界，有一句名言叫"顾客是上帝"，这是对的。但是，对企业来说，上帝绝非只是顾客，还有员工。可一个员工如果不懂得孝道，那么他也不是企业的上帝。

人人都想让别人听自己的话，而不愿听别人的话，所以管人难。既然知道了这一点，我们就要用孝道来管人、管企业。

从管理的孝本思想出发，要反对一味地追求法制。片面地追求法制，只会把企业逼上绝路。正如老子说："民不畏死，奈何以死惧之？"当人到了死都不怕的时候，你还能使出什么高招呢？何况在企业的管理中，制度化管理最多只不过开除而已。这是一个企业和人才双向选择的时代，老板可以"炒"员工，员工也可以"炒"老板。靠硬性的管理不可能维系人心，只能采用以德管理的方略，以德制胜，以德服人。

"民不畏威，则大威至。"片面地追求制度化，极易激化矛盾。这种矛盾往往是潜伏的，管理者一般不易觉察，尤其是对于那些习惯使用"大棒"的管理者而言。他们往往只会看到一种表面假象：制度很灵，人们在"大棒"面前表现得很听话，管理很有序。其实，潜伏的矛盾就像一股即将喷涌的岩浆，就像一堆即将点燃的柴火。岩浆一旦喷涌，柴火一旦点燃，企业的管理即刻就会由有序变为无序，由治变乱。这种变化速度之快，往往超出人的想象。因此，在制度管理中，执法、行罚，绝不是管理的最终目的，只是不得已而用之的应急措施。

那么，要怎么做呢？那就是以孝治企业，以孝为本，老子说过："若可寄天下，爱以身为天下，若可托天下。"意为如果能像爱护自己身躯那样去爱天下人，那么就可将天下托付给他，他就能治理好天下。对于企业的管理者而言，如果能以爱自己那样去爱员工，必然可以获得员工的心，激发他们的工作积极性。作为管理者，如果真心爱护员工，就要做到"无常心"，"以百姓心为心"，这是一个忠孝企业应该做的事。

孝道让你善于为之下

"是以欲上民，必以言下之，欲先民，必以身后之。"若想当上等人，说话就必须客气；若想做先进者，事事都不能争先；凡是有利的事情，都必须让给别人，才能够为自己带来真正的利益。"善用人者，为下。是为不争之德，是谓用人之力，是谓配天古之极。"韩非子的法制思想无疑是"为上"的位置，最终导致了秦朝的灭亡以及自己的被害。从某种意义上讲，这是孝道，孝顺的人与父母讲话必礼貌，孝顺者必有忍让之品质。

所以，领导者要善于为之下，以"处下"来赢得员工的认可与支持，以孝道来使企业健康有序地发展。"处下"还可以激发员工的创造力和潜力，使员工真正为公司效力，从而带动企业进入一种正常的双赢的循环。领导必须服从于整个团队的需要，万万不可将个人的利益与爱好凌驾于集体利益之上。领导的价值在于服务，就像孝子服务于整个家一样，当领导真正为了团队而牺牲自己利益之后，他的权威必能真正树立起来。

"不欲琭琭如玉，珞珞如石。"老子的这句话告诉我们：作为管理者，本来处于领导地位本身就容易引人注目，如果再不加注意，而是张扬自己的权威，就必然与下属之间形成越来越深的等级鸿沟。这样的结果就是凝聚力的丧失，就是领导与下属之间的相互疏远，甚至对立。同时，当这种等级鸿沟在企业中存在的时间过长，又会使下属心理失衡，产生心理障碍，既无益于下属的身心健康，更会影响其工作质量。

那么，如何解决这个问题呢？就如孝子一般，低调，服从，有责任感，从不以权威示人。企业的领导不要像美玉那样璀璨明亮受人瞩目，而是要像石头一样地暗淡五色，普普通通，毫不特殊。

孝子之所以能让人钦佩是因为以其善其父母、其子女。"江海所以能为百谷王者，以其善下之，故能为百谷王，是以欲上民，必以言下之，欲先民，必以身后之。"大海之所以能够纳百川，成为百谷之王，是因为它处于最低的位置。

所以，要想成为"谷王"，首先应学会"处下"。只有这样才能获得员工真正的认可与支持。试想，一个终日居高临下、颐指气使、毫不尊重部下的领导，怎么会赢得部下对他的信服与支持呢？

"善用人者为之下。"一般来说，企业的组织结构呈金字塔形，塔的上端是成功者，是政策的制定者，他们享有权力，塔的下端是普通的被管理者，他们是政策的对象。上端对下端有着很大程度的控制权。

然而，这种金字塔式的控制却不能长久，很容易出现问题，时不时就要崩溃。原因就在于处于塔顶的政策制定者，往往因为过于舒适或者高高在上而不再了解企业的内部状况，使得他们的主观很快与现实脱离，使决策失误频频发生，最终导致企业走向破产的深渊。这种后果如何才能够避免呢？方法只有一个就是要学会"处下"。只有领导者善于处下，重视员工的想法，改善员工和管理者之间的交流方式，企业才会具有持续的活力。在这种新思维下产生出的企业组织结构不是金字塔形，而是讲究家庭氛围的扁平式。

李嘉诚是一个孝子，在李嘉诚的企业里，员工们都非常景仰李嘉诚，在企业里，员工感觉到家的温暖，得到了尊重。这主要是李嘉诚把孝道融入了企业里面。众所周知，李嘉诚的部下大都是杰出的高层管理人员，李嘉诚是如何"降龙伏虎"使他们服从自己的呢？李嘉诚对此做出过明确的回答："他们与我的关系非常好。一方面，我自己也曾打过工，受过薪，我知道他们的希望是什么。所以，我的所有的行政人员，包括非行政人员，在过去十年至二十年，变动是所有的香港大公司中最小的，譬如高级行政人员流失率低于百分之一。为什么？第一，你给他好的待遇；第二，你给他好的前途，让他有一个责任感，你公司的成绩跟他是百分之百挂钩的。"

李嘉诚的成功范例证明他是善于处下的好"谷王"。在"处下"的新思维下，产生了很多新方法，比如：服务式的领袖风格，价值为基准的领袖方法，以孝为本的管理原则，区分问题和人的谈判风格，等等，这些无不给企业的发展带来了持续的动力与不息的活力。

孝道造就企业凝聚力

小孝治家，中孝治企，大孝治国。凡是那些挣大钱的人，都比较讲究孝，比较仗义，比较仁义。易经：立者，义之何也。协义，什么叫协义啊？协商好了，就得仗义仁义。合同，君子合而不同，小人同而不合。仁者乐山，智者乐水，好的团队是其乐融融，学乐融融。

孝子的家庭里都是一团和谐，那么其中的奥秘是什么呢？孝子们认为，融洽的人际关系、舒适的家庭环境、处理问题的高效和最佳的精神状态等，都源于内在世界的高度和谐。是内在世界的高度和谐直接或间接映射到外在

世界，才使这些状态有可能发生。也正是内在与外在世界的高度和谐，才使这些可能成为现实。内外世界的高度和谐，是产生一切力量、健康和成就的充分条件，也是必要条件。

因此，领导者应努力创建自由、真诚和平等的团队精神，让员工在对自身工作满意的基础上，与同事、上司之间关系相处融洽，互相认可，有集体认同感，充分发挥团队合作，共同达成工作目标、在工作中共同实现人生价值。

在这种氛围里，每个员工在得到他人承认的同时，都能积极地贡献自己的力量，并且全身心地朝着集体的方向努力，在工作中能够随时灵活方便地调整工作方式，使之具有更高的效率。

古往今来，孝为先，从始至终，孝为大。中国人历来尊崇"孝"，将"孝"作为做人基本的德，上至显官达贵，下至平头百姓都没有区别，可以说，孝不仅是传统美德，更是基本人伦。

孝是中国人特有的一种文化表现，大力弘扬孝道，建设孝文化，在当今社会被赋予了崭新的内涵和重大使命。企业应对日趋激烈商业竞争，需要一支纪律严明有高执行力且和谐优秀的团队。

在这物欲横流的时代，生活节奏加快，社会应酬增多，较大的心理压力使一部分人虽有孝心，但不知道如何行孝。其实成功的企业都知道企业的根本就是做人，做人的根本就是孝道，这样才会有一个优秀的团队。每一个领导或者员工都应该先是一个孝子，做知孝、行孝的模范和孝文化的传播者。这样团队才能真正达到团结，才能有凝聚力。

一个企业如果只为了利益而运行，那么它存在的时间必定不长。一个人需要行善，行孝道，这是成功的保障。一个企业要行善，行孝道，这是辉煌的动力。对于企业来说，无论是对员工，还是对顾客都以孝道为先，让员工更有凝聚力，让顾客对企业更信任，企业又岂能不成功呢？所以，成功的企业家一定要重视孝道的重要性。在这个高速发展的时代，只有保留中华最大的美德"孝道"，才是成功的关键所在。

在家孝顺父母，在外忠于公司

有一所大学曾号召学生给父母磕头，这一举动轰动社会，这也是出于培养人才的目的。其实这不仅仅是简单的人才培养，也是人文教育。孝顺父母就是督促我们做一个有情有义、忠孝两全的人。为什么企业愿意用这样的人？那是因为他们的肩膀上有对父母的爱，是一个有担当的人，知道工作的意义，所以他们也会忠于公司，会对自己的工作负责。

忠诚是孝子的特质，这不仅体现在对待父母上，更体现在对待朋友、同事、爱人上。对于管理者而言，他们都会有一个理念：让员工的工作、生活两不误。他们不希望员工因为工作而失去了生活、家庭和爱好。

有一家公司，他们的团队力很强，他们就像一家人一样。这家公司既没给员工很高的工资，但也不给员工施加太大的压力，他们总是希望员工在工作的同时兼顾到自己的生活，为员工营造和谐的生存环境。

在这家公司工作很多年的老员工都非常喜欢这种管理理念。他们认为，公司这种管理理念使他们的工作环境很和谐，大家的工作压力不那么大，互相之间比较友好，大家团队合作、互帮互助，很少会因为一点小事情而发生争吵。

这家公司的这种理念与其他的很多企业不同。比如在很多企业里，员工的薪水确实很高，但他们的工作压力也是相当大的，因为这样才符合市场经济的利益平等交换原则。但这家公司认为，他们所提倡的这种理念会使工作效率更高，比如有员工要在上班期间出去检查维修，如果不让他去的话，他坐在办公室里就会因为惦记这件事而没有工作效率，所以在公司里从来都是不记考勤，没有上下班打卡制度。

而且公司的员工都有带薪假期，基本上他们想什么时候休假都可以，只要提前跟自己的上司打招呼，把工作做完或者交接一下就可以了。之所以这样做，就是为了尽量兼顾每位员工的工作和生活，让他们能更好地去安排生活。

这家公司并不赞同工作狂，更不希望把自己的每个员工都变成工作狂，所以在公司里很少有人会加班。尽管他们的工作强度不是很大，但是工作难度却很大，而且质量标准很高，所以每名员工做事情都是精益求精，力求把工作做得完美。

为了鼓励员工之间友好相处，公司采取各种措施积极配合他们，鼓励员工开展各种业余活动。其中公司的工会组织最为活跃，每年都要竞选新的工会主席。这个工会领导只是业余的，他是在完成了自己本职工作之后为大家服务的，既没有等级上的差别，更没有待遇上的差别。

工会的主要工作是丰富员工的业余生活，公司会投入大量的费用在工会组织的各种活动上。比如有人喜欢打篮球，就组织一个篮球俱乐部；有人喜欢游泳，就组织一个游泳俱乐部等，目的就是让大家随自己的喜好和兴趣去娱乐、去休息。通过这种方式建立欢快、和谐的工作关系，使员工相互之间的沟通变得很容易。另外，公司每年都会举办一些大型活动，比如运动会、联欢晚会、舞会等，目的也是加强员工之间的了解和沟通。

如果能营造一种让员工早上起来就想往办公室跑的环境该多好啊。当然这些都不是靠压力，而是靠环境的吸引力。公司领导希望员工感觉公司是一个令人愉快的地方，与同事们在一起是非常快乐的，因此就会越来越喜欢上班，喜欢跟大家在一起，喜欢留在公司。后来事实证明，这种措施确实起到了预期的效果，很多员工在下班后，总是喜欢和同事们在一起，而不是匆匆逃离。

在孝子们的眼里，可以通过轻松的方式把员工们凝聚在一起，无论是在工作中还是在生活中，大家都能和谐共处，轻松快乐。如果领导者让员工有一种被尊重的感觉，那么员工就会像孝顺父母一样忠诚于公司。

附录一：孝道量表

一、孝道认知量表（FC）

每个人都有父亲，但在日常生活中，关于子女应该如何对待父亲，各人的看法并不相同。下面列举了几十项子女对待父亲的方式，请你分就这些方式，评定一下你认为你应该如何对待父亲。

分就每项方式评定应该的程度时，所采用的尺度共有四种程度，即"并不应该""有点应该""相当应该"及"非常应该"。若以数字代表应该的程度，则"并不应该"是 0 分，"有点应该"是 1 分，"相当应该"是 2 分，"非常应该"是 3 分。

如果你认为不应该那样对待父亲，就选答"并不应该"（0）；如果你认为有点应该那样对待父亲，就选答"有点应该"（1）；如果你认为明显应该那样对待父亲，就选答"相当应该"（2）；如果你认为非常应该那样对待父亲，就选答"非常应该"（3）。请在每个题目之后的适当方格中打"×"，以代表您所评定的结果。这完全是个人意见的表示，答案是没有对错的。

在你填答这份量表以前，有一点必须加以强调：这里请你评定的是应该的程度，而不是愿意的程度，也不是实际做到的程度。你认为你应该如何对待你父亲是一回事，你愿意如何对待你父亲是另一回事，你实际如何对待你父亲更是有所不同。很多我们应该做的事情，不一定愿意去做，更不一定实际在做；我们愿意去做或实际在做的事情，也不一定都应该去做。

关于这分量表的回答方式，如有任何问题，请立即发问。如果已经充分了解了，就请开始正式作答。

1. 父亲交代的事，你是否应该立刻去做？

2. 如果你父亲信教，你是否也应该信同样的教？

3. 为了不增加父亲的困扰，你在外是否应该言行小心，少惹麻烦？

4. 如果父亲有了违法或不当的行为，你是否应该为他隐瞒？

5. 在父亲面前，你是否应该避免和兄弟姊妹吵架？

6. 你是否应该陪父亲做休闲活动？

7. 为了不使父亲丢脸，你是否应该避免做不道德的事？

8. 你是否应该帮助父亲做家事？

9. 为了顺从父亲，你是否应该不守对朋友的诺言？

10. 你是否应该去做让父亲引以为荣的事？

11. 你是否应该努力工作，力争上游，以使父亲安心？

12. 父亲生病时，你是否应该多方设法医治？

13. 选择职业或工作时，你是否应该以便于照顾父亲者为优先？

14. 你是否应该放弃个人的志趣，继承父亲留下的事业？

15. 在父亲面前，你是否应该避免和自己的配偶争吵？

16. 你是否应该避免和父亲不喜欢的异性结婚？

17. 父亲去世后，逢年过节，你是否应该祭扫他的墓地？

18. 你是否应该留心父亲的生活起居？

19. 父亲忙碌时，你是否应该主动帮助他？

20. 父亲去世后，逢年过节，你是否应该按时拜祭他的牌位或遗像？

21. 你是否应该牢记父亲的生日，并加祝贺？

22. 父亲不喜欢的人，你是否应该避免和他交往？

23. 为了保护父亲的面子，你是否应该为他说话？

24. 选择职业或工作时，你是否应该遵从父亲的意见？

25. 你结婚成家后，是否应该和父亲住在一起？

26. 父亲去世后，你是否应该遵从他本人的意愿，妥善安葬？

27. 你是否应该与父亲交谈，以了解他的想法和感受？

28. 你是否应该留心父亲的身体健康？

29. 如果父亲叫你去做坏事，你是否应该婉转拒绝或推托？

30. 父亲去世后，你是否应该做些纪念他的事情？

31. 你是否应该抽时间陪伴父亲？

32. 为了传宗接代，你是否应该至少生一个儿子？

33. 父亲去世后，不管住得多远，你是否都应该亲自奔丧？

34. 对父亲的养育之恩，你是否应该心存感激？

35. 出门前或返家后，你是否应该向父亲禀告一声，以免挂念？

36. 你是否应该听从父亲的教训？

37. 你是否应该努力读书学习，以使父亲高兴？

38. 选择结婚对象时，你是否应该尊重父亲的意见？

39. 你是否应该让父亲感到他很重要？

40. 父亲健在时，你是否应该避免住在外面？

41. 为了照顾父亲，你是否应该有自我牺牲的精神？

42. 父亲去世后，你是否应该心存怀念？

43. 你是否应该避免去做对不起父亲的事？

44. 你是否应该奉养父亲，使父亲生活舒适？

45. 无论父亲对你多么不好，你是否仍然应该善待他？

46. 有好吃的东西，你是否应该为父亲留一份？

47. 你是否应该关怀父亲，了解父亲？

48. 在结婚以前，你是否应该将所赚的钱全部交给父亲处理？

49. 父亲去世后，在服丧期间你是否应该衣食简单？

50. 你对父亲说话是否应该温和有礼？

51. 父亲生病时，你是否应该亲自照顾？

52. 用餐时，你是否应该先请父亲开始？

二、孝道意愿量表（FI）

每个人都有父亲，但在日常生活中，关于子女愿意如何对待父亲，各人的看法并不相同。下面列举了几十项子女对待父亲的方式，请你分就这些方式，评定一下你觉得你愿意如何对待父亲。

分就每项方式评定愿意的程度时，所采用的尺度共有四种程度，即"并不愿意""有点愿意""相当愿意""非常愿意"。若以数字代表愿意的程度，则"并不愿意"是 0 分，"有点愿意"是 1 分，"相当愿意"是 2 分，"非常愿意"是 3 分。

如果你觉得不愿意那样对待父亲，就选答"并不愿意"（0）；如果你觉得有点愿意那样对待父亲，就选答"有点愿意"（1）；如果你觉得明显愿意那样对待父亲，就选答"相当愿意"（2）；如果你觉得非常愿意那样对待父亲，就选答"非常愿意"（3）。请在每个题目之后的适当方格中打"×"，以代表你所评定的结果。这完全是个人意见的表示，答案是没有对错的。

在你填答这份量表以前，有一点必须加以强调：这里请你评定的是意愿的程度，而不是应该的程度，也不是实际做到的程度。你觉得你是否愿意如何对待你父亲是一回事，你应该如何对待你父亲是另一回事，你实际如何对待你父亲更是有所不同。很多我们愿意做的事情，不一定应该去做，更不一定实际在做；我们应该去做或实际在做的事情，也不一定都愿意去做。

关于这份量表的回答方式，如有任何问题，请立即发问。如果已经充分了解了，就请开始正式作答。

（将"个人认知量表"每题中的"应该"改为"愿意"，即得此量表之题目，故此处从略。）

三、孝道行为量表（FB）

每个人都有父亲，但在日常生活中，关于子女实际如何对待父亲，各人的看法并不相同。下面列举了几十项子女对待父亲的方式，请你分就这些方式，评定一下你觉得你实际上如何对待父亲。

分就每项方式评定实际的行为时，所采用的尺度共有四种程度，即"并未做到""有点做到""相当做到""非常做到"。若以数字代表做到的程度，则"并未做到"是 0 分，"有点做到"是 1 分，"相当做到"是 2 分，"非常做到"是 3 分。

如果你实际上并不那样对待父亲，就选答"并未做到"（0）；如果你实际上有点那样对待父亲，就选答"有点做到"（1）；如果你实际上明显那样对待父亲，就选答"相当做到"（2）；如果你实际上非常那样对待父亲，就选答"非常做到"（3）。请在每个题目之后的适当方格中打"×"，以代表你所评定的结果。这完全是个人实际的情形，答案是没有对错的。如果你父亲并无题中所说的情形，则在"情况不合"的括号内打"×"。

在你填答这份量表以前，有一点必须加以强调：这里请你评定的是实际做到的程度，而不是应该的程度，也不是愿意的程度。你实际上如何对待你父亲是一回事，你应该如何对待你父亲是另一回事，你愿意如何对待你父亲更是有所不同。很多我们实际在做的事情，不一定应该去做，更不一定愿意去做；我们应该去做或愿意去做的事情，也不一定都实际去做。

关于这份量表的回答方式，如有任何问题，请立即发问。如果已经充分了解了，就请开始正式作答。

1. 父亲交代的事，你是否真的立刻去做？

2. 你父亲信教，你是否也真的信同样的教？

3. 为了不增加父亲的困扰，你在外是否真的言行小心，少惹麻烦？

4. 父亲有了违法或不当的行为，你是否真的为他隐瞒？

5. 在父亲面前，你是否真的避免和兄弟姊妹吵架？

6. 你是否真的陪父亲做休闲活动？

7. 为了不使父亲丢脸，你是否真的避免做不道德的事？

8. 你是否真的帮助父亲做家事？

（0）并未做到 （1）有点做到 （2）相当做到 （3）非常做到 （9）情况不合

9. 为了顺从父亲，你是否真的不守对朋友的诺言？

10. 你是否真的去做让父亲引以为荣的事？

11. 你是否真的努力工作，力争上游，以使父亲安心？

12. 父亲生病时，你是否真的多方设法医治？

13. 选择职业或工作时，你是否真的以便于照顾父亲者为优先？

14. 你是否真的放弃个人的志趣，继承父亲留下的事业？

15. 在父亲面前，你是否真的避免和自己的配偶争吵？

16. 你是否真的避免和父亲不喜欢的异性结婚？

17. 父亲去世后，逢年过节，你是否真的祭扫他的墓地？

18. 你是否真的留心父亲的生活起居？

19. 父亲忙碌时，你是否真的主动帮助他？

20. 父亲去世后，逢年过节，你是否真的按时拜祭他的牌位或遗像？

21. 你是否真的牢记父亲的生日，并加祝贺？

22. 父亲不喜欢的人，你是否真的避免和他交往？

23. 为了保护父亲的面子，你是否真的为他说话？

24. 选择职业或工作时，你是否真的遵从父亲的意见？

25. 你结婚成家后，是否真的和父亲住在一起？

26. 父亲去世后，你是否真的遵从他本人的意愿，妥善安葬？

27. 你是否真的与父亲交谈，以了解他的想法和感受？

28. 你是否真的留心父亲的身体健康？

29. 如果父亲叫你去做坏事，你是否真的婉转拒绝或推托？

30. 父亲去世后，你是否真的做些纪念他的事情？

31. 你是否真的抽时间陪伴父亲？

（0）并未做到（1）有点做到（2）相当做到（3）非常做到（9）情况不合

32. 为了传宗接代，你是否真的至少生一个儿子？

33. 父亲去世后，不管住得多远，你是否真的亲自奔丧？

34. 对父亲的养育之恩，你是否真的心存感激？

35. 出门前或返家后，你是否真的向父亲禀告一声，以免挂念？

36. 你是否真的听从父亲的教训？

37. 你是否真的努力读书学习，以使父亲高兴？

38. 选择结婚对象时，你是否真的尊重父亲的意见？

39. 你是否真的让父亲感到他很重要？

40. 父亲健在时，你是否真的避免住在外面？

41. 为了照顾父亲，你是否真的有自我牺牲的精神？

42. 父亲去世后，你是否真的心存怀念？

43. 你是否真的避免去做对不起父亲的事？

44. 你是否真的奉养父亲，使父亲生活舒适？

45. 无论父亲对你多么不好，你是否仍然真的善待他？

46. 有好吃的东西，你是否真的为父亲留一份？

47. 你是否真的关怀父亲，了解父亲？

48. 在结婚以前，你是否真的将所赚的钱全部交给父亲处理？

49. 父亲去世后，在服丧期间，你是否真的衣食简单？

50. 你对父亲说话是否真的温和有礼？

51. 父亲生病时，你是否真的亲自照顾？

52. 用餐时，你是否真的先请父亲开始？

（0）并未做到（1）有点做到（2）相当做到（3）非常做到（9）情况不合

四、孝道情感量表（FA）

每个人都有父亲，但在日常生活中，我们对自己的父亲各有不同的感情或感受。下面列举了几项子女对父亲可能产生的感情或感受，请你分别表明你对父亲的每种感情或感受的程度。也就是说，请你分项评定一下你对父亲的感情或感受。

在评定你对父亲的感情或感受的强弱时，所采用的尺度共有四种程度，即"并不""有点""相当""非常"。若以数字代表感情的强弱，则"并不"是0分，"有点"是1分，"相当"是2分，"非常"是3分。

如果你觉得你对自己父亲没有那项感情或感受，就选答"并不"（0）；如果你觉得你对自己父亲有点那种感情或感受，就选答"有点"（1）；如果你觉得你对自己父亲明显具有那种感情或感受，就选答"相当"（2）；如果你觉得你对自己父亲非常具有那种感情或感受，就选答"非常"（3）。请在每项感情或感受之后的适当方格中打"×"，以代表你所评定的结果。这完全是个人感受的表示，答案是没有对错的。关于这份量表的回答方法，如有任何问题，请立即发问。如果已经充分了解了，就请开始正式作答。

1. 你对你父亲是否重视？

2. 你对你父亲是否关心？

3. 你对你父亲是否厌烦？

4. 你对你父亲是否仰慕？

5. 你对你父亲是否冷淡？

6. 你对你父亲是否崇拜？

7. 你对你父亲是否欣赏？

8. 你对你父亲是否挂念？

9. 你对你父亲是否怨恨？

10. 你对你父亲是否亲爱？

11. 你对你父亲是否佩服？

12. 你对你父亲是否害怕？

13. 你对你父亲是否尊敬？

14. 你对你父亲是否喜欢？

15. 你对你父亲是否畏惧？

16. 你对你父亲是否感激？

17. 你对你父亲是否轻视？

18. 你对你父亲是否信任？

19. 你对你父亲是否疏远？

五、孝道个别施访问卷

说明

您好，这是一份有关孝道研究的问卷，在问卷中有五个故事，每个故事的主人翁都面临一个孝道的难题。每次我会递给您一张卡片，请您仔细阅读卡片上的故事。然后，我会请问您几个相关的问题，主要我们想了解：如果您是故事中的主人翁，您会怎样处理所面临的问题。当然，也要请您告诉我们，为什么您认为自己的处理方法称得上是孝。

我们最想知道的，是您个人的想法与看法，而不是社会的标准规范，也不是别人的观念或意见。所以，回答问题时，只要把您自己真正的意思表达出来就行了。

另外，为了不使您的回答有所遗漏，我们会使用录音，希望您不要介意。若有意见，您可以提出来讨论。

故事一：承诺

小强是个 14 岁的男孩，他很想参加露营。他的父亲答应他，如果他自己存够钱的话，便可以去参加。于是，小强努力打工赚钱，结果不但存够了露营所需要的钱，而且还多出了一些。就在小强高高兴兴准备去露营之前，他父亲改变了主意。因为家里有位亲友邀请父亲参加一次特别的旅行，但父亲自己的钱不够，希望小强把打工存下来的钱全部给他。小强不愿意放弃露营，因此考虑拒绝把钱交给父亲，但一时还不知如何决定。

请问：

1. 在这种情况下，小强要想对父亲尽孝，他应该怎么去做？为什么那样做是孝？

2. 如果小强拒绝把钱给他父亲，这样的行为是不是孝？为什么是（或不是）孝？

3. 如果小强的父亲以前对待小强很不好，常常打他骂他，那么小强拒绝把钱给他父亲，这样的行为是不是孝？为什么这是（或不是）孝？

4. 小强认为父亲不守诺言，于是向他父亲说明，希望父亲尊重他的权益，答应他去露营，这样的行为是不是孝？为什么这是（或不是）孝？

故事二：忠孝

有一个年轻人叫义男，和他父母一直过着快乐的生活。有一天警察来了，告诉义男说，他们怀疑他父亲在替外国人做间谍，是危害国家利益的不法行为。他们要求义男能协助他们，并且指出如果没有他的帮忙，势将难以抓到他父亲犯法的证据。

请问：

1. 在这种情况下，义男要想对父亲尽孝，他应该怎么去做？为什么那样做是孝？如果不这样做时，您觉得会有什么事情发生？

2. 假设义男发现父亲犯的是偷窃罪，而不是间谍罪，那么义男要怎么做才算是孝？为什么那样做是孝？

3. 义男如果帮助警察侦察他父亲，这样的行为是不是孝？为什么这是（或不是）孝？

4. 如果义男的父亲以前对待义男很不好，常常打他骂他，那么义男帮助警察侦察他父亲，这样的行为是不是孝？为什么这是（或不是）孝？

故事三：传宗

志强和他太太结婚已经十年了，夫妻两人感情一直都不错，唯一的遗憾是太太不能生育。志强是独子，为了传宗接代，他父母要他和现在的太太离婚再娶。

请问：

1. 在这种情况下，志强要想对父母尽孝，他应该怎么去做？为什么那样做是孝？如果不这样做时，您觉得会有什么事情发生？

2. 如果志强不传宗接代，这样的行为是不是孝？为什么这是（或不是）孝？

3. 如果志强的父母以前对待志强很不好，常常打他骂他，那么志强不离婚再娶，这样的行为是不是孝？为什么这是（或不是）孝？

故事四：继志

有一位企业家，已经70多岁了，拥有一个很大的纺织工厂。他现在已经到了应该退休的年龄，很希望他的独子建国能够继承他的事业。但是建国自己对物理学非常感兴趣，而且也很有这一方面的天分，所以希望能够成为一位专心从事学术研究的科学家。为了继承父亲事业的问题，建国的内心时常感到冲突。

请问：

1. 在这种情况下，建国要想对父亲尽孝，他应该怎么去做？为什么那样做是孝？如果不这样做时，您觉得会有什么事情发生？

2. 如果建国不继承父亲的事业，这样的行为是不是孝？为什么这是

3. 如果建国的父亲以前对待建国很不好，常常打他骂他，那么建国不继承父亲的事业，这样的行为是不是孝？为什么这是（或不是）孝？

故事五：奉养

阿雄的父亲早逝，母亲辛苦把他抚养长大，终于结婚生子。近年来，母亲因中风而半身不遂，饮食与大小便都要别人照顾。为了一家人的生活，阿雄本身工作十分忙碌，侍候母亲的事情大都由太太代劳。但为了贴补家计，阿雄的太太还在家做些代工，又有三个小孩要照顾，生活真是辛苦。最近太太的身体已经弄得虚弱不堪，有人便建议阿雄把母亲送到养老院去住。但是因为母亲一直有着"养儿防老"的观念，阿雄怕母亲不高兴，以为是儿子嫌弃她。这使阿雄左右为难，不知如何是好。

请问：

1. 在这种情况下，阿雄要想对母亲尽孝，他应该怎么去做？为什么那样做是孝？如果不这样做时，您觉得会有什么事情发生？

2. 如果阿雄将母亲送到养老院去，这样的行为是不是孝？为什么这是（或不是）孝？

3. 如果阿雄的母亲以前对待阿雄很不好，常常打他骂他，那么阿雄把母亲送到养老院去，这样的行为是不是孝？为什么这是（或不是）孝？

六、孝道两难情境测验

故事一：志强传宗接代（传宗）

志强和他太太结婚已经十年了，夫妻两人感情一直都不错，唯一的遗憾是太太不能生育。志强是独子，为了传宗接代，他父母要他和现在的太太离婚再娶。

请问：

1. 在这种情况下，志强要想对父母尽孝，他应该怎么去做？为什么那样做是孝？如果在本故事情境下，您不是按照刚刚的做法去尽孝时，您觉得自己会怎样？

在本故事的情境下，您个人认为要评价一个行为是否称得上是孝，主要以哪些要素（或理由）作为考虑的依据？这些要素为什么那么重要？

2. 如果志强（不）传宗接代，这样的行为是不是孝？为什么这是（或不是）孝？

3. 请问，在本故事的情境下，志强与父母各有什么权利与责任要考虑？（如志强的父母有没有权利要求志强和太太离婚，或者以外的其他权利？志强有没有责任要听父母亲的话，或者以外的其他责任？）

4. 您觉得在本故事的情境下，如果父母的意见相左时，志强应该怎么做才算是孝？为什么？

故事二：建国继承志业（继志）

有一位企业家，已经 70 多岁了，拥有一个很大的纺织工厂。他现在已经到了应该退休的年龄，很希望他的独子建国能够继承他的事业。但是建国自己对物理学非常感兴趣，而且也很有这一方面的天分，所以希望能够成为一位专心从事学术研究的科学家。为了继承父亲事业的问题，建国的内心时常感到冲突。

请问：

1. 在这种情况下，建国要想对父亲尽孝，他应该怎么去做？为什么那样做是孝？如果在本故事情境下，您不是按照刚刚的做法去尽孝时，您觉得自己会怎样？

在本故事的情境下，您个人认为要评价一个行为是否称得上是孝，主要以哪些要素（或理由）作为考虑的依据？这些要素为什么那么重要？

2. 如果建国（不）继承父亲的事业，这样的行为是不是孝？为什么这是（或不是）孝？

3. 请问，在本故事的情境下，建国与父亲各有什么权利与责任要考虑？（如建国的父亲有没有权利要求建国继承他的事业，或者以外的其他权利？建国有没有责任要继承父亲的事业，或者以外的其他责任？）

4. 如果建国的母亲赞同建国继续从事物理科学的研究，您觉得建国他应该怎么做才算是孝？为什么那样做是孝？（您觉得在本故事的情境下，如果父母的意见相左时，建国应该怎么做才算是孝？为什么？）

　　故事三：阿雄奉养母亲（奉养）

　　阿雄的父亲早逝，母亲辛苦把他抚养长大，终于结婚生子。近年来，母亲因中风而半身不遂，饮食与大小便都要别人照顾。为了一家人的生活，阿雄本身工作十分忙碌，侍候母亲的事情大都由太太代劳。但为了贴补家计，阿雄的太太还在家做些代工，又有三个小孩需要照顾，生活真是辛苦。最近太太的身体已经弄得虚弱不堪，有人便建议阿雄把母亲送到养老院去住。但是因为母亲一直有着"养儿防老"的观念，阿雄怕母亲不高兴，以为是儿子嫌弃她。这使阿雄左右为难，不知如何是好。

　　请问：

　　1. 在这种情况下，阿雄要想对母亲尽孝，他应该怎么去做？为什么那样做是孝？如果在本故事情境下，您不是按照刚刚的做法去尽孝时，您觉得自己会怎样？在本故事的情境下，您个人认为要评价一个行为是否称得上是孝，主要以哪些要素（或理由）作为考虑的依据？这些要素为什么那么重要？

　　2. 如果阿雄（不）将母亲送到养老院去，这样的行为是不是孝？为什么这是（或不是）孝？

　　3. 请问，在本故事的情境下，阿雄与母亲各有什么权利与责任要考虑？（如阿雄的母亲有没有权利要求阿雄奉养她，或者以外的其他权利？阿雄有没有责任要奉养他的母亲，或者以外的其他责任？）

　　4. 如果阿雄的父亲仍然在世，并且认为在此情况下他们两位老人家应该到养老院去住，您觉得阿雄应该怎么做才算是孝？为什么那样做是孝？（您觉得在本故事的情境下，如果父母的意见相左时，阿雄应该怎么做才算是孝？为什么？）

附录二：黄道周《孝经》书法

孝經定本

黃道周謹書

開宗明義章第一

仲尼居曾子侍

子曰先王有至德要道以順天下民用和睦上

立身行道揚名于後世以顯父母孝之終也

汝身體髮膚受之父母不敢毀傷孝之始也

子曰夫孝德之本也教之所繇生也復坐吾語

曾子辟席曰參不敏何足以知之

下無怨汝知之虖

夫孝始于事亲中于事君終于立身

大雅云無念爾祖聿修厥德

天子章第二

子曰愛親者不敢惡於人敬親者不敢慢於

人愛敬盡於事親而德教加於百姓刑于四海

盖天子之孝也

甫刑云一人有慶兆民賴之

諸侯章第三

在上不驕高而不危制節謹慶滿而不溢高而

不危所以長守貴也滿而不溢所以長守富也

富貴不離其身然後能保其社禝而和其

人民蓋諸侯之孝也

卿大夫章第四

詩云戰戰兢兢如臨深淵如履薄冰

非先王之灋服不敢服非先王之灋言不敢

道非先王之德行不敢行是故非灋不言非

道不行口無擇言身無擇行言滿天下無口

過行滿天下無怨惡二者備矣然後能守其

宗廟蓋卿大夫之孝也

詩云夙夜匪解以事一人

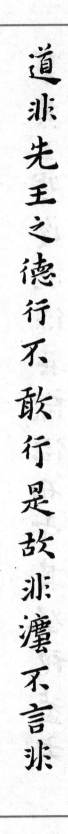

士章第五

資於事父以事母而愛同資於事父以事君而

敬同故母取其愛而君取其敬兼之者父也

故以孝事君則忠以敬事長則順忠順不失以

事其上然後能保其禄位而守其祭祀盖士

之孝也

诗云夙兴夜寐无忝尔所生

庶人章第六

用天之道分地之利谨身节用以养父母此

庶人之孝也

故自天子至於庶人孝無終始而患不及者未
之有也

舊本庶人之孝也下有引詩云夙興夜寐無忝爾
所生凡二十四字今文無之

舊本庶人之孝也下有引詩云我稼既同上入執宮功晝一兩
于茅宵爾索綯亟其乘屋其始播百穀今文無之

三才章第七

曾子曰甚哉孝之大也子曰夫孝天之經也地

之義也民之行也天地之經而民是則之則天之

眀因地之利以順天下是以其教不肅而成其政不

嚴而治

先王見教之可以化民也是故先之以博愛而民莫

遺其親陳之以德義而民興行身之以敬讓而民

不爭導之以禮樂而民和睦示之以好惡而民

知禁

詩云赫赫師尹民具爾瞻

孝治章第八

子曰昔者明王之以孝治天下也不敢遺小國之

治家者不敢失扵臣妾而况扵妻子虖故得人

治國者不敢侮扵鰥寡而况扵士民虖故得百

姓之懽心以事其先君

臣而况扵公侯伯子男虖故得萬國之懽心

以事其先王

之懽心以事其親

夫然故生則親安之祭則鬼享之是以天下和平災

害不生既亂不作故明王之以孝治天下也如此 定本故明王作古明王

詩云有覺德行四國順之

聖治章第九

曾子曰敢問聖人之德無以加於孝乎

子曰天地之性人為貴人之行莫大於孝孝莫大於

嚴父嚴父莫大於配天則周公其人也

昔者周公郊祀后稷以配天宗祀文王於明堂以配

上帝是以四海之內各以其職來祭夫聖人之德

又何以加於孝虖

故親生之膝下以養父母曰嚴聖人因嚴以教

敬因親以教愛聖人之教不肅而成其政不嚴

而治其所因者本也

定本四海之內上無是以二字称是以二字在聖人之教不肅而成上

文義更順今依石臺本如此

父子之道天性也君臣之義也父母生之續莫大
焉君親臨之厚莫重焉
故不愛其親而愛他人者謂之悖德不敬其親
而敬他人者謂之悖禮以順則逆民無則焉不
在於善而皆在於凶德雖得之君子不貴也

君子則不然言思可道行思可樂德義可尊作

事可法容止可觀進退可度以臨其民是以其民

畏而愛之則而象之故能成其德教而行其政

令

定本君子言思可道無則不然三字善上有君子不貴如則不連

則不然三字先輩以爲訓詁誤入於此七依令文存之

紀孝行章第十

子曰孝子之事親也居則致其敬養則致其
樂病則致其憂喪則致其哀祭則致其嚴五
者備矣然後能事親

詩云淑人君子其儀不忒

事親者居上不驕為下不亂在醜不爭居上而

驕則亡為下而亂則刑在醜而爭則兵三者不

除雖日用三牲之養猶為不孝也

五刑章第十一

子曰五刑之屬三千而罪莫大於不孝要君者無

上非聖人者無法非孝者無親此大亂之道也

廣要道章第十二

子曰教民親愛莫善於孝教民禮順莫善於

悌移風易俗莫善於樂安上治民莫善於禮

禮者敬而已矣故敬其父則子悅敬其兄則弟

悦敬其君則臣悦敬一人而千萬人悦所敬者寡

而悦者衆此之謂要道也

廣至德章第十三

子曰君子之教以孝也非家至而日見之也教以

孝所以敬天下之為人父者也教以弟所以敬天

下之為人兄者也　教以臣所以敬天下之為人君者
也

詩云豈弟君子民之父母非至德其孰能順民如

此其大者歟　定本君子之教也無以孝三字非至德其孰能順民如此者歟
　　　　　　　　無其大三字又本君子之教以敬也

廣揚名章第十四

子曰君子之事親孝故忠可移於君事兄悌故

順可移於長居家理故治可移於官是以行成

於內而名立於後世矣

諫諍章第十五

曾子曰若夫慈愛恭敬安親揚名則聞命矣

敢問子從父之令可謂孝虖

子曰是何言與是何言與昔者天子有爭臣

七人雖無道不失其天下諸侯有爭臣五人雖

無道不失其國大夫有爭臣三人雖無道不失

其家士有爭友則身不離於令名父有爭子則

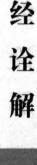

身不隐於不義故當不義則子不可以不爭於

父臣不可以不爭於君故當不義則爭之從父

之令又焉得為孝孚

感應章第十六

子曰昔者明王事父孝故事天明事母孝故

事地察長幼順故上下治天地則察神明彰

矣

定本下有宗廟致敬鬼神著矣
又一本移天地明察在鬼神著矣下

故雖天子必有尊也言有父也必有先也言有

兄也宗廟致敬不忘親也脩身慎行恐辱先

也宗廟致敬鬼神著矣

孝悌之至通于神明光于四海無所不通

詩云自西自東自南自北無思不服

事君章第十七

子曰君子之事上也進思盡忠退思補過將順

其美匡救其惡故上下能相親也

诗云心乎爱矣遐不谓矣中心藏之何日忘之

丧亲章第十八

子曰孝子之丧亲也哭不偯礼无容言不文服

美不安闻乐不乐食旨不甘此哀慼之情也三

日而食教民无以死伤生毁不灭性此圣人之

政也喪不過三季示民有終也

為之棺槨衣衾而舉之陳其簠簋而哀慼之擗

踊哭泣哀以送之卜其宅兆而安措之為之宗

廟以鬼享之春秋祭祀以時思之

生事愛敬死事哀慼生民之本盡矣死生之義

備矣孝子之事終也矣

右經十八章三百三十句壹千八百四字

此即今文也中間可更定者七處多定本五字

少引詩二十八字

今文既布學宮則宜以今文爲主然自安國定

本及闾巷傳習多有引詩及少字者如詩雖

諷誦人口而雨無正之篇首有雨無正極傷

我稼穡之詩無有也朱子蓋依此義以準石

臺之篇然雨無正語係巽端决会遺漏

之珉废人引詩自是文勢宜然柔何少之

且如幽人勇於趨事敦上急公我稼初同宮

功在念真可移忠於君移順於長移治於

官故夫子引之極為襯貼而談者疑其為頌

以為庶人不宜引詩則是庶人之孝與天子果

有分別如唐人王子晉聽瓊珠先生行道

始絡則一程正公言唇講及常聞神學堂

中灌水遊儀事頻引之謂克此名而巠

王道与聖子黄同同風又一日臭上憑欄

拆柳報跪云方春卅有蒙生不旦輕有

傷抒此自儒者正誣渾浮引君言謝而後

者近彦迁澜不情又云神宗书程颐禮遂

作为撷古柳枝绕氏东囊甚美谗人之编

幼筆王辟卜急之览二自与余因曰须字

宗当乞学尚中人曰多此考讲及者缘以游

螽挦柳而予闻蓬其以致引之协和攀董

風勢可如日但不致傷言不以傷言言心日

日手著誰言以抱筆上学言子庭人言苦

崇禎辛巳秋深黄道周後于無雲之庱

特别提示：

　　本书在编写过程中，参阅和使用了一些报刊、著述和图片。由于联系上的困难，和部分作品的作者（或译者）未能取得联系，对此谨致深深的歉意。敬请原作者（或译者）见到本书后，及时与本书编者联系，以便我们按照国家有关规定支付稿酬并赠送样书。

　　联系电话：010-80776121　　联系人：马老师